"十四五"高等职业教育新形态一体化系列教材

信 息 技 术

向文娟　刘　丹 ◎ 主　编
赵海鸥　柴　芳　李　颖
程星星　刘　畅　肖卫平 ◎ 副主编

中国铁道出版社有限公司
CHINA RAILWAY PUBLISHING HOUSE CO., LTD.

内 容 简 介

本书遵循高职高专院校技术技能人才培养规律，依据国家《高等职业教育专科信息技术课程标准（2021年版）》，参考《全国计算机技术与软件专业技术资格（水平）考试信息处理技术员考试大纲》编写而成。全书共分 7 章，内容包括：信息技术基础知识、Word 文字处理、Excel 电子表格处理、PowerPoint 演示文稿制作、信息检索、新一代信息技术概述、信息素养与社会责任。本书适应信息技术的发展和教育教学改革的需求，在内容组织上将理论与实践相融合，可解决不同专业、不同基础的学生的个性化需求。

本书突出职教特色，讲述循序渐进，通过大量的案例、软考真题和模拟练习，培养信息技术应用能力和信息素养，适合作为高等职业院校"信息技术"公共基础课程教材，也可作为软考信息处理技术员社会培训教材，以及广大计算机爱好者的自学参考用书。

图书在版编目（CIP）数据

信息技术 / 向文娟，刘丹主编 . —北京：中国铁道出版社有限公司，2021.8（2023.6 重印）
"十四五"高等职业教育新形态一体化系列教材
ISBN 978-7-113-28326-1

Ⅰ. ①信… Ⅱ. ①向… ②刘… Ⅲ. ①电子计算机 - 高等职业教育 - 教材 Ⅳ. ① TP3

中国版本图书馆 CIP 数据核字（2021）第 171211 号

书　　名：信息技术
作　　者：向文娟　刘　丹

策　　划：徐海英　　　　　　　　　　编辑部电话：（010）63551006
责任编辑：王春霞　彭立辉
封面设计：付　巍
封面制作：刘　颖
责任校对：孙　玫
责任印制：樊启鹏

出版发行：中国铁道出版社有限公司（100054，北京市西城区右安门西街 8 号）
网　　址：http://www.tdpress.com/51eds/
印　　刷：中煤（北京）印务有限公司
版　　次：2021 年 8 月第 1 版　2023 年 6 月第 3 次印刷
开　　本：787 mm×1 092 mm　1/16　印张：24　字数：609 千
书　　号：ISBN 978-7-113-28326-1
定　　价：85.00 元

版权所有　侵权必究

凡购买铁道版图书，如有印制质量问题，请与本社教材图书营销部联系调换。电话：（010）63550836
打击盗版举报电话：（010）63549461

前　言

获取信息、处理信息、利用信息和发布信息的能力已经成为现代社会成员尤其是当代大学生必备的基本素养。"信息技术"是当代大学生必修的一门公共基础课程，承载着培养学生成为适应信息社会和经济发展需求的新型人才的重要职责。随着计算机领域知识的更新、信息技术的发展，在国家加强职业教育供给侧改革，推进教师、教材、教法"三教"改革的机遇下，"信息技术"课程的教学改革实践显得尤为重要，课程的内容也在不断更新和充实。本书依据《高等职业教育专科信息技术课程标准（2021年版）》，参考《全国计算机技术与软件专业技术资格（水平）考试信息处理技术员考试大纲》，结合企业岗位工作实际技能需求而编写；采用活页式教材形式，方便学生掌握信息技术基础知识和技能，备考全国软考信息处理技术员的考试，并为学生学习后续专业课程打下基础。

为什么要学习本书

本书落实立德树人根本任务，坚定文化自信，践行二十大报告精神，充分认识党的二十大报告提出的"实施科教兴国战略，强化现代人才建设支撑"的精神，落实"加强教材建设和管理"新要求。

本书面向高等职业院校学生和参加软考信息处理技术员的社会培训人群，遵循高职高专院校技术技能人才培养规律，依据"理论够用，突出实践"的原则，在内容组织上将理论与实践及案例相融合。

本书采用思维导图、理论学习、案例分析、拓展练习小结、习题等模块的方式来安排全书的内容，将学到的知识实践化，让读者不仅理解和掌握基本知识，还能根据实际需求进行扩展与提高，达到"学用考结合"的效果。

如何使用本书

本书基于 Windows 7 和 Office 2010 进行讲解，主要包括信息技术基础知识、Word 文字处理、Excel 电子表格处理、PowerPoint 演示文稿制作、信息检索、新一代信息技术概述、信息素养与社会责任。全书共分为 7 章和 3 个附录，主要内容如下：

第 1 章信息与信息技术、计算机系统和操作系统基础知识。

第 2 章 Word 文档的基本操作及排版、表格的制作、图文混排等文字处理知识。

第 3 章 Excel 图表处理、公式与函数应用、数据管理等电子表格处理知识。

第 4 章 PowerPoint 演示文稿设计、制作和美化放映等知识。

第 5 章信息检索的方法与技术。

第 6 章云计算、大数据、人工智能等新一代信息技术概况。

第 7 章计算机网络应用、信息安全及法律法规基础知识。

附录 A 计算机软件、硬件、网络等方面的信息技术相关英语词汇。

附录 B 数列、排列组合、数据统计、常用统计图表和函数的应用等基础知识。

附录 C 历年《全国计算机与软件专业技术资格水平考试信息处理技术员考试》真题。

本书突出职教特色，内容丰富，讲述循序渐进，通过大量的案例、软考真题和模拟练习，培养读者信息技术应用能力和信息素养，适合作为高等职业院校"信息技术"公共基础课程教材，也可作为软考《信息处理技术员》社会培训教材，以及广大计算机爱好者的自学参考用书。

本书由高职高专院校长期从事信息技术教学的一线教师、IT 企业工程师联合编写，内容满足国家信息化发展战略对人才培养的要求，图文并茂，通俗易懂。

本书由向文娟、刘丹任主编，赵海鸥、柴芳、李颖、程星星、刘畅、肖卫平任副主编，管伟、王婉莹、张莹、徐莹等参与编写。具体编写分工：李颖编写第 1 章，赵海鸥编写第 2 章，肖卫平编写第 3 章，程星星编写第 4、6 章，刘畅编写第 5 章，柴芳编写第 7 章。全书由向文娟负责统稿和定稿。

在一年的编写过程中，编者付出了大量辛勤的劳动，同时也得到了许多高职院校、企业、省软考办和出版社领导的支持和帮助，在此一并表示衷心的感谢。

由于编者水平有限，书中难免存在疏漏与不妥之处，敬请各位读者批评指正。感谢您使用本书，期待本书能成为您的良师益友。

编　者

2023 年 6 月

目 录

第1章 信息技术基础知识 1
  1.1 信息与信息技术 2
    1.1.1 信息的基本概念和分类 2
    1.1.2 信息技术的概念和分类 3
    1.1.3 信息处理的基本概念 4
    1.1.4 数据处理方法 7
    拓展练习 11
  1.2 计算机系统基础知识 14
    1.2.1 计算机硬件基础知识 14
    1.2.2 常见硬件设备 15
    1.2.3 软件基础知识及分类 21
    1.2.4 计算机维护 22
    1.2.5 多媒体基础知识 23
    拓展练习 24
  1.3 操作系统 26
    1.3.1 操作系统的基本概念 26
    1.3.2 操作系统的功能 26
    1.3.3 操作系统的类型 27
    1.3.4 Windows 7操作系统的常见界面及使用 28
    1.3.5 文件系统 33
    拓展练习 33
  小结 36
  习题 37

第2章 Word 文字处理 41
  2.1 初识Word 2010 42
    2.1.1 启动和退出Word 2010 42
    2.1.2 Word 2010工作界面 43
    2.1.3 文字处理的一般思路 43
  2.2 文档的基本操作及排版 44
    2.2.1 新建、保存、打开和关闭文档 44
    2.2.2 编辑文档 46
    2.2.3 字符及段落的格式化 48
    2.2.4 打印预览及打印输出 55
    拓展练习 58
  2.3 表格制作与应用 61
    2.3.1 创建表格 61
    2.3.2 表格编辑和样式 62
    拓展练习 75
  2.4 图文混排 77

   2.4.1 插入图片 77
   2.4.2 插入艺术字 78
   2.4.3 绘制形状 79
   2.4.4 创建SmartArt图形 81
   2.4.5 设置图形格式 84
   拓展练习 90
  2.5 Word 综合应用 92
   2.5.1 页面设置 92
   2.5.2 分栏 93
   2.5.3 首字下沉 94
   2.5.4 插入公式 94
   拓展练习 95
  2.6 Word 邮件合并应用 97
  2.7 Word 高级应用 101
   2.7.1 项目符号和编号 101
   2.7.2 页眉和页脚 102
   2.7.3 页码 103
   2.7.4 节 103
   2.7.5 目录 104
   拓展练习 105
 小结 107
 习题 107

第3章 Excel 电子表格处理 118

  3.1 电子表格的基本概念和基本操作 118
   3.1.1 Excel 启动与操作界面 119
   3.1.2 电子表格的基本概念 123
   3.1.3 基本操作 125
   拓展练习 129
  3.2 公式与函数应用 130
   3.2.1 公式相关知识 131
   3.2.2 函数相关知识 133
   拓展练习 142
  3.3 图表处理 146
   3.3.1 图表相关知识 146
   3.3.2 柱形图应用与分析 150
   3.3.3 折线图应用与分析 151
   3.3.4 饼图应用与分析 153
   拓展练习 153
  3.4 数据管理 154
   3.4.1 数据管理的基本概念 155
   3.4.2 数据排序 155
   3.4.3 筛选 158
   3.4.4 分类汇总 162
   3.4.5 数据透视表 165
   拓展练习 169

小结 170
习题 171

第4章 PowerPoint 演示文稿制作 182
4.1 认识演示文稿及其基本操作 183
4.1.1 演示文稿的组成 183
4.1.2 演示文稿的基本操作 183
4.1.3 幻灯片的基本操作 185
拓展练习 192
4.2 幻灯片外观的相关操作 193
4.2.1 模板 193
4.2.2 母版 194
4.2.3 主题 195
4.2.4 版式 196
拓展练习 201
4.3 幻灯片的具体操作 203
4.3.1 幻灯片内的插入操作 203
4.3.2 为对象设置超链接 206
4.3.3 为对象设置动画 209
4.3.4 为幻灯片设置切换效果 210
拓展练习 216
4.4 幻灯片的放映与打印 218
4.4.1 幻灯片放映 219
4.4.2 打包 220
4.4.3 打印 221
拓展练习 226
小结 228
习题 228

第5章 信息检索 230
5.1 信息检索概述 231
5.1.1 信息检索的基本概念 231
5.1.2 信息检索的基本流程 233
5.2 信息检索的基本方法 234
5.3 网页、社交媒体等综合性信息检索 238
5.3.1 百度 238
5.3.2 Google 240
5.4 常见专用平台的信息检索 241
5.4.1 专利信息检索 241
5.4.2 期刊论文信息检索 242
5.4.3 商标信息检索 242
拓展练习 243
小结 243
习题 243

第6章 新一代信息技术概述 ... 245

6.1 云计算 ... 246
- 6.1.1 云计算的定义 ... 246
- 6.1.2 云计算的分类 ... 246
- 6.1.3 云计算的特点 ... 248
- 6.1.4 云计算的应用领域 ... 249

6.2 大数据 ... 250
- 6.2.1 大数据兴起的背景 ... 251
- 6.2.2 大数据的概念 ... 252
- 6.2.3 大数据的特征 ... 253
- 6.2.4 大数据的来源 ... 253
- 6.2.5 大数据的应用 ... 253

6.3 人工智能 ... 254
- 6.3.1 人工智能的定义 ... 255
- 6.3.2 人工智能的三大发展阶段 ... 255
- 6.3.3 人工智能的四大技术分支 ... 256
- 6.3.4 人工智能的研究领域 ... 256

拓展练习 ... 257
小结 ... 258
习题 ... 258

第7章 信息素养与社会责任 ... 259

7.1 计算机网络应用基础知识 ... 260
- 7.1.1 计算机网络的定义 ... 260
- 7.1.2 计算机网络的功能 ... 260
- 7.1.3 计算机网络的分类 ... 261
- 7.1.4 常用的网络通信设备 ... 264

拓展练习 ... 265

7.2 信息安全基础知识 ... 267
- 7.2.1 信息安全基本内容 ... 268
- 7.2.2 计算机病毒 ... 269
- 7.2.3 防火墙 ... 271
- 7.2.4 信息安全保障技术 ... 272

拓展练习 ... 273

7.3 法律法规 ... 276
- 7.3.1 知识产权保护的法律法规 ... 276
- 7.3.2 计算机系统安全和互联网的法律法规 ... 279
- 7.3.3 信息安全的法律法规 ... 279

拓展练习 ... 280
小结 ... 282
习题 ... 283

附录A 信息技术相关英语词汇 ... 287

附录B 初等数学基础知识 ... 291

附录C 《信息处理技术员》考试真题及答案 ... 297

第 1 章 信息技术基础知识

引 言

信息获取、信息处理、信息分析、信息交流与传递、信息开发利用等能力是现代信息社会对人们提出的基本素质要求。计算机与信息技术的应用已经渗透到大学所有的学科和专业，计算机已经成为一种获取知识的重要来源，掌握计算机相关知识已成为大学生不可或缺的能力。本章主要介绍信息与信息技术的基础知识、计算机系统基础知识和操作系统的相关基础概念，并以 Windows 7 为例介绍其常见界面及使用方法。

通过本章的学习，学生将能够对计算机系统有整体的把握，对计算机操作系统的认识更加深刻，操作更加熟练，为后续课程的学习打下基础。

内容结构图

本章内容思维导图如图 1-1 所示。

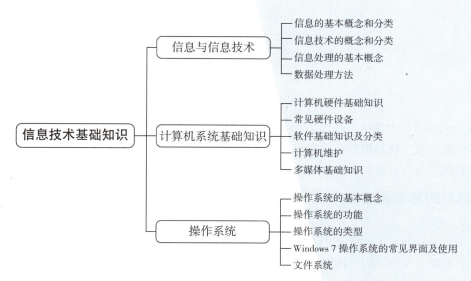

图 1-1　信息技术内容思维导图

信 息 技 术

学习目标

- 了解信息技术的基本概念。
- 熟悉信息处理的基础知识。
- 了解数据处理的方法。
- 熟悉计算机的组成、各主要部件的功能和性能指标。
- 了解计算机多媒体基础知识。
- 熟悉计算机系统安装和维护的基本知识。
- 熟练掌握操作系统和文件管理的基本概念和 Windows 7 的基本操作。

1.1 信息与信息技术

本节内容结构如图 1-2 所示。

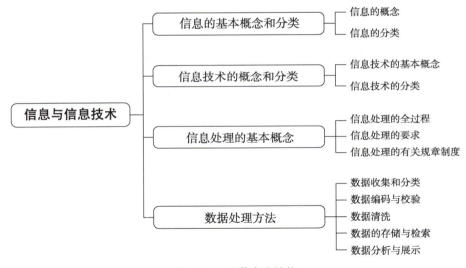

图 1-2　1.1 节内容结构

信息在人们的日常生活中可以说无处不在，人们每天都在接收大量的信息。随着信息化社会的快速推进，如何更高效、便捷地获取信息成了当下的研究热点，信息技术由此得到飞速发展。如今，信息技术不仅影响到人们日常生活的方方面面，更是支撑经济活动和社会活动的基石。

1.1.1　信息的基本概念和分类

1. 信息的概念

信息（Information）的本意是消息、通知。但在严谨的科学领域，信息的定义却不像字面意思上这么简单，它根据分类的不同，体现的信息类型也不一样。

2. 信息的分类

信息广泛存在于自然界、生物界和人类社会，信息是多样、多方面、多层次的，信息的类型亦可根据不同的角度来划分。信息根据其用途可被分为决策信息、管理信息、预测信息、行政信息、控制信息、经济信息、反馈信息、计划信息等。此外，依据其他的分类标准，信息还可以按照如下方式进行分类，如表 1-1 所示。

表 1-1 信息的分类

分类依据	信息类型
内容	消息
	资料
	知识
存在形式	内储信息
	外化信息
性质	语法信息
	语义信息
	语用信息
状态	静态信息
	动态信息
价值	有用信息
	有害信息
	无害信息

1.1.2 信息技术的概念和分类

1. 信息技术的基本概念

信息技术（Information Technology，IT）指的是利用计算机和现代通信手段实现产生、获取、检索、识别、变换、处理、控制、传输、分析、显示及利用信息等的相关技术。这意味着一切涉及信息从生产到应用的技术、方法、制度、技能、工具以及物资设备等都是信息技术。因此，信息技术也涵盖了软件、硬件信息技术范畴，涉及信息的一切自然技术和社会技术，包括信息劳动者的技能、信息劳动工具和信息劳动对象，信息技术的管理制度、方法体系、解决方案、系统集成和服务体系等。

微课视频

信息与信息技术

2. 信息技术的分类

具体来讲，信息技术主要包括以下四类技术：

① 感测与识别技术：指获取信息的技术，包括信息识别、信息提取、信息检测等技术。这类技术可以克服人类在感知与识别信息时的局限性，增强信息感知的范围、精度和灵敏度，是人体感觉器官的扩展。目前感测技术主要利用红外线、紫外线、次声波、超声波、传感器等手段以及遥感、遥测等技术来获取更多信息，加强了人类感知信息的能力。信息识别包括文字识别、语音识别和图形识别、图像识别等，提高了人类判别信息的能力。

② 信息传递技术：指通信与存储技术，实现信息快速、可靠、安全的转移。这类技术突破了人在交流信息时所受到的空间和时间上的限制，是人的神经网络系统功能的扩展。计算机网络、电信网、移动通信网、无线通信网以及传感器网等都是典型的信息传递技术应用。由于存储、记录可以看成是从"现在"向"未来"或从"过去"向"现在"传递信息的一种活动，因而也属于信息传递技术。

③ 信息处理与再生技术：指计算与处理信息的技术。信息处理包括对信息进行编码压缩、加密等转换加工处理，对信息进行去粗取精、去伪存真，在此基础上，从初始信息中分析、推导、演算或抽象出可用信息，形成一些新的更深层次的决策信息，称为信息的"再生"。信息的处理与再生都有赖于现在计算机的强大功能，克服了人在处理信息时的局限性，增强了信息加工处理和控制的能力，是人的思维器官功能的扩展，如智能技术、人工神经网络技术等。

④ 信息控制技术：指利用信息技术，主要解决信息的施效问题，是信息处理过程的最后环节。控制的本质是根据输入的指令信息（决策信息）改变外部事物的运动状态和方式。控制显示技术克服了人在改变事物运动状态及再现信息时的局限性，是人的效应器官（手脚、嘴）功能的扩展，信息控制技术具体包括控制技术、显示技术等。

这四类技术也可简称为感测、通信、计算和控制技术，它们在信息系统中虽然各司其职，但从技术要素层次上，又是相互包含、相互交叉、相互融合、相互依赖的。由于信息的计算技术通过计算机和网络的支持，极大地促进了感测、通信和控制技术水平的提高，因此在四大信息技术中处于核心地位。

1.1.3 信息处理的基本概念

信息处理

随着科学的发展和计算机的普及，现代社会的信息化程度越来越高，信息化普及范围也越来越广，人们对信息的需求也越来越强烈。在全球网络发达的今天，各行各业管理工作的成败主要取决于能否及时获取需要的、正确的信息，能否根据信息进行有效的决策。一个人、一个企业要在现代社会中生存、发展，就必须及时、准确地了解当前的问题与机会，掌握社会需求状况与市场竞争形势，具备足够的信息和强有力的信息收集与处理手段。

1. 信息处理的全过程

信息处理是人们对已有信息进行分类、加工、提取、分析和思考的过程，主要包括信息收集、分类、加工、传递和存储等处理技术。信息处理过程是一个去粗取精、去伪存真的过程。

信息处理的第一步是要对其进行收集，而收集来的数据只有被数字化成计算机能够识别的信息才可以被处理。因此，下一步是进行信息的数据表示，即表示成计算机可以识别的信息，之后计算机就可以自动化地按照人们既定的处理规律和方法来高效、高速地处理数据，即数据加工。这是人类目前最希望突破的一步，当数据完成处理后，可以对其进行存储或传递，经过数据检索或数据接收，最后就是进行数据的信息解释。这是由于数据本身没有意义，只有对其进行解释，其表达的信息才能被信息的使用者和接收者所利用，信息的价值才能得以体现。

在信息处理的过程中使用计算机，不仅可以提高信息加工的速度和效率，还可以方便地进行数据存储和传递。同时，信息被数字化成计算机能识别的信息后，拥有极小的复制成本。

（1）信息收集

信息收集是指通过各种方式获取所需要的信息。信息收集是信息得以利用的第一步，也是关键的一步。信息收集工作的好坏，直接关系到整个信息管理工作的质量。信息可以分为原始信息和加工信息两大类：原始信息是指在经济活动中直接产生或获取的数据、概念、知识、经验及其总结，是未经加工的信息；加工信息则是对原始信息经过加工、分析、改编和重组而形成的具有新形式、新内容的信息。两类信息都对企业的营销管理活动发挥着不可替代的作用。信息收集的过程一般包括以下步骤：

① 根据业务部门提出的信息处理项目的目标和规划，制订信息收集计划。只有制订出周密、切实

可行的信息收集计划,才能指导整个信息收集工作正常开展。

② 设计收集提纲和表格(包括调查问卷)。为了便于以后加工、存储和传递,在进行信息收集以前,就要按照信息收集的目的和要求设计出合理的收集提纲和表格。

③ 明确数据源、信息收集的方式和方法。

④ 实施信息收集工作(包括收集原始数据和二手数据)。

⑤ 形成信息收集的成果。要以调查报告、资料摘编、数据图表等形式把获得的信息整理出来,并将这些信息资料与收集计划进行对比分析。如果不符合要求,再进行补充收集。

(2) 信息的数据表示

信息是多种多样的,如日常的十进制数、字、符号、图形、图像和语言等,但是计算机无法直接"理解"这些信息,所以计算机需要采用数字化编码的形式对信息进行存储、加工和传送。信息的数字化表示就是采用一定的基本符号,使用一定的组合规则来表示信息。计算机中采用的是二进制编码,其基本符号是"0"和"1"。

(3) 信息加工

信息加工指将收集到的信息按照一定的顺序和方法进行分类、编码、存储、处理和传送,是对收集来的信息进行去伪存真、去粗取精、由表及里、由此及彼的加工过程,是在原始信息的基础上,生产出价值含量高、方便用户利用的二次信息的活动过程,也是信息得以利用的关键。由于信息量的不同,加工内容不同,信息处理人员的能力不同,信息加工没有共同的模式。

信息加工的主要内容如下:

① 信息的清洗和整理。收集得到的数据往往包含一些错误(内容错误、格式错误、时空错误)、重复数据,还常有部分数据缺失以及数据不一致的情况。数据清洗就是把"脏"的数据"洗掉",发现并纠正数据中可识别的错误,还包括检查数据一致性、删除重复数据、处理无效值和缺失值、进一步审查异常数据等。同时,还要将混乱的数据进行整理,使其井井有条,便于处理。数据清洗和整理的工作量较大,但对于保证数据质量关系很大。

② 信息的筛选和判别。在收集到的大量原始信息中,不可避免地存在一些假信息,只有通过认真地筛选和判别,才能防止鱼目混珠、真假混杂。

③ 信息的分类和排序。收集来的信息是一种初始的、孤立的和零乱的信息,只有把这些信息进行分类和排序,使其有条不紊,才能存储、检索、传递和使用。

④ 信息的分析和研究。对分类排序后的信息进行分析、比较、综合,从而鉴别和判断出信息的价值,达到去粗取精,使原始信息升华、增值,成为有用的信息,并对信息进行分析、概括及研究计算,使信息更具有使用价值,为决策提供依据。

⑤ 信息的编制。将加工过的信息整理成易于理解和阅读的新材料,并对这些材料进行编目和索引,以供信息利用者提取和利用。

(4) 信息传递

信息传递是指将信息从信息源传输给用户的过程,信息只有传递到用户那里,才能体现其价值,发挥其作用。

信息传递的三个基本环节是信源、信道和信宿。信息的发送者称为信源,信息的接收者称为信宿,信源和信宿之间信息交换的途径与设备称为信道。

信息传递依赖于一定的物质形式，如声波、光波、电磁波等，并通常伴随着能量的转换。因此，它需要有特定的工具和手段，并形成一个完整的系统。多个信息过程相连就使系统形成信息网，当信息在信息网中不断被转换和传递时，就形成了信息流。

（5）信息存储

信息存储是将经过加工整理有序化后的信息按照一定的格式和顺序存储在特定的载体中的一种信息活动。其目的是便于信息管理者和信息用户快速地、准确地识别、定位和检索信息。信息存储不是一个孤立的环节，它始终贯穿于信息处理工作的全过程。

信息存储介质分为纸质存储和电子存储等。不同的信息可以存储在不同的介质上，相同的信息也可以同时存储于不同的介质上，作用会有所不同。例如，凭证文件需要用纸介质存储，也需要电子存储；企业中企业结构、人事方面的档案材料、设备或材料的库存账目，纸质及电子存储均适用，以便归档以及联机检索和查询。与纸质存储相比，电子存储存取速度极快、存储的数据量大。

信息存储是信息在时间上的传递，也是信息得以进一步综合、加工、积累和再生的基础，在人类和社会发展中有重要意义。

大数据时代，信息存储非常重要。不仅要求存储量大，处理速度快，还要求确保安全。大数据存储催生了许多分级存储、分布式存储、分布式处理、数据备份、数据恢复等新技术。

2. 信息处理的要求

现代企业对信息处理的要求可归纳为及时、准确、适用、经济和安全5个方面。

① 及时。有两方面的意义：一是及时获取，及时产生；二是加工、检索和传输信息要迅速。尽可能缩短信息从信息源到用户的时间，及时控制，及时反馈。

② 准确。准确是信息的生命，为了实现信息处理的准确性，必须做到以下3点：

- 原始信息的收集要准确，要使获得的信息能准确反映决策者需要了解的情况。收集者不能按自己或其他人的旨意随意变动信息的内容或收集信息的范围。
- 信息的存储、加工和传输必须可靠，尽可能排除各种外界干扰，以免信息内容失真，特别在信息加工过程中应防止因处理方法和手段的原因丢失或歪曲被加工信息中包含的与决策有关的内容。
- 信息处理力求规范化、标准化。这不仅是信息准确性的重要保证，而且是高效加工、传输与有效利用信息的重要条件。

3. 信息处理的有关规章制度

信息系统日常运行管理制度建立的目的是要求系统运行管理人员严格按照规章制度办事，定时定内容地重复进行有关数据与硬件的维护，以及对突发事件的处理等。相关的规章制度如下：

① 机房管理与设备维护制度。例如，机房管理制度、设备操作规范、运行情况记录制度、出入机房人员管理与登记制度、各种设备的保养与安全管理制度、简易故障的诊断与排除制度、易耗品的更换与安装等规定。

② 突发事件处理制度。当突发事件发生时，要求信息管理专业人员负责处理，并且对发生的现象、造成的损失、引起的原因及解决的方法等做详细的记录。

③ 信息备份、存档、整理和初始化制度。信息（或数据）备份制度要求每天必须对新增加的或更改过的数据进行备份。数据正本和备份应分别存储于不同的磁盘上或其他存储介质上。数据存档或归档制度要求定期将资料转入档案数据库，作为历史数据存档。数据整理制度要求定期对数据文件或数据表的索引、记录顺序等进行调整，可以使数据的查询更为快捷，并保持数据的完整性。数据初始化制度要求在系统正常运行后，以月度或年度为时间单位，对数据文件或数据表的切换与结转等进行预置，即数据的初始化。

1.1.4 数据处理方法

数据处理的基本目的是从大量的、可能是杂乱无章的、难以理解的数据中抽取并推导出对于某些特定的人们来说是有价值、有意义的数据。计算机数据处理包括数据的采集、存储、检索、加工、变换和传输等要素。不同的系统和应用所采用的数据处理过程和方法会有所不同，而且这些过程和方法往往难以简单分割，常常表现出交叉、交织、胶着的状态。随着大数据时代的到来，数据处理一般都包括了数据的收集、分类、清洗、筛选、存储、检索、分析和可视化等环节，下面分别进行介绍。

微课视频

数据处理方法

1. 数据收集和分类

在计算机学科中，数据是指所有能输入到计算机并被计算机程序处理的符号的总称，是用于输入计算机进行处理，并具有一定意义的字母、数字、符号和模拟量等的总称。数据收集，是指利用某种装置（又称接口），从系统外部收集数据并输入到系统内部。例如，用户通过键盘输入信息，摄像头、扫描仪、传声器、光电阅读器和移动存储设备都是数据收集的接口。

为了保证信息收集的质量，应坚持下列原则：

① 全面性原则。要求所收集到的数据要广泛、完整和全面。只有全面、广泛地收集数据，才能完整地反映管理活动和决策对象发展的全貌，为决策的科学性提供保障。但实际上所收集到的数据不可能做到绝对的全面和完整，如何在不完整的数据下做出科学的决策是一个非常值得探讨的问题。

② 准确性原则。要求所收集到的数据要真实、可靠，这个原则也是数据收集工作的最基本的要求。为达到这样的要求，数据收集者必须对收集到的数据反复核实，辨别真假，不断检验，力求把误差降至最低限度。

③ 时效性原则。数据的利用价值取决于数据是否能及时提供，即它的时效性。数据只有及时、迅速地提供给它的使用者才能有效地发挥作用，特别是决策，对数据的要求是"事前"的消息和情报，而不是"马后炮"的信息。

④ 尊重提供者原则。无论是面谈采访调查时，还是问卷调查时，都需要尊重对方，否则无法获得高质量的数据。在查阅选用文献时，要尊重信息提供方的权益，以免引起纠纷。

数据收集的方法有以下几种：

① 从文献中获取信息（二手数据）。文献是前人留下的宝贵财富，是知识的集合体，无论是在数据库还是在行政部门和企事业单位中都保存有大量的历史文献数据和资料，是数据收集的主要方法之一。如何在数量庞大、高度分散的文献中找到所需要的有价值的信息，是情报检索所研究的内容。

② 调查。调查是获得真实可靠信息的重要手段，指运用观察、询问等方法直接从现实社会了解情况、收集资料和数据的活动。利用调查收集到的信息是第一手资料，通常比较接近社会，接近生活，

容易做到真实、可靠。调查的方法包括：与有关负责人面谈、各部门报表的收集、各种座谈会调查、网上问卷调查、开会问卷调查、街头采访等。

③ 建立情报网和感知网。为长期、定期收集信息，许多机构建立了情报网，由各级机构不断提供所需信息。情报网往往是指负责数据收集、筛选、加工、传递和反馈的整个工作体系，不仅仅指收集本身。随着物联网技术的发展，许多机构建立了感知网，从各处的传感器和智能表自动定时地收集信息。通过集中或分布式系统进行处理，保证了数据的准确性和时效性。目前，情报网和感知网已成为数据收集的重要方法，RFID自动识别系统、传感器网络和互联网、移动互联网应用都成为企业收集信息的渠道。

2. 数据编码与校验

在计算机内部，由于只能处理二进制数，所以必须对各种数据、文本、图像、声音、视频等信息进行编码，以二进制编码的形式存入计算机，并由此形成了不同格式的数据文件。常见的数据编码方法有：数据值数据采用二进制补码；西文信息采用 ASCII 码、Unicode 编码；中文信息编码比较复杂，包括汉字输入码（如搜狗拼音输入码）、汉字国标码（如 GB 2312-80）、汉字机内码（即国标码的计算机表示）和汉字点阵和汉字库等。

（1）非数值型数据的编码

非数值型数据的编码，首先要确定编码规则，然后根据规则对变量赋予数值。对于双值型数据，通常采 0、1 或 0、2 来赋值。如性别只有男、女两个值，用 1 表示女性，2 表示男性；对于多值型数据，通常采用 1、2、3……来赋值，如员工的文化程度，可以采用数字编码表示不同的类别，文盲半文盲 =1、小学 =2、初中 =3、高中 =4、大专 =5、本科 =6、硕士 =7、博士 =8 来表示。

通常对非数据行编码，主要起到分组的作用，不能进行各种算术运算。

（2）缺失值的处理

缺失值是指在数据采集与整理过程中未获取或丢失的内容，往往会给数据的处理和分析带来一些麻烦和误差。

缺失值可以分为用户缺失值和系统缺失值。例如，在问卷调查中有用户没有勾选的选项，就属于用户缺失值，缺失值可用能识别的特殊数字来表示，如 0、9、99 等。计算机默认的缺失方式，如输入数据空缺、输入非法字符等，就属于系统缺失值，缺失值可用特殊符号标记，如".""*""#"等。

缺失值有两种处理方法：一是代替法，采用统计命令或在相关统计功能中利用参数替代；二是剔出法，剔除有缺失值的数据。

（3）数据校验

数据校验应用在许多场合，主要是为了减少、避免错误数据的产生，保证数据的完整性。最简单的校验就是把原始数据和待比较数据直接进行比较，看是否完全一样，这种方法是最安全也是最准确的，但效率很低。在数据通信中发送方通常用一种指定的算法对原始数据计算出一个校验值，接收方用同样的算法计算一次校验值。如果与随数据提供的校验值一样，则说明数据是完整的，这种方法在计算机数据通信的硬件设计中被普遍采用。

3. 数据清洗

数据清洗指对数据进行重新审查和校验的过程，从名字上看得出就是对"脏"的数据进行清洗，发现并纠正数据中可识别的错误，包括检查数据的一致性、处理无效值和缺失值、删除重复数据等。

数据清洗利用有关技术（如数理统计、数据挖掘或预定义的清理规则）将"脏"数据删除或转化为满足数据质量要求的数据。

数据清理一般针对具体应用，因而难以归纳统一的方法和步骤，但是根据数据不同可以给出相应的数据清理的基本方法。

（1）解决不完整数据（即值缺失）的方法

大多数情况下，缺失的值必须手工填入。当然，某些缺失值可以从本数据源或其他数据源推导出来，这就可以用平均值、最大值、最小值或更为复杂的概率估计代替缺失的值。

（2）错误值的检测及解决方法

用统计分析的方法识别可能的错误值或异常值，如偏差分析、识别不遵守分布或回归方程的值，也可以用简单规则库（常识性规则、业务特定规则等）检查数据值，或使用不同属性间的约束、外部的数据来检测和清洗数据。对异常值的处理需要特别谨慎，需要从业务方面进行分析究竟是否有错误。

（3）重复记录的检测及消除方法

数据库中属性值完全相同的记录被认为是重复记录。通过判断记录间的属性值是否相等来检测记录，相等的记录合并为一条记录，合并/清除是消重的基本方法。

（4）不一致性（数据源内部及数据源之间）的检测及解决方法

从多数据源集成的数据可能有语义冲突，可定义完整性的约束用于检测不一致性，也可通过分析数据发现联系，从而使得数据保持一致。

4. 数据的存储与检索

（1）数据存储

数据存储对象包括数据流在加工过程中产生的临时文件或加工过程中需要查找的信息。数据以某种格式记录在计算机内部或外部存储介质上。数据存储要命名，这种命名要反映信息特征的组成含义。

① 存储介质。存储介质是数据存储的载体，是数据存储的基础。存储介质并不是越昂贵越好、越先进越好，要根据不同的应用环境，合理选择存储介质。数据存储要求容量大、存储速度快、携带方便、与计算机接口通用、成本低等。除了计算机本身的大容量硬盘存储外，数据存储介质还有移动硬盘、可记录光盘、U盘、闪存卡等。

② 存储方式。按照数据在计算机中的保存方式来分，数据存储方式有3种：本地文件、数据库及云存储。其中本地文件使用较为方便；数据库性能优越，有查询功能，可以加密、加锁、跨应用、跨平台等；云存储则用于比较重要和数据量大的场合，例如，科研、勘探、航空等实时采集到的数据需要通过网络传输到数据中心进行存储并进行处理。

在数据存储时要注意以下问题：

① 存储的数据要安全可靠。利用计算机存储数据时，有可能会因为内部或外部的因素毁坏数据，因此要有相应的处理和防范措施。

② 对于大量数据的存储要有相应的处理和防范措施。要提高计算机内数据文件存取的使用效率及安全性，同时节约存储空间。例如，采用科学的编码体系，缩短相同信息所需的代码，以节约存储空间。

③ 数据存储必须满足存取方便、迅速的需要。利用计算机存储时要对数据进行科学、合理的组织，要按照信息本身和它们间的逻辑关系进行存储。

信息技术

④ 按照数据使用的频度分级分别存储在不同的存储器中，使存储体系总体的效率高、成本低。例如，将归档数据脱机存放在大容量低成本的存储器中。

（2）数据检索

数据检索即把数据库中存储的数据根据用户的需求提取出来。检索的结果会生成一个数据表，既可以放回数据库，也可以作为进一步处理的对象。

数据检索包括数据排序和数据筛选两项操作：

① 数据排序。查看数据时，往往需要按照实际需要，把数据按一定的顺序排列展示出来。

② 数据筛选。所谓"筛选"，是指根据给定的条件，从表中查找满足条件的记录并且显示出来，不满足条件的记录被隐藏起来。这些条件称为筛选条件。

5. 数据分析与展示

数据分析是指用适当的统计分析方法对收集来的大量数据进行分析，将它们加以汇总、理解并消化，以求最大化地开发数据的功能，发挥数据的作用。数据分析是为了提取有用信息和形成结论而对数据加以详细研究和概括总结的过程。社会越发达，人们对数据的依赖就越多，无论政府决策还是公司运营，无论是科学研究还是媒体宣传，都需要数据支持，因此将数据转化为知识、结论和规律，就是数据分析的作用和价值。例如，企业在正常运营中会产生数据，而对这些数据的深层次挖掘所产生的数据分析报告，对企业的运营及策略调整至关重要。对企业数据做好分析，对于促进企业的发展、为企业领导者提供决策依据有着重大作用。

实施数据分析项目，其过程概括起来主要包括：明确分析目的与框架、数据收集、数据处理、数据分析、数据展现和撰写数据分析报告。

① 明确分析目的与框架就是明确项目的数据对象、商业目的和要解决的业务问题。基于商业的理解，整理分析框架和分析思路。例如，减少新客户的流失、优化活动效果、提高客户响应率等。不同的项目对数据的要求和使用的分析手段也是不一样的。

② 数据收集是按照确定的数据分析和框架内容，有目的地收集、整合相关数据的一个过程，它是数据分析的一个基础。

③ 数据处理是指对收集到的数据进行加工、整理，以便开展数据分析，它是数据分析前必不可少的阶段。数据处理主要包括数据清洗、数据转化等处理方法。

④ 数据分析是指通过分析手段、方法和技巧对准备好的数据进行探索、分析，从中发现因果关系、内部联系和业务规律，为项目目标提供决策参考。到了这个阶段，要能驾驭数据、开展数据分析，就要涉及工具和方法的使用。一是要熟悉常规数据分析方法，如方差、回归、因子、聚类、分类、时间序列等多元和数据分析方法的原理、使用范围、优缺点和结果的解释；二是熟悉数据分析工具，一般的数据分析可以通过 Excel 完成，高级数据分析则需要专业的分析软件，如数据分析工具 SPSS、SAS、R、MATLAB 等，用于进行专业的统计分析、数据建模等。

⑤ 数据展现指通过图、表的方式来呈现数据分析的结果。借助图形化手段，能更直观、清晰、有效地传达与呈现信息观点和建议。常用的图表包括饼图、折线图、柱形图/条形图、散点图、雷达图、金字塔图、矩阵图、漏斗图、帕雷托图等。

⑥ 撰写数据分析报告，是对整个数据分析成果的一个呈现。通过分析报告，把数据分析的目的、

过程、结果及方案完整地呈现出来，以为商业目的提供参考。一份好的数据分析报告，首先需要有一个好的分析框架，并且图文并茂、层次明晰，能够让阅读者一目了然。结构清晰、主次分明可以使阅读者正确理解报告内容；图文并茂，可以令数据更加生动活泼，提高视觉冲击力，有助于阅读者更形象、直观地看清楚问题和结论，从而产生思考。另外，数据分析报告需要有明确的结论、建议和解决方案，不仅仅是找出问题，提出解决方案更重要。

拓展练习

1. 【2016年6月软考真题】以下关于信息的叙述中，（　　）不正确。
   A. 信息是事物状态的描述　　　　　　B. 信息蕴含于数据之中
   C. 信息是数据的载体　　　　　　　　D. 数据是信息的载体
   答案：C

2. 【2016年6月软考真题】以下关于数据和数据处理的叙述中，不正确的是（　　）。
   A. 要大力提倡在论述观点时用数据说话　B. 数据处理技术重点是计算机操作技能
   C. 对数据的理解是数据分析的重要前提　D. 数据资源可以为创新驱动发展提供动力
   答案：B

3. 【2016年6月软考真题】在数据处理中，"删除重复数据"的功能很重要，但其作用不包括（　　）。
   A. 有效控制数据体量的急剧增长　　　B. 节省存储设备和数据管理的成本
   C. 释放存储空间，提高存储利用率　　D. 提高数据的安全性，防止被破坏
   答案：D

4. 【2016年6月软考真题】数据加工前一般需要做数据清洗。数据清洗工作不包括（　　）。
   A. 删除不必要的、多余的、重复的数据
   B. 处理缺失的数据字段，做出特殊标记
   C. 检测有逻辑错误的数据，纠正或删除
   D. 修改异常数据值，使其落入常识范围
   答案：D

5. 【2016年6月软考真题】企业建立管理信息系统的目标不包括（　　）。
   A. 提升企业对数据资产的管理和应用水平
   B. 全面管理企业数据的可用性和安全性
   C. 促使企业数据资产发挥更大的作用
   D. 推进企业生产自动化，提高创新能力
   答案：D

6. 【2016年11月软考真题】以下关于信息化和信息技术的叙述中，不正确的是（　　）。
   A. 信息化有利于国家"稳增长、扩内需、调结构、促就业"的战略
   B. 信息技术的广泛应用直接关系到我国新常态经济的走向
   C. 信息化正在加速向互联网化、移动化、智慧化方向演进
   D. 现在，信息技术越来越高级，用户的使用越来越复杂

信息技术

答案：D

7.【2016年11月软考真题】以下对数据及应用的理解中，不正确的是（　　）。
A. 通过数据认识世界往往更有效　　　　B. 数据反映了过去但不影响未来
C. 数据的价值来自对数据的应用　　　　D. 阐明观点时应尽量用数据说话

答案：B

8.【2016年11月软考真题】以下关于数据处理的叙述中，不正确的是（　　）。
A. 将问题数据化是人们处理问题时常采用的一种方式
B. 用数据来说明问题，可使对问题的认识变得更为精准
C. 数据处理的目的是使人对信息更易理解
D. 为做出合理的统计推断，抽取的数据样本越大越好

答案：D

9.【2016年11月软考真题】（　　）不属于联机实时数据处理的应用。
A. 网上订购火车票　　　　　　　　　　B. 小卖部当天结算
C. ATM机上存取款　　　　　　　　　　D. 商场刷卡消费

答案：B

10.【2017年6月软考真题】以下关于数据的叙述中，正确的是（　　）。
A. 原始数据必然都是真实、可靠、合理的
B. 通过数据分析可以了解数据间的相关关系
C. 依靠大数据来决策就一定不会被误导
D. 用过去的大数据可以准确地预测未来

答案：B

11.【2017年6月软考真题】数据分析的主要目的是（　　）。
A. 删除异常的和无用的数据　　　　　　B. 挑选出有用和有利的数据
C. 以图表形式直接展现数据　　　　　　D. 发现问题并提出解决方案

答案：D

12.【2017年6月软考真题】数据分析的四个步骤依次是（　　）。
A. 获取数据、处理数据、分析数据、呈现数据
B. 获取数据、呈现数据、处理数据、分析数据
C. 获取数据、处理数据、呈现数据、分析数据
D. 呈现数据、分析数据、获取数据、处理数据

答案：A

13.【2017年11月软考真题】以下关于数据的叙述中，（　　）不正确。
A. 企业讨论决策时应摆数据，讲分析
B. 数据是企业中最重要的物质基础
C. 企业应努力做到业务数据化，数据业务化
D. 只有深刻理解业务，才能正确地分析解读数据，获得结论

答案：B

14. 【2017年11月软考真题】获取数据后，为顺利分析数据，需要先进行数据清洗。数据清洗工作一般不包括（   ）。

    A. 筛选清除多余重复的数据　　　　B. 将缺失的数据补充完整
    C. 估计合理值修改异常数据　　　　D. 纠正或删除错误的数据
    答案：C

15. 【2017年11月软考真题】以下关于数据可视化展现的叙述中，不正确的是（   ）。

    A. 数据可视化借助于图形化手段，清晰有效地传达与沟通信息
    B. 要选择合适的图表类型，并以易于理解的方式呈现信息
    C. 数据可视化将推动数据思维升华，发现数据中新的业务逻辑
    D. 数据可视化应尽量采用3D、动画、阴影以及色彩斑斓的形式
    答案：D

16. 【2017年11月软考真题】撰写数据分析报告的原则不包括（   ）。

    A. 需要有一个好的文档框架，结构要清晰、层次要分明
    B. 要图文并茂、生动活泼，让读者一目了然，启发思考
    C. 为确保分析科学严谨，采用的分析方法需要进行严格证明
    D. 要有明确的结论，找出问题，并提出建议和解决方案
    答案：C

17. 【2018年5月软考真题】以下关于数据处理的叙述中，不正确的是（   ）。

    A. 数据处理不仅能预测不久的未来，有时还能影响未来
    B. 数据处理和数据分析可以为决策提供真知灼见
    C. 数据处理的重点应从技术角度去发现和解释数据蕴含的意义
    D. 数据处理是从现实世界到数据，再从数据到现实世界的过程
    答案：C

18. 【2018年5月软考真题】在信息收集过程中，需要根据项目的目标把握数据的（   ）要求，既不要纳入过多无关的数据，也不要短缺主要的数据；既不要过于简化，也不要过于烦琐。

    A. 适用性　　　B. 准确性　　　C. 安全性　　　D. 及时性
    答案：A

19. 【2018年5月软考真题】信息传递的三个基本环节中，信息接收者称为（   ）。

    A. 信源　　　B. 信道　　　C. 信标　　　D. 信宿
    答案：D

20. 【2018年5月软考真题】数据处理过程中，影响数据精度的因素不包括（   ）。

    A. 显示器的分辨率　　　　B. 收集数据的准确度
    C. 数据的类型　　　　　　D. 对小数位数的指定
    答案：A

1.2 计算机系统基础知识

本节内容结构如图 1-3 所示。

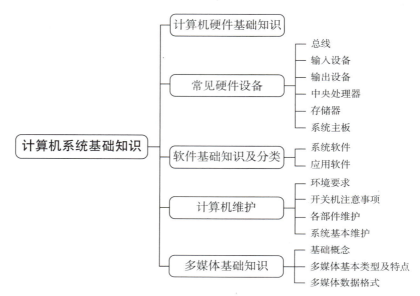

图 1-3　1.2 节内容结构

微型计算机是计算机中普及较为广泛的一类，已经成为计算机市场的主流。微型计算机的种类很多，但一个完整的计算机系统应该包括两大部分：硬件系统和软件系统，如图 1-4 所示。

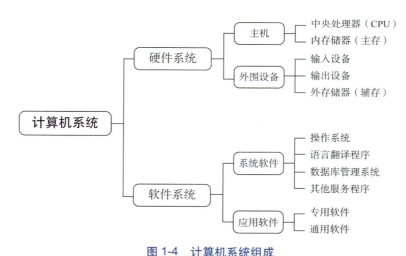

图 1-4　计算机系统组成

1.2.1　计算机硬件基础知识

硬件是指构成计算机的物理设备，即由机械、电子器件构成的具有输入、存储、计算、控制和输出功能的实体部件，是计算机的物质基础；软件也称"软设备"，广义地说软件是指系统中的程序以及开发、使用和维护程序所需的所有文档的集合，是发挥计算机功能的关键，两者缺一不可。

1.2.2 常见硬件设备

1. 总线

（1）总线的定义

总线是连接计算机硬件系统中设备与设备之间的公共数据通道。总线可以从两方面来理解：从物理上看，总线是各设备之间连接的一种方式；从逻辑上看，总线相当于一种工作协议，在微型计算机中采用总线结构便于实现部件或设备的扩充，同时采用统一的总线标准将使设备的连接更加容易实现。

（2）总线的分类

在微型计算机中总线按功能可以分为 3 种：数据总线、地址总线和控制总线。

① 数据总线：双向传递数据信息。通过数据总线能够实现数据在 CPU 与内存或输入/输出设备之间的相互转换，从而实现一个双向的功能。每次进行双向交换数据时，所传递的数据位数都依据计算机中数据总线的宽度。

② 地址总线：与数据总线不同，是单向的，主要用来传送 CPU 与内存或输入/输出设备交换时的相关地址信息。

③ 控制总线：用来传送 CPU 与内存或外围设备之间发出的控制信号、时序信号和状态信息等。

除了功能划分外，按传输方式可分为串行和并行总线；按时钟信号可划分为同步和异步总线；按传输原理又可分为时分多路复用、频分多路复用和码分多路复用等。

对于计算机系统性能来说，总线性能起着至关重要的作用，计算机采用总线结构，这就意味着任何系统的研制和外围模块的开发都必须依从总线标准。因此，总线技术随着计算机结构的改进而不断地发展与完善。

（3）总线的主要技术指标（见表 1-2）

表 1-2　总线的主要技术指标

主要技术指标	说　明
带宽	单位时间内总线上传送的数据量，通俗地讲就是每秒所传送字节的最大稳态数据传输速率。总线的带宽＝总线的工作频率 ×（总线的位宽/8）
工作频率	或称为总线的工作时钟频率，单位为 MHz，总线的工作频率与其带宽成正比，带宽越宽，工作频率越快
位宽	总线同时传递二进制数据的位数或者说数据总线的位数。总线的位宽越宽，数据传输速率越大，带宽也越宽

2. 输入设备

输入设备主要向计算机输入数据，常见的输入设备有键盘、鼠标、扫描仪等，另外，光笔、语音输入装置等都属于输入设备。下面仅介绍日常生活中常用、常见的输入设备。

（1）键盘

键盘是主要的输入设备，按应用可以分为台式机键盘（见图 1-5）、笔记本计算机键盘（见图 1-6）、手机键盘等；按文字输入

图 1-5　台式机键盘

还可分为单键输入键盘、双键输入键盘和多键输入键盘。常用的键盘则属于第一种——单键输入键盘。键盘的布局可分为几部分,包括功能键、光标控制键、小键盘、打字键盘和修饰键。就是通过这些按键将英文字母、数字、标点符号等输入到计算机中,从而向计算机发出命令、输入数据等。

(2) 鼠标

鼠标是计算机的一种外接的常见输入设备,最早是由有着"鼠标之父"称号的加州大学伯克利分校博士道格拉斯·恩格尔巴特(Douglas Engelbart)于1964年发明的。从最初的原始鼠标,经过机械鼠标、光电鼠标,到如今的触控鼠标,鼠标技术的发展经历了漫长的征途。

鼠标按照键数可以划分为两键鼠标、三键鼠标、五键鼠标和新型的多键鼠标,其中五键鼠标多用于游戏。还可以分为有线鼠标(见图1-7)和无线鼠标(见图1-8)。除此之外,还有笔记本计算机常用的滚轴鼠标和感应鼠标,鼠标中间的小圆球可以向不同的方向转动,或者在笔记本计算机的感应板上移动手指,即可使光标按照相应的方向进行移动,当光标到达预定的目标位置时,按一下鼠标或感应板即可执行相应的功能。

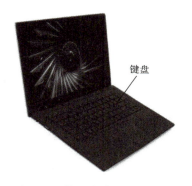

图1-6 笔记本计算机键盘

图1-7 有线鼠标

图1-8 无线鼠标

(3) 扫描仪

扫描仪(见图1-9)是利用光电技术和数字处理技术,将以扫描方式捕获和提取图像的线条、文字等信息转换为计算机可以显示、编辑、存储和输出的数字化输入设备。在标牌面板、印制板、印刷行业等应用较为广泛。扫描仪的种类很多,有滚筒式扫描仪、平面扫描仪,以及近几年出现的便携式扫描仪和馈纸式扫描仪等。

扫描仪的工作原理主要是通过光感应器接收被反射的光线将其通过模数(A/D)转换器转换成计算机能够识别读取的

图1-9 扫描仪

信号,然后通过驱动程序转换成显示器上能看到的正确图像。所以,扫描仪的核心部件就是光学读取装置和模数(A/D)转换器。CCD(电荷耦合器件)和CIS(接触式图像感应装置)是两种常见的光学读取设备。

3. 输出设备

用来接收计算机数据的输出显示、打印、声音等操作的终端设备称为输出设备。通俗地讲,输出设备就是将数据或信息以数字、符号、图像或声音等形式表现出来的设备。常见的输出设备有显示器、打印机及投影仪，绘图仪、语音输出系统、磁记录设备等也属于输出设备。下面仅介绍常见的输出设备显示器和打印机。

(1) 显示器

显示器也称为监视器，如图 1-10 所示。它是一种显示工具、人机交互界面，能够将电子文件通过特定的传输设备显示到人眼可见的屏幕上。

根据制造材料的不同，可以将其分为：阴极射线管显示器、等离子显示器和液晶显示器等。阴极射线管显示器是一种能减少阴极加热器耗电的阴极射线管，可视角度大、无坏点、色彩还原度较高且色度均匀、响应时间短。液晶显示器对于用户来说并不陌生，是

图 1-10 显示器

目前使用广泛的一种显示器，所谓液晶不是液态、固态和气态，而是物质的第四种状态，是指在某一个温度范围内既有液体特性，又有晶体特性的一种特殊物质。液晶显示器机身薄、对人的辐射小。

除此之外，还有 3D 显示器、OLED 显示器等。

(2) 打印机

打印机（见图 1-11）是一种能够将计算机运算的结果以数字、图形等人们能够识别的形式打印到纸上的设备。主要技术指标有分辨率、打印速度、打印幅面、工作噪声、行宽、复制数、工作寿命、接口方式和缓冲区大小。打印机的种类很多，按数据传输方式可分为串行打印机和并行打印机；按工作原理可分为击打式打印机和非击打式打印机；按工作方式可分为针式打印机、喷墨式打印机、激光打印机等。

图 1-11 打印机

针式打印机也称为点阵打印机，主机将打印命令传送给接口，控制电路和检测电路间歇驱动送纸运动和打印头运动，激励打印针冲击打印色带，在纸上打印出所需内容。其打印成本低、易维修、价格低、打印介质广泛，但分辨率不高、噪声大和速度慢。

喷墨式打印机是继针式打印机后的另一种打印机，具有分辨率高、噪声低、打印速度快、低功耗等优点，但打印质量与打印速度、墨质、纸张密切相关、耗材（主要指墨盒）成本高。

激光打印机流行于 20 世纪 90 年代中期，其打印精度更好、速度快、噪声低，已经广泛应用于办公自动化等领域。

4. 中央处理器

中央处理器（Central Processing Unit，CPU）是计算机的主要设备之一，也是计算机的运算中心，计算机的数据运算和控制指令就是由该设备负责。CPU 性能的优劣在很大程度上决定了整个计算机系统的性能。CPU 由运算器和控制器两个基本组成部分，常见的 CPU 如图 1-12 所示。

(1) 运算器

运算器又称算术逻辑单元（Arithmetic Logic Unit，ALU），是计算机

图 1-12 CPU

信息技术

对数据进行加工处理的部件，它在控制器的控制下实现基础的算术运算，例如加减乘除和基本的逻辑运算与、或、非，最终由控制器将运算结果送至内存储器中。

（2）控制器

控制器主要由指令寄存器、译码器、程序计数器和操作控制器等组成，控制器是用来控制、指挥计算机各部件的工作，监控输入/输出设备，并使整个处理过程能够按部就班地进行。它的基本功能就是按程序计数器指出的指令地址从内存中顺序取出一条指令，并对指令进行译码，根据指令的功能执行相应的操作命令，然后再取出第二条指令继续译码执行。如此反复，直到所有的指令执行完毕为止。另外，控制器在工作过程中，还要接收各部件反馈回来的信息。

（3）CPU 的性能指标（见表 1-3）

表 1-3　CPU 的性能指标

性能指标	说明
主频	也就是 CPU 的时钟频率，简单地说就是 CPU 的工作频率。主频越高，CPU 速度越快。主频＝外频 × 倍频
外频	也就是基准频率或外部时钟频率
倍频	主频与外频的相对比例关系
字长	CPU 在单位时间内能一次处理的二进制数的位数
前端总线	与外频相关，CPU 工作时，前端总线用来接收数据和进行传送运行结果
超线程	支持多线程软件并行处理多任务，提高 CPU 运行效率
工作电压	CPU 正常运行时所需的电压

5. 存储器

存储器可分为两种：内存储器与外存储器，主要用来保存数据、指令和运算结果等信息，具有记忆功能。存储器的基本单位为字节（Byte）。

（1）内存储器

内存储器简称内存或主存，其存储容量相比外存来说要小，但是它的运行速度快。内存主要用来存放当前运行的程序指令和数据，它与 CPU 直接相连并交换信息，如图 1-13 所示。

目前，计算机的内存由半导体器件和磁性材料构成。按照存储介质划分，有由半导体器件组成的半导体存储器和磁性材料组成的磁表面存储器；按照功能可分为只读存储器（Read Only Memory，ROM）和随机存储器（Random Access Memory，RAM）。ROM 只能读取信息不能写入信息，信息一旦写入就已固定，即使断开电源，信息也不会丢失，所以只读存储器又称固定存储器，也称为系统存储区。RAM 可与 CPU 直接交换数据，对信息随时读写，而且速度快，切断电源后所存储的信息会即刻消失，因此也称为用户存储区。

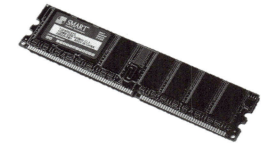

图 1-13　内存储器

（2）外存储器

外存储器又称辅助存储器，简称外存或辅存，它是内存的扩充。外存存储容量比内存大，但存储速度较慢，一般用来存放大量暂时不用的程序、数据和中间结果，需要时，可成批地和内存储器进行信息交换。计算机系统的其他部件不能直接访问外存，外存只能与内存交换信息。常用的外存有磁盘、磁带、光盘、硬盘等。在此主要介绍硬盘，如图 1-14 所示。

图 1-14　硬盘

　　硬盘也称为硬磁盘存储器（Hard Disk），它是由涂有磁性材料的合金圆盘组成，是计算机系统的主要外存储器。硬盘有一个重要的性能指标是存取速度。影响存取速度的因素有平均寻道时间、数据传输速率、盘片的旋转速度和缓冲存储器容量等。一般来说，转速越高的硬磁盘寻道的时间越短，数据传输速率也越高。一个硬盘一般由一个或多个盘片组成，盘片的每面都有一个读写磁头。硬盘在使用时，要对盘片格式化成若干个磁道（称为柱面），每个磁道再划分为若干个扇区。硬盘的存储容量计算：存储容量＝磁头数 × 柱面数 × 扇区数 × 每扇区字节数（512 B），目前硬盘的存储容量一般都在 500 GB 以上。

6. 系统主板

（1）主板

　　主板也称为母板，在计算机硬件系统中属于核心部件，如图 1-15 所示。计算机内部的各种配件直接或间接地安装在主板上，它在计算机中起着桥梁的作用，上面有许多设备的插座和接口，一般有 BIOS 芯片、I/O 控制芯片、键盘和面板控制开关接口、指示灯插接件、扩充插槽、主板及插卡的直流电源供电接插件等元件。

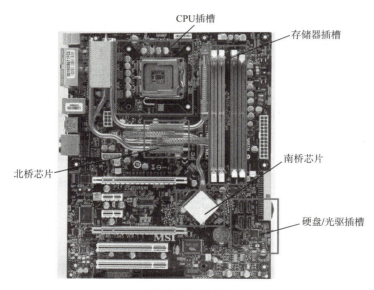

图 1-15　主板

（2）相关部件

　　① 芯片组。芯片组是主板上的一组集成电路芯片，它将微处理器和计算机的其他部件相连，是主板的核心部件。如果把 CPU 当作系统的心脏，那么芯片组就相当于系统的躯干。北桥和南桥是两个主要的芯片：北桥芯片是控制芯片，起主导作用，主要负责 CPU、内存、显卡三者之间的数据交换，提

信息技术

供对 CPU 类型、主频、系统高速缓存、主板的系统总线频率、内存管理（内存类型、容量和性能）、显卡插槽规格、ISA/PCI/AGP 插槽和 ECC 纠错等的支持，所以它直接决定了计算机主板所支持的 CPU 和内存的类型；南桥芯片主要控制各种接口、USB 接口及其他芯片等，提供对输入/输出设备的支持，包括扩展槽的种类和数量、扩展接口的类型等都由南桥芯片决定，它掌握着主板的功能，但它需要与其他功能芯片共同合作，从而让设备正常运行。

② 硬盘接口。硬盘和系统间的连接部件需要接口进行衔接，它主要是在硬盘缓存和内存间传输数据，接口的类型不同，硬盘与计算机的连接速度也不同，所以硬盘接口的优劣将直接影响程序运行的快慢。硬盘接口从整体上可分为 5 种，分别是 IDE、SATA、SCSI、SAS 和光纤通道。

- IDE 的全称是"电子集成驱动器"，价格低廉、兼容性强，在家用产品中较为常见。IDE 接口适用于大多数计算机，是一种标准接口。
- SATA（串行高级技术附件）不仅能检查传输指令是否有误，并且会自动进行矫正，提高了数据传输的可靠性，并且结构简单、支持热插拔。
- SCSI 的全称是"小型计算机系统接口"，它并不是专为硬盘设计的接口，主要应用于小型机上的高速数据传输技术，应用范围广、多任务、带宽高、CPU 占用率低且支持热插拔等。
- SAS（串行连接 SCSI），既能改善存储系统的效能、可用性和扩充性，又能提供与 SATA 硬盘的兼容性。
- 光纤通道提高多硬盘系统的通信速度，宽带高速、支持热插拔和远程连接等。

③ USB 接口。USB（通用串行总线）接口是如今最为流行的接口，是连接计算机系统与外围设备的一种串口总线标准。USB 接口最大可以连接 127 个外设，支持热拔插和即插即用。在个人计算机和各种通信工具中广泛应用。

④ I/O 接口。计算机输入/输出接口，简称 I/O 接口，主要是外围设备与 CPU 之间进行数据、信息交换或控制的连接电路，可分为总线接口和通信接口两大类，通信接口又可划分为串行通信接口和并行通信接口。总线接口负责连接外围设备与用户电路；通信接口负责计算机系统与其他系统进行数据通信。常用的总线接口有 AT 总线接口、PCI 总线接口、IDE 总线接口等。

⑤ BIOS 芯片。BIOS（基本输入/输出系统）固化在主板上的一块可插拔的 ROM 芯片上。计算机最重要的基本输入/输出程序、系统设置信息、开机上电自检程序和系统启动自举程序就保存在 BIOS 中。它的主要功能就是为计算机提供最底层、最直接的硬件设置和控制。BIOS 主要有三大功能部分：自检及初始化程序、硬件中断处理和程序服务请求。

- 自检及初始化程序：检查计算机是否良好、创建中断向量、设置寄存器、BIOS 设置、引导 DOS 或其他操作系统。
- 硬件中断处理：处理硬件需求。
- 程序服务请求：服务于应用程序和操作系统。

较为流行的主板 BIOS 有 Award BIOS、AMI BIOS 和 Phoenix BIOS 三种。

⑥ CMOS 芯片。CMOS（互补金属氧化物半导体）在计算机领域主要用于保存计算机基本启动信息（如日期、时间、启动设置等），是主板上的一块可随机存取存储器芯片。但 CMOS 仅仅是一个储器，只具备保存信息的功能，如果想对信息进行修改，还需要专门的程序辅助。

1.2.3 软件基础知识及分类

软件是计算机系统必不可少的组成部分。计算机系统的软件系统分为系统软件和应用软件两类。系统软件一般包括操作系统、语言编译程序、数据库管理系统等，其中操作系统是系统软件的核心组成。应用软件是指计算机用户为某一特定应用而开发的软件，如文字处理软件、表格处理软件、绘图软件、财务软件、过程控制软件等。

1. 系统软件

系统软件是指负责调度、监控和维护计算机系统，协调计算机系统硬件工作的一种软件。系统软件用于发挥和扩大计算机的功能和用途，提高计算机的工作效率，用户无须知道计算机内部每个硬件的工作原理，方便用户使用。

（1）操作系统

操作系统（Operating System，OS）是最基本、最重要的系统软件。它是最底层的软件，计算机运行程序及整个计算机的资源都需要操作系统的支持。它相当于计算机裸机与用户之间的一座桥梁，合理地组织计算机各部分协调工作，有了操作系统，用户与计算机才能够正常使用软件和程序等。常用的操作系统有 DOS、Windows、Linux、UNIX 等。

（2）语言编译程序

计算机直接识别和运行机器语言，因此要想使计算机能够运行 VB、C++、Java 等高级语言就需要配备语言翻译程序，如 C 语言编译、连接器等。为了提高效率，人们规定一套新的指令，每一条指令完成一项操作，但是 CPU 不能直接执行这些指令，它需要一个翻译程序将其翻译成 CPU 能够识别的指令并在计算机上正常运行，这种翻译程序称为语言编译程序。

（3）数据库管理系统

数据库管理系统（Database Management System，DBMS）是一种操纵和管理数据库的大型软件，通过 DBMS 用户可以访问数据库中的数据，管理员也能对数据库进行维护。数据库管理系统能够有效地进行数据定义、数据操纵、数据库的运行管理和数据组织、存储与管理、数据库的保护、维护和通信。数据库根据处理对象的不同可分为应用层、语言翻译处理层、数据存取层、数据存储层和操作系统。目前，计算机系统常用的小型单机版数据库管理系统有 Access、Visual FoxPro 等，目前流行的应用于网络环境的数据库管理系统主要是 Oracle、SQL Server 和 DB2 等，在信息化管理的企事业单位中都会使用相应的数据库管理系统进行数据的组织与管理。SQL Server 在中小企业中应用得很普遍；Oracle 在大中型企业用得多；DB2 目前在银行和证券行业用得比较多。

2. 应用软件

应用软件是为满足用户不同领域、不同问题而生成的软件，相当于硬件功能的拓展。

（1）通用软件

通用软件是为解决某一实际问题而开发的，这类问题是大多数用户都要遇到的，如文字处理软件、图像处理软件等。

（2）专用软件

专用软件是针对特殊用户需求而开发研制的，如医院中的病房监控系统等。

1.2.4 计算机维护

计算机使用不当、维护不当或长时间不维护，会造成死机、数据丢失，或软硬件无法正常运行等各种问题，会大大影响用户们的工作效率，更严重的是可能给用户们带来重大损失。所以，在使用计算机时用户应了解基本的计算机使用常识，做好计算机的日常维护工作。

1. 环境要求

① 通常计算机工作环境温度在 10～35 ℃，最适宜的温度是 20 ℃左右，温度过高或过低都会影响计算机配件的寿命。

② 应尽量避免阳光直射、潮湿或落尘量多的环境，最佳湿度范围为 45%～60%，最高不超过 80%，最低不低于 30%。湿度过高容易造成计算机配件的短路而导致配件烧毁，湿度过低容易产生静电；阳光直射容易引起计算机温度升高，影响计算机各配件的工作寿命。

③ 交流电正常的范围应在 220 V×（1±10%），频率范围 50 Hz±5 Hz，并且具有良好的接地系统。

④ 应注意防尘处理，定期对计算机进行物理清洁。

⑤ 应远离磁场，注意防静电，配电插座应有良好的接地。

2. 开关机注意事项

① 开机顺序。先开显示器、打印机、扬声器（俗称音箱）等外设，后开主机；而关机顺序相反，先关主机，后关外设。当然，有些特殊的打印机开启后主机无法打开，此时只有先开主机。

② 开关机间隔时间。在关闭计算机后，不要马上再次启动计算机，最好间隔 20 s。

③ 避免频繁开关机。关机后至开机的间隔时间至少应有 10 s 以上。

④ 关机时确保所有程序已关闭，避免损坏应用程序及造成数据丢失。

⑤ 在计算机使用时若出现任何异常应立即关闭计算机，待故障处理完后方可再开机使用。

3. 各部件维护

（1）显示器

在使用计算机时，避免阳光直射屏幕，亮度调至适中。显示器的显示屏上都有一层保护涂层，在进行清洁时，将专用的清洁剂喷在清洁布上顺着显示器同一方向轻轻擦拭，直到屏幕上的污渍被彻底清除干净为止。禁止使用水或有机溶剂型清洁剂等进行清洁，以免破坏保护涂层。

（2）键盘及鼠标

使用鼠标时力度应适中，并配备相应的鼠标垫。在清理键盘时，针对按键与按键之间的碎屑可通过倒置键盘轻拍键盘来拍出。可使用浸湿了专用清洁剂的清洁巾和棉签仔细清除键盘和鼠标表面上、缝隙里的污渍，同时应定期用中性清洗液及软布清洗键盘和鼠标。

（3）主机箱内部

打开机箱，用吹风机吹去主机箱内灰尘。拆卸主板上的各种插卡，并用毛刷或油画笔进行细致清理。

使用橡皮擦拭各板卡上金手指的正反面，除去氧化层。揭下各设备散热风扇上的密封标签，为风扇滴加润滑油，重新贴上密封标签。

如果光驱的读盘能力下降，可以将光驱拆开，用干燥清洁的镜头纸轻轻擦拭除去透镜表面的灰尘，

第 1 章 信息技术基础知识

再装好光驱。

（4）硬盘

应对硬盘正确分区并格式化后再使用，在安装软件时最好安装在除系统盘之外的盘上，硬盘上的重要数据应及时、定期做好备份。在读取外部数据时，一定要先杀毒，再使用。定期对硬盘进行磁盘碎片整理、垃圾清理，及时进行错误修复。

（5）光驱

正确使用托盘出入按钮，卡盘时，正确使用退盘方法。光盘不使用时，严禁长期放在光驱内。正确做好光驱、光头清洁工作，严禁使用有机溶剂清洁光头。

4. 系统基本维护

（1）系统清理

定期清理临时文件、记录文件、缓存文件和无用的 DLL 文件等。

（2）系统优化

进行磁盘整理，对磁盘缓存、优化系统进行设置提高计算机的运行速度。

（3）数据备份

定时对操作系统、重要的数据库和用户文档等重要数据进行备份。

（4）安全防范

安装查杀病毒和防火墙软件并定期查杀计算机病毒。

（5）故障处理

对软件和硬件故障进行诊断和排除。

1.2.5 多媒体基础知识

多媒体技术发展已经有多年的历史，它改变了计算机的使用领域，使计算机除了应用在办公室、实验室中之外，还逐渐应用到了工业生产管理、学校教育、商业广告、甚至娱乐等领域。目前，计算机可以处理人类生活中最直接、最普遍的信息，从而使其应用领域及功能得到了极大的扩展。

1. 基本概念

多媒体技术主要是指利用计算机把文字、图形、影像、动画、声音及视频等媒体信息都数字化，并将其整合在一定的交互式界面上，使计算机具有交互展示不同媒体形态的能力。

2. 多媒体基本类型及特点

多媒体技术使音像技术、计算机技术和通信技术三大信息处理技术紧密地结合起来，为信息处理技术发展奠定了新的基石。其基本类型主要有文本、图像、动画、声音、视频影像。

多媒体是融合两种以上媒体的人-机交互式信息交流和传播媒体，具有以下特点：信息载体的多样性、媒体的交互性、集成性、数字化与实时性。

3. 多媒体数据格式

① 常见的文本文件格式有 txt、doc、WPS、HTML 和 PDF。

② 常见的图形文件格式有 BMP、JPG、GIP、PSD。

③ 常见的声音文件格式有 WAV、MID、MP3。

④ 常见的动画文件格式有 FLC、GIF、SWF。

⑤ 常见的视频文件格式有 AVI、MPG、DAT、RM、WMV。

信 息 技 术

拓展练习

1. 【2018年5月软考真题】微机CPU的主要性能指标不包括（　　）。
   A. 主频　　　　B. 字长　　　　C. 芯片尺寸　　　　D. 运算速度
   答案：C

2. 【2015年6月软考真题】下列设备中，既可向计算机输入数据又能接收计算机输出数据的是（　　）。
   A. 打印机　　　B. 显示器　　　C. 磁盘存储器　　　D. 光笔
   答案：C

3. 【2014年6月软考真题】以下关于计算机硬件的叙述中，不正确的是（　　）。
   A. 四核是指主板上安装了4块CPU芯片　　B. 主板上留有USB接口
   C. 移动硬盘通过USB接口与计算机连接　　D. 内存条插在主板上
   答案：A

4. 【2013年6月软考真题】以下设备中，兼有输入和输出功能的是（　　）。
   A. 鼠标　　　　B. 键盘　　　　C. 触摸屏　　　　D. 打印机
   答案：C

5. 【2012年11月软考真题】在台式计算机的机箱内，一般来说，插在主板上的最核心的芯片是（　　）。
   A. CPU　　　　B. 内存条　　　C. 高速缓存　　　D. 扩展卡
   答案：A

6. 【2010年6月软考真题】（　　）打印机打印的速度比较快，分辨率比较高。
   A. 非击打式　　B. 激光式　　　C. 击打式　　　　D. 点阵式
   答案：B

7. 【2010年11月软考真题】与外存储器相比，RAM内存储器的特点是（　　）。
   A. 存储的信息永不丢失，但存储容量相对较小
   B. 存取信息的速度较快，但存储容量相对较小
   C. 关机后存储的信息将完全丢失，但存储信息的速度不如外存储器
   D. 存储的容量很大，没有任何限制
   答案：B

8. 【2010年6月软考真题】在微型计算机中，硬盘及其驱动器属于（　　）。
   A. 外存储器　　B. 只读存储器　C. 随机存储器　　D. 主存储器
   答案：A

9. 【2010年11月软考真题】从功能上说，计算机由输入设备、输出设备、（　　）和CPU组成。
   A. 键盘和打印机　B. 系统软件　　C. 各种应用软件　D. 存储器
   答案：D

10. 【2019年6月软考真题】纸张与（　　）是使用喷墨打印机所需的消耗品。
    A. 色带　　　　B. 墨盒　　　　C. 硒鼓　　　　　D. 碳粉
    答案：B

第1章 信息技术基础知识

11. 【2018年5月软考真题】使用扫描仪的注意事项中不包括（　　）。
    A. 不要在扫描中途切断电源　　　　B. 不要在扫描中途移动扫描原件
    C. 不要扫描带图片的纸质件　　　　D. 不用扫描仪时应切断电源
    答案：C

12. 【2018年11月软考真题】个人计算机上的USB接口通常并不用于连接（　　）。
    A. 键盘　　　　B. 显示器　　　　C. 鼠标　　　　D. U盘
    答案：B

13. 【2017年6月软考真题】台式计算机的机箱内，风扇主要是为运行中的（　　）散热。
    A. CPU　　　　B. 内存　　　　C. 硬盘　　　　D. 显示器
    答案：A

14. 【2017年6月软考真题】连接计算机的（　　）一般带有电源插头，需要由外部电源供电。
    A. 摄像头　　　　B. 键盘　　　　C. 鼠标　　　　D. 打印机
    答案：D

15. 【2017年11月软考真题】计算机主机箱上的VGA接口用于连接（　　）。
    A. 键盘　　　　B. 鼠标　　　　C. 显示器　　　　D. 打印机
    答案：C

16. 【2017年11月软考真题】扫描仪的主要技术指标不包括（　　）。
    A. 分辨率　　　　B. 扫描幅面　　　　C. 扫描速度　　　　D. 缓存容量
    答案：D

17. 【2014年6月软考真题】计算机硬件的"即插即用"功能意味着（　　）。
    A. 光盘插入光驱后即会自动播放其中的视频和音频
    B. 外设与计算机连接后用户就能使用外设
    C. 在主板上加插更多的内存条就能扩展内存
    D. 计算机电源线插入电源插座后，计算机便能自动启动
    答案：B

18. 【2014年6月软考真题】以下关于喷墨打印机的叙述中，不正确的是（　　）。
    A. 喷墨打印机属于击打式打印机
    B. 喷墨打印机需要使用专用墨水
    C. 喷墨打印机打印质量和速度低于激光打印机
    D. 喷墨打印机打印质量和速度取决于打印头喷嘴数量和喷射频率
    答案：A

19. 【2014年11月软考真题】以下关于针式打印机的叙述中，不正确的是（　　）。
    A. 针式打印机打印速度比喷墨打印机慢
    B. 针式打印机的打印质量以每英寸打印的点数来衡量
    C. 针式打印机打印时的噪声比喷墨打印机小
    D. 针式打印机适用于打印三联单
    答案：C

20.【2013年6月软考真题】为在复写纸上打印三联单,宜用（　　）打印机。
A．针式　　　　　B．喷墨　　　　　C．激光　　　　　D．行式
答案：A

1.3 操作系统

本节内容结构如图 1-16 所示。

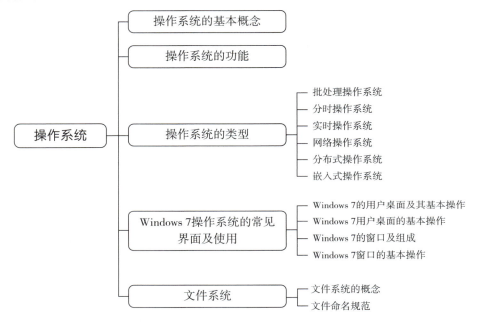

图 1-16　1.3 节内容结构

计算机由硬件系统和软件系统两部分组成，两者共同存在，缺一不可。

1.3.1 操作系统的基本概念

操作系统（Operating System，OS）是管理和控制计算机硬件与软件资源的计算机程序，是直接运行在"裸机"上的最基本的系统软件，任何其他软件都必须在操作系统的支持下才能运行，因此操作系统是计算机系统中最为核心和必不可少的系统软件。

操作系统是用户和计算机的接口，管理计算机的硬件及软件资源。操作系统的功能包括管理计算机系统的硬件、软件及数据资源，控制程序运行，改善人机界面，为其他应用软件提供支持，让计算机系统的所有资源最大限度地发挥作用，提供各种形式的用户界面，使用户有一个好的工作环境，为其他软件的开发提供必要的服务和相应的接口等。

微课视频
操作系统的概念和功能

1.3.2 操作系统的功能

操作系统的主要功能是资源管理、程序控制和人机交互等。计算机系统的资源可分为设备资源和信息资源两大类。设备资源指的是组成计算机的硬件设备，如中央处理器、

主存储器、磁盘存储器、打印机、磁带存储器、显示器、键盘输入设备和鼠标等。信息资源指的是存放于计算机内的各种数据，如文件、程序库、知识库、系统软件和应用软件等。

操作系统位于底层硬件与用户之间，是两者沟通的桥梁。用户可以通过操作系统的用户界面输入命令。操作系统则对命令进行解释，驱动硬件设备，实现用户要求。一台标准计算机的操作系统的主要功能如图1-17所示。

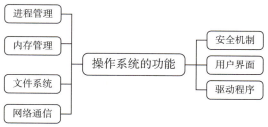

图 1-17 操作系统的功能

1.3.3 操作系统的类型

操作系统根据不同分法可分为不同的类型，这里主要介绍以下 6 种：

1. 批处理操作系统

批处理操作系统由单道批处理系统（又称简单批处理系统）和多道批处理系统组成。单道批处理系统用户一次可以提交多个作业，但系统一次只处理一个作业，处理完一个作业后，再调入下一个作业进行处理。这些调度、切换由系统自动完成，不需要人工干预。单道批处理系统一次只能处理一个作业，系统资源的利用率不高。多道批处理系统，把同一个批次的作业调入内存，存放在内存的不同部分，当一个作业由于等待输入/输出操作而让处理机出现空闲时，系统自动进行切换，处理另一个作业，因此它提高了资源利用率。

其主要特点是不需要人工干预，进行批量处理。

2. 分时操作系统

分时操作系统的特点是可有效增加资源的使用率。

把计算机与许多终端连接起来，每个终端有一个用户在使用。分时操作系统将 CPU 的时间划分成若干片段，称为时间片。用户交互式地向系统提出命令请求，分时操作系统接收每个用户的命令，采用时间片轮转方式处理服务请求，并通过交互方式在终端向用户显示结果。每个用户轮流使用一个时间片而使每个用户感觉不到别的用户的命令，采用时间片轮转方式处理服务请求。分时操作系统可有效增加资源的使用率。

其主要特点是交互性、多路性、独立性、及时性。

微课视频

操作系统的类型

3. 实时操作系统

实时操作系统是指使计算机能及时响应外部事件的请求，在规定的严格时间内完成对该事件的处理，并控制所有实时设备和实时任务协调一致地工作的操作系统。实时操作系统要追求的目标是：对外部请求在严格时间范围内做出反应，有高可靠性和完整性。

其主要特点是资源的分配和调度首先要考虑实时性，而后才是效率。此外，实时操作系统应有较强的容错能力。

4. 网络操作系统

网络操作系统通常是运行在服务器上的操作系统，是基于计算机网络，在各种计算机操作系统上按网络体系结构协议标准开发的软件，包括网络管理、通信、安全、资源共享和各种网络应用。其目标是相互通信及资源共享。在其支持下，网络中的各台计算机能互相通信和共享资源。常见的有

UNIX、Linux、Windows Server 等。

其主要特点是与网络的硬件相结合来完成网络的通信任务。

5. 分布式操作系统

分布式操作系统是为分布计算系统配置的操作系统。大量的计算机通过网络被连接在一起，可以获得极高的运算能力及广泛的数据共享。分布式操作系统是网络操作系统的更高形式，它保持了网络操作系统的全部功能，而且还具有透明性、可靠性和高性能等。网络操作系统和分布式操作系统虽然都用于管理分布在不同地理位置的计算机。但最大的差别是，网络操作系统知道确切的网址；分布式操作系统负责整个的资源分配，能很好地隐藏系统内部的实现细节，如对象的物理位置等，这些对用户都是透明的。

6. 嵌入式操作系统

嵌入式操作系统是一种用途广泛的系统软件，通常包括与硬件相关的底层驱动软件、系统内核、设备驱动接口、通信协议、图形界面、标准化浏览器等。嵌入式操作系统负责嵌入式系统的全部软硬件资源的分配、任务调度，控制、协调并发活动。它必须体现其所在系统的特征，能够通过装卸某些模块来达到系统所要求的功能。

其主要特点是系统内核小、专用性强、多任务、高实时性、系统精简、需要开发工具和环境。

1.3.4 Windows 7 操作系统的常见界面及使用

目前，个人计算机操作系统主要以微软的视窗操作系统为主，本章主要以 Windows 7 操作系统为例，介绍操作系统的基础知识和相关操作。

1. Windows 7 的用户桌面及其基本操作

登录 Windows 7 后最先出现在屏幕上的整个区域即称为"Windows 系统桌面"，简称"桌面"。其主要由桌面图标、任务栏、"开始"菜单、桌面背景等部分组成，如图 1-18 所示。

图 1-18　Windows 7 系统桌面

① 桌面图标：最常见的有计算机、回收站和网络等图标。

第 1 章　信息技术基础知识

- 计算机：用户通过该图标可以实现对计算机硬盘驱动器、文件夹和文件的管理，可以访问连接到计算机的硬盘驱动器、照相机、扫描仪、其他硬件以及有关信息。
- 回收站：保存了用户删除的文件、文件夹、图片、快捷方式和 Web 页等。这些项目将一直保留在回收站中，直到用户清空回收站为止。回收站所用的空间是计算机硬盘空间的一部分。
- 网络：用户通过该图标指向共享计算机、打印机和网络上其他资源的快捷方式。在 Windows 7 操作系统桌面上，单击左下角的"开始"按钮，选择"控制面板"命令，进入控制面板主界面后，单击"网络和 Internet 选项"，在此界面单击"网络和共享中心"选项即可找到网络。

② 任务栏：位于桌面最下方，显示了系统正在运行的程序、打开的窗口和当前时间等内容。用户通过任务栏可以完成工具栏设置、窗口排布、显示桌面、启动任务管理器、锁定任务栏及任务栏属性设置等操作。

③ "开始"菜单：它是 Windows 操作系统的重要标志。Windows 7 的"开始"菜单依然以原有的"开始"菜单为基础，但是有了许多改进，极大地改善了使用效果。在"开始"菜单中如果命令右边有"▶"符号，表示该项下面有子菜单。

④ 桌面背景：俗称 Windows 桌布，用户可以根据喜好自行设置不同的图片为桌面背景。

2. Windows 7 用户桌面的基本操作

Windows 7 中桌面的操作主要有新建、排列、选择、打开（执行）和设置 5 种。

① 新建：在 Windows 7 桌面上可新建图标、文件或文件夹等内容。例如，从系统中的其他位置拖动到桌面上；或在桌面空白处右击，选择"新建"→快捷方式、文件或文件夹，如图 1-19 所示。

② 排列：在 Windows 7 桌面上，可以对各种图标进行排列。排列方式有两种：一种是系统自动排列方式，系统会按照从上往下、从左往右的顺序对桌面上的所有图标进行自动排列；另一种排列方式是自由排列方式，可以用鼠标拖动图标到桌面的任意位置。

两种排列方式操作如下：右击桌面空白处，选择"查看"→"自动排列图标"命令，勾选则为系统自动排列方式（取消勾选则为自由排列方式），如图 1-20 所示。

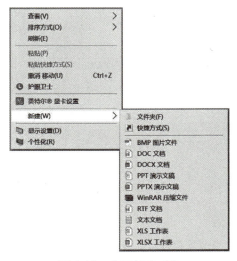

图 1-19　桌面新建对象

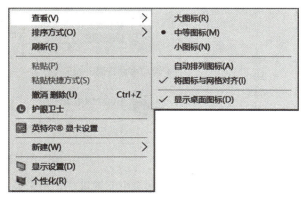

图 1-20　自动排列

③ 选择：在 Windows 7 操作系统中，可以通过鼠标和键盘来选择某个或多个文件或文件夹。

- 选择单个文件（文件夹）：用鼠标单击该文件（文件夹）。
- 选择连续的多个文件（文件夹）：按住鼠标左键不放，框选一片区域（将要选择的文件全部包含在内）；或单击位置排第一的文件（文件夹），按住【Shift】键不放，再单击位置排最后的文件（文件夹）。这时会同时把位置第一到位置最后的文件（文件夹）区域中的所有文件（文件夹）全部选中。
- 选择不连续的多个文件（文件夹）：单击位置排第一的文件（文件夹），按住【Ctrl】键不放，同时选择其他的文件（文件夹）。这时就会在前面选中的文件（文件夹）基础上增加新选择的文件（文件夹）。
- 选择当前全部文件（文件夹）：按键盘上的【Ctrl+A】组合键。

④ 打开（执行）：在 Windows 7 中，可以通过鼠标打开或执行某个文件、文件夹或图标。通常的操作方式为双击桌面图标（文件或文件夹）；或选择"开始"菜单中的相关命令。

⑤ 设置：在 Windows 7 桌面上可以通过右击空白处对桌面背景等进行设置，或右击某个图标（某个文件或文件夹），通过选择命令来进行相关操作的设置。

在 Windows 7 中，鼠标左键的主要功能是选择或执行；鼠标右键的主要功能是显示当前选择目标的功能菜单。

3. Windows 7 的窗口及组成

标题栏：Windows 7 中，标题栏位于窗口的最顶端，不显示任何标题，而在最右端有"最小化""最大化/还原""关闭" 3 个按钮，用来执行改变窗口的大小和关闭窗口操作，如图 1-21 所示。

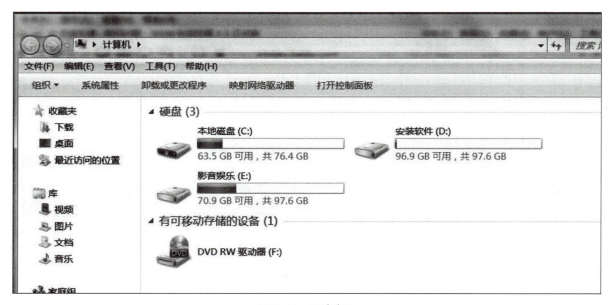

图 1-21 系统窗口

① 地址栏：其类似于网页中的地址栏，用来显示和输入当前窗口地址。用户也可以单击右侧的下拉按钮，在弹出的列表中选择路径，给快速浏览文件带来了方便。

② 搜索栏：窗口右上角的搜索栏主要用于搜索计算机中的各种文件。

③ 导航窗格：在窗口的左侧，提供了文件夹列表，并且以树结构显示给用户，帮助用户迅速定位所需的目标。

④ 窗口主体：在窗口的右侧，显示窗口中的主要内容，如不同的文件夹和磁盘驱动等。

⑤ 详细信息窗格：用于显示当前操作的状态即提示信息，或者当前用户选定对象的详细信息。

4. Windows 7 窗口的基本操作

在 Windows 7 中，窗口的基本操作主要有以下 3 种：

① 调整窗口的大小：在 Windows 7 中，用户不但可以通过标题栏最右端的"最小化""最大化/还原"按钮来改变窗口的大小，而且可以通过鼠标来改变窗口的大小：鼠标指针悬停在窗口边框的位置→鼠标指针变成双向箭头→按住鼠标左键进行拖动，即可调整窗口的大小。

② 多窗口排列：用户在使用计算机时，打开了多个窗口，而且需要它们全部处于显示状态，这就涉及排列问题。Windows 7 提供了 3 种排列方式：层叠方式、横向平铺方式、纵向平铺方式。

图 1-22　窗口排列菜单

右击任务栏的空白区弹出快捷菜单，如图 1-22 所示。

- 层叠窗口：把窗口按照打开的先后顺序依次排列在桌面上，如图 1-23 所示。

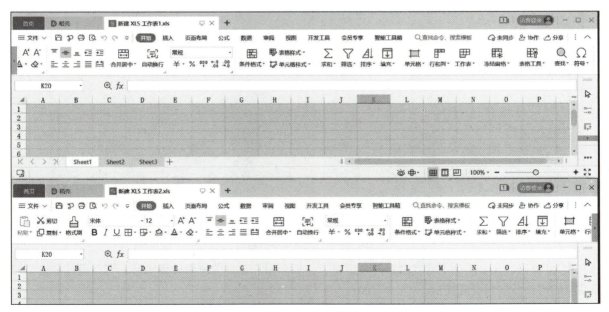

图 1-23　层叠窗口排列界面

- 堆叠显示窗口：系统在保证每个窗口大小相当的情况下，使窗口尽可能沿水平方向延伸，如图 1-24 所示。
- 并排显示窗口：系统在保证每个窗口大小相当的情况下使窗口尽可能沿垂直方向延伸，如图 1-25 所示。

信 息 技 术

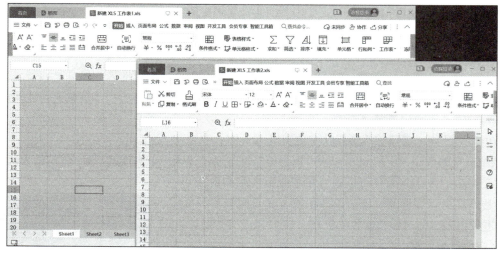

图 1-24　堆叠显示窗口

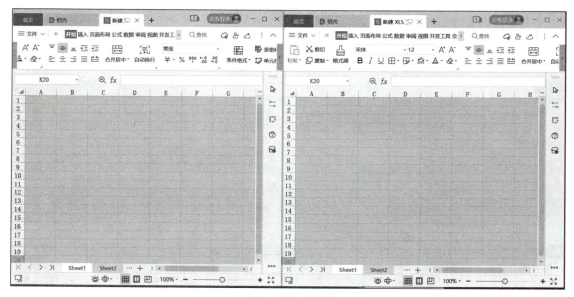

图 1-25　并排显示窗口

③ 多窗口切换：桌面上常常会打开多个窗口，那么用户在日常使用计算机时，可以通过多窗口切换预览的方法找到需要的窗口。

窗口切换预览方法有两种，如图 1-26 所示。

图 1-26　窗口切换预览方法

1.3.5 文件系统

1. 文件系统的概念

文件系统是操作系统中负责管理文件的结构，用于明确在存储设备或分区上组织文件的方法。操作系统中负责管理和存储文件信息的软件机构称为文件管理系统，简称文件系统。从系统角度来看，文件系统主要组织和划分文件存储设备的空间，负责文件存储并对存入的文件进行保护和检索。具体地说，它负责为用户建立文件，存入、读出、修改、转储文件，控制文件的存取，当用户不再使用时撤销文件等。

在计算机中，文件系统是命名文件及文件在空间的逻辑存储和恢复的系统。DOS、Windows、OS/2、Macintosh 和 UNIX 操作系统都有文件系统，在此系统中文件被放置在树状结构中的某一处。

文件系统的功能包括以下几点：管理和调度文件的存储空间，提供文件的逻辑和物理结构与存储方法；实现文件实际地址的映射，实现文件的控制操作和存取操作，实现文件信息的共享并提供可靠的文件保密和保护措施，提供文件的安全措施。

文件的逻辑结构是依照文件内容的逻辑关系组织文件结构，可以分为流式文件和记录式文件。

- 流式文件：文件中的数据是一串字符流，没有结构。
- 记录文件：由若干逻辑记录组成，每条记录又由相同的数据项组成，数据项的长度可以是确定的，也可以是不确定的。

2. 文件命名规范

文件必须要有一个文件名。它通常由一串 ASCII 码字符或汉字组成，用户利用文件名来访问文件，即"按名存取"。文件系统指定命名文件的规则，包括文件名的字符的最大量、字符的种类、禁用的特殊字符等。文件系统还包括通过目录结构找到文件的指定路径的格式。

文件的名称主要包括两部分：文件名和扩展名。一般扩展名是由 3～4 个字母组成的。文件命名要遵循以下规范：

① 文件或文件夹名称最多不能超过 255 个字符。
② 扩展名表示该文件的类型。
③ 文件名或文件夹名中可以使用空格，但不能出现 \、/、:、*、?、#、引号、尖括号等符号。
④ 不区分英文字母的大小写。
⑤ 文件名和文件夹名中可以使用汉字。
⑥ 可以使用多分隔符的名字。

拓展练习

1. 【2011 年 11 月软考真题】计算机操作系统的主要功能是（　　）。
   A. 实现网络连接　　　　　　　　B. 管理系统所有的软、硬件资源
   C. 把源程序转换为目标程序　　　D. 进行数据处理
   答案：B

2. 【2014 年 6 月软考真题】以下关于实时系统的叙述中，不正确的是（　　）。

A. 实时系统的任务具有一定的时间约束
B. 多数实时系统绝对可靠性要求较低
C. 实时系统的正确性依赖系统计算的逻辑结果和产生这个结果的时间
D. 实时系统能对实时任务的执行时间进行判断
答案：B

3.【2015年6月软考真题】以下关于计算机操作系统的叙述中，不正确的是（　　）。
A. 操作系统是方便用户管理和控制计算机资源的系统软件
B. 操作系统是计算机中最基本的系统软件
C. 操作系统是用户与计算机硬件之间的接口
D. 操作系统是用户与应用软件之间的接口
答案：D

4.【2016年11月软考真题】操作系统的五大基本功能是（　　）。
A. 程序管理、文件管理、编译管理、设备管理、用户管理
B. 硬盘管理、光驱管理、存储器管理、文件管理、批处理管理
C. 运算器管理、控制器管理、打印机管理、磁盘管理、分时管理
D. 处理机管理、存储管理、设备管理、文件管理、作业管理
答案：D

5.【2017年6月软考真题】操作系统的功能不包括（　　）。
A. 管理计算机系统中的资源　　　　B. 调度运行程序
C. 对用户数据进行分析处理　　　　D. 提供人机交互界面
答案：C

6.【2017年11月软考真题】计算机操作系统的功能不包括（　　）。
A. 管理计算机系统的资源　　　　B. 调度控制程序的应用程序
C. 实现用户之间的相互交流　　　　D. 方便用户操作
答案：C

7.【2018年5月软考真题】（　　）接收每个用户的命令，采用时间片轮转方式处理服务请求，并通过交互方式在终端上向用户显示结果。
A. 批处理操作系统　　B. 分时操作系统　　C. 实时操作系统　　D. 网络操作系统
答案：B

8.【2018年11月软考真题】操作系统的资源管理功能不包括（　　）。
A. CPU管理　　　　B. 存储管理　　　　C. I/O设备管理　　　　D. 数据库管理
答案：D

9.【2018年11月软考真题】Windows 7中的文件命名规则不包括（　　）。
A. 文件名中可以有汉字　　　　B. 文件名中区分大小写字母
C. 文件名中可以有符号"-"　　　D. 文件的扩展名代表文件类型
答案：B

第1章 信息技术基础知识

10. 【2017年6月软考真题】Windows系统运行时,默认情况下,当屏幕上的鼠标指针变成（　　）时,单击该处就可以实现超链接。

    A. 箭头　　　　　B. 双向箭头　　　　C. 沙漏　　　　　D. 手形

    答案：D

11. 【2017年6月软考真题】Window系统中,"复制"和"粘贴"操作常用快捷键（　　）来实现。

    A. Ctrl+C 和 Ctrl+V　　　　　　　B. Shift+C 和 Shift+V
    C. Ctrl+F 和 Ctrl+T　　　　　　　D. Shift+F 和 Shift+T

    答案：A

12. 【2017年11月软考真题】在默认情况下,按快捷键（　　）可切换中英文输入方法。

    A. Ctrl+空格　　B. Ctrl+Shift　　　C. Alt+空格　　　D. Shift+空格

    答案：A

13. 【2015年6月软考真题】以下关于计算机操作系统的叙述中,不正确的是（　　）。

    A. 操作系统是方便用户管理和控制计算机资源的系统软件
    B. 操作系统是计算机中最基本的系统软件
    C. 操作系统是用户与计算机硬件之间的接口
    D. 操作系统是用户与应用软件之间的接口

    答案：D

14. 【2018年11月软考真题】Windows 7中可以通过（　　）设置计算机硬软件的配置,满足个性化的需求。

    A. 文件系统　　B. 资源管理器　　　C. 控制面板　　　D. 桌面

    答案：C

15. 【2014年6月软考真题】Windows 7中,下列关于"操作中心"的叙述中,不正确的是（　　）。

    A. "操作中心"能对系统安全防护组件的运行状态进行跟踪监控
    B. "操作中心"比过去的"安全中心"增加了维护功能,可对运行状态进行监控
    C. "操作中心"对消息提示方式进行了改进,使其更加人性化
    D. "操作中心"不能关闭Windows 7自带的防火墙程序

    答案：D

16. 【2015年11月软考真题】以下关于window 7屏幕保护程序的叙述中,不正确的是（　　）。

    A. 屏幕保护程序可使显示器处于节能状态
    B. 屏幕保护程序是用于保护计算机屏幕的一种程序
    C. Windows 7提供了三维文字、气泡、彩带等屏幕保护动画
    D. 超过设置的等待时间,显示器将自动退出屏幕保护状态

    答案：D

17. 【2016年6月软考真题】磁盘碎片整理的作用是（　　）。

    A. 将磁盘空碎片连成大的连续区域,提高系统效率
    B. 扫描检查磁盘,修复文件系统的错误,恢复坏扇区

C. 清除大量没有用的临时文件和程序，释放磁盘空间
D. 重新划分磁盘分区，形成 C、D、E、F 等逻辑磁盘
答案：A

18.【2017 年 11 月软考真题】在 Windows 7 中，回收站是（　　）。
A. 内存中的一部分存储区域
B. 硬盘上的一部分存储区域
C. 主板上的一块存储区域
D. CPU 高速缓冲存储器的一部分存储区域
答案：B

19.【2017 年 6 月软考真题】一般而言，文件的类型可以根据（　　）来识别。
A. 文件的大小　　　　　　　B. 文件的用途
C. 文件的扩展名　　　　　　D. 文件的存放位置
答案：C

20.【2017 年 6 月软考真题】在 Windows 7 中，关于文件夹的描述不正确的是（　　）。
A. 文件夹是用来组织和管理文件的
B. "计算机"是一个系统文件夹
C. 文件夹中可以存放驱动程序文件
D. 同一文件夹中可以存放两个同名文件
答案：D

小结

  信息处理是对收集来的信息进行去伪存真、去粗取精、由表及里、由此及彼的加工过程，它是在原始信息的基础上，生产出价值含量高、方便用户利用的二次信息的活动过程。在企业信息实务中，此过程是通过数据处理来实现的。数据处理从大量的原始数据抽取出有价值的信息，对所输入的各种形式的数据进行加工整理，贯穿于社会生产和社会生活的各个领域，其过程包含对数据的收集、分类、清洗、存储、加工、检索和展示等。

  计算机系统主要由硬件系统和软件系统两大部分组成，硬件包括输入/输出设备、中央处理器、存储器和系统主板等；软件包括系统软件和应用软件。文件系统主要是指操作系统中负责管理和存储文件信息的软件结构，主要功能有管理和调度文件的存储空间、实现文件的控制和存取操作、实现文件的共享等。

  操作系统在计算机系统中占有非常重要的地位，作为人机交互的接口，是核心的系统软件。因此，只有熟悉了操作系统，才能更好地使用计算机及相关自动化信息设备。Windows 操作系统在当今社会的个人计算机中占有垄断性的地位，Windows 7 系统是目前最具代表性及普及性的系统之一，想要熟练使用计算机就必须先熟悉 Windows 操作系统的相关功能及操作。

习题

1. 下列关于信息特性的叙述，不正确的是（   ）。
   A. 信息必须依附于某种载体进行传输
   B. 信息是不能被识别的
   C. 信息能够以不同的形式进行传递，并且可以还原再现
   D. 信息具有时效性和时滞性
   答案：B

2. 下列叙述中，正确的是（   ）。
   A. 数据是指记录下来的事实，是客观实体属性的值
   B. 信息是对事实、概念或指令的一种特殊表达形式
   C. 数据的驻留地称为信宿
   D. 数据是对各种事物的特征、运动变化的反映
   答案：A

3. 信息处理链中的第一个基本环节是（   ）。
   A. 信息的采集   B. 信息的存储   C. 信息的加工   D. 信息的传输
   答案：A

4. 信息的特性不包括（   ）。
   A. 取之不尽，用之不竭   B. 可废物利用，变废为宝
   C. 可转换成多种形式   D. 可按需要加工
   答案：B

5. 下列关于信息特性的叙述中，不正确的是（   ）。
   A. 信息具有客观性，反映了客观事物的运动状态和方式
   B. 信息具有可传输性，可采用多种方式进行传递
   C. 信息具有时效性，信息的价值必然随时间的推移而降低
   D. 信息具有层次性，可分战略信息、战术信息和操作信息多个层次
   答案：C

6. 以下关于信息和数据的叙述中，不正确的是（   ）。
   A. 从数据中常可抽出信息   B. 客观事物中都蕴含着信息
   C. 信息是抽象的，数据是具体的   D. 信息和数据都由数字组成
   答案：D

7. 下列关于统计的叙述中，不正确的是（   ）。
   A. 统计是从数据中获取信息的重要途径
   B. 只能对定量数据进行统计
   C. 对正确的数据用错误的方法进行统计也会导致错误的结论

D. 人工统计大量数据很容易出错

答案：B

8. 为确保信息处理的质量，在收集数据完成后，随即应对数据进行全面的审核。但此阶段对数据审核的内容并不包括（　　）审核。

　　A. 完整性　　　　B. 准确性　　　　C. 时效性　　　　D. 格式性

答案：D

9. 计算机数据报表在信息处理过程中具有重要的作用，但这种作用不包括（　　）。

　　A. 反映总体特征及各部分之间的关系　　B. 便于统计分析
　　C. 提供直观清晰的数据形象　　　　　　D. 便于积累和保存

答案：C

10. 软件套件是以单独软件包的形式发行的一组应用软件，其特点不包括（　　）。

　　A. 总价便宜　　　　　　　　　　　　　B. 必须全部安装，不能选装
　　C. 具有类似的操作方式　　　　　　　　D. 在组内各软件之间传递数据比较容易

答案：B

11. 软件产品的包装上一般都注明了该软件的系统要求(基本配置和推荐配置)，其中不包括（　　）。

　　A. 操作系统及其版本　　　　　　　　　B. 所需磁盘空间大小
　　C. 最低的硬件配置　　　　　　　　　　D. 能满足的最高应用需求

答案：D

12. 操作系统向外界提供的三类接口中，不包括（　　）。

　　A. 向最终用户提供的操作界面　　　　　B. 向程序员提供的应用程序接口
　　C. 向外部系统提供的通信接口　　　　　D. 向业务经理提供的数据监视界面

答案：D

13. 文件管理技巧不包括（　　）。

　　A. 按内容含义命名文件　　　　　　　　B. 按层次结构分类存储文件
　　C. 合并小文件，拆分大文件　　　　　　D. 对重要文件要做备份

答案：C

14. 计算机的CPU由（　　）组成。

　　A. 控制器和存储器　　　　　　　　　　B. 控制器和运算器
　　C. 运算器和缓存　　　　　　　　　　　D. 控制器、运算器和存储器

答案：B

15. 以下叙述正确的是（　　）。

　　A. 显示器属于输出设备　　　　　　　　B. 扫描仪属于输出设备
　　C. 整套操作命令称为操作系统　　　　　D. 机箱内的硬盘属于内存

答案：A

16. 与内存相比，外存具有（　　）的特点。

　　A. 存取速度快　　　　　　　　　　　　B. 每单位容量的价格高

第1章 信息技术基础知识

C. 断电后信息丢失　　　　　　　　D. 容量大

答案：D

17. （　　）的主要特征是用户脱机使用计算机。

    A. 批处理操作系统　　　　　　　B. 分时操作系统
    C. 实时操作系统　　　　　　　　D. 分布式操作系统

    答案：A

18. 在微型计算机中，硬盘及其驱动器属于（　　）。

    A. 外存储器　　B. 只读存储器　　C. 随机存储器　　D. 主存储器

    答案：A

19. 医疗诊断属于计算机在（　　）方面的应用。

    A. 科学计算　　B. 人工智能　　C. 信息处理　　D. 计算机辅助

    答案：B

20. （　　）打印机打印的速度比较快、分辨率比较高。

    A. 非击打式　　B. 激光式　　C. 击打式　　D. 点阵式

    答案：B

21. 下列叙述不正确的是（　　）。

    A. 显卡的质量可以直接影响输出效果
    B. 鼠标作为基本的输入设备，使用频率相当高，购买时应考虑质量和手感
    C. 电源的质量不会影响计算机的整体性能
    D. 现在的主板一般都会集成声卡、网卡

    答案：C

22. 计算机操作系统的主要功能是（　　）。

    A. 实现网络连接　　　　　　　　B. 管理系统所有的软、硬件资源
    C. 把源程序转换为目标程序　　　D. 进行数据处理

    答案：B

23. 小王为了保存下载的文件，在D盘中创建了新的文件夹"下载"。但当下载了大量文件后，又发现查找起来很麻烦。这时，宜采用（　　）对下载的文件进行管理。

    A. 文件名分类编码　　　　　　　B. 数据库
    C. 树形文件目录　　　　　　　　D. 电子表格

    答案：C

24. Windows界面上，不能将某文件夹中的文件按（　　）为序进行排列。

    A. 文件大小　　B. 建立或修改时间　　C. 文件属性　　D. 文件类型

    答案：C

25. Windows中，（　　）文件扩展名表明这种文件是压缩文件。

    A. rar和zip　　B. com和exe　　C. doc和dot　　D. jpg和bmp

    答案：A

26. Windows 7 的文件命名规范中不包括（　　）。
    A. 区分大小写英文字母　　　　　　　B. 不能使用系统规定的若干保留字
    C. 可以包含空格　　　　　　　　　　D. 不能含有"*"、英文冒号和英文问号
    答案：A

27. 文件管理技巧不包括（　　）。
    A. 按内容含义命名文件　　　　　　　B. 按层次结构分类存储文件
    C. 合并小文件，拆分大文件　　　　　D. 对重要文件要做备份
    答案：C

28. （　　）不符合 Windows 7 文件命名规范。
    A. 至多 255 个字符　　　　　　　　　B. 区分大小写字母
    C. 可以包含空格　　　　　　　　　　D. 不能包含字符"*""?"
    答案：B

29. Windows 7 中，许多系统文件在目录中看不到，因为它们具有文件属性（　　）。
    A. 存档　　　　B. 只读　　　　C. 隐藏　　　　D. 不可执行
    答案：C

30. 以下关于实时系统的叙述中，不正确的是（　　）。
    A. 实时系统的任务具有一定的时间约束
    B. 多数实时系统绝对可靠性要求较低
    C. 实时系统的正确性依赖系统计算的逻辑结果和产生这个结果的时间
    D. 实时系统能对实时任务的执行时间进行判断
    答案：B

第 2 章 Word 文字处理

引 言

Microsoft Word 是 Office 办公软件的一个重要组件，是集文字处理、表格处理、图文排版于一身的办公软件。Word 不仅适用于各种书报、杂志、信函等文档的文字录入、编辑、排版，而且还可以对各种图像、表格、声音等文件进行处理，既适合制作普通的商务办公文档和个人文档，又能满足专业的印刷和排版工作需要。

本章将学习关于文字的排版与编辑、表格的制作、图文混排、邮件合并以及文字处理的基本概念和使用方法，并通过案例展现使用文字处理软件进行文字处理的一般思路和操作方法。

内容结构图

本章内容思维导图如图 2-1 所示。

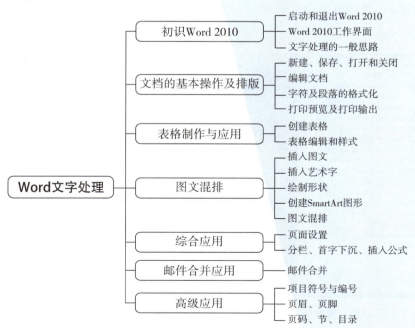

图 2-1　Word 文字处理思维导图

信 息 技 术

学习目标

- 了解：Word 基本功能、文字处理特点和基本操作方法。
- 理解：邮件合并应用、目录、节、插入公式等的基本思路和操作方法。
- 掌握：文档的基本操作及排版、表格的制作、图文混排、页眉和页脚以及页面设置的基本思路和操作方法。

2.1 初识 Word 2010

本节内容结构如图 2-2 所示。

图 2-2 2.1 节内容结构

2.1.1 启动和退出 Word 2010

1. 启动 Word 2010

方法一：选择"开始"→所有程序→Microsoft Office→Microsoft Word 2010 命令，启动 Word 2010，如图 2-3 所示。

方法二：通过桌面快捷方式启动 Word 2010。双击桌面上 Microsoft Word 2010 快捷图标（见图 2-4）即可启动 Word 2010。

启动和退出 Word 2010

图 2-3 "开始"菜单启动 Word 2010

图 2-4 桌面快捷方式

第 2 章　Word 文字处理

2. 退出 Word 2010

方法一：双击标题栏左上角的"控制菜单"图标 ■，可关闭并退出 Word 2010。
方法二：单击标题栏右侧的"关闭"按钮 ✕，可关闭并退出 Word 2010。
方法三：按【Alt+F4】组合键，可关闭并退出 Word 2010。
方法四：切换到"文件"选项卡，选择"退出"命令，可关闭并退出 Word 2010。

2.1.2　Word 2010 工作界面

Word 2010 界面中各个部分的名称如图 2-5 所示。

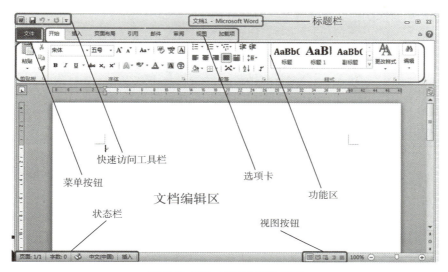

图 2-5　Word 2010 工作界面

① 快速访问工具栏：主要包括一些常用命令，如 Word、保存、撤销和恢复按钮。单击快速访问工具栏最右端的下拉按钮，可以添加其他常用命令或经常需要用到的命令。

② 菜单按钮：位于 Office 2010 窗口左上角。其中包含信息、最近所用文件、新建、打印、打开、关闭和保存等常用命令。

③ 选项卡：显示所有功能的菜单项。

④ 功能区：主要包含开始、插入、页面布局、引用、邮件、审阅和视图等选项卡，以及工作时需要用到的命令。

⑤ 状态栏：显示正在编辑的文档的相关信息，以及所使用的软件名。

⑥ 视图按钮：包括页面视图、阅读版式视图、Web 版式视图、大纲视图、草稿。

⑦ 标题栏：主要用于显示正在编辑的文档的文件名和当前使用的软件名字，还包括 Microsoft 标准的"最小化"、"还原"和"关闭"按钮。

⑧ 文档编辑区：显示正在编辑的文档。

2.1.3　文字处理的一般思路

利用 Word 2010 处理文档时的一般思路如下：
① 创建文档。

② 录入文档内容（可以包括文字、表格、图片以及其他对象）。
③ 进行字体、段落、页面等格式设置。
④ 保存文档。
⑤ 打印输出文档。

2.2 文档的基本操作及排版

本节内容结构如图 2-6 所示。

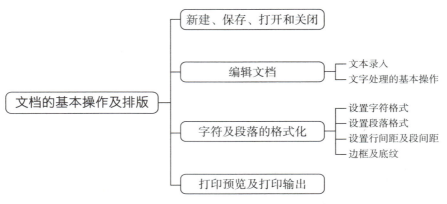

图 2-6　2.2 节内容结构

2.2.1　新建、保存、打开和关闭文档

1. 新建文件

选择"文件"→"新建"命令（见图 2-7），单击"空白文档"→"创建"按钮，或者直接单击快速访问工具栏中的"新建"按钮。

2. 保存文件

保存：就是将当前正在编辑的内容写入文档文件。

方法一：选择"文件"→"保存"或"另存为"命令，如图 2-8 所示。

方法二：单击快速访问工具栏中的"保存"按钮，如图 2-9 所示。

新建、保存、打开和关闭文件

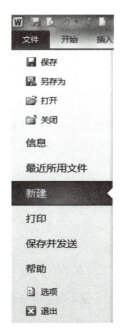

图 2-7　"新建"文件

第 2 章　Word 文字处理

图 2-8　选择"保存"命令

图 2-9　快速访问工具栏

方法三：按【Ctrl+S】组合键。

① 新文档的保存：如果文档是第一次保存，就会弹出"另存为"对话框，如图 2-10 所示。选择保存位置，输入文件名，单击"保存"按钮，即可保存文件。若未输入文件名则以文档标题或正文内容作为文件名。在 Word 2010 中，默认情况下文档用扩展名 .docx 进行保存。

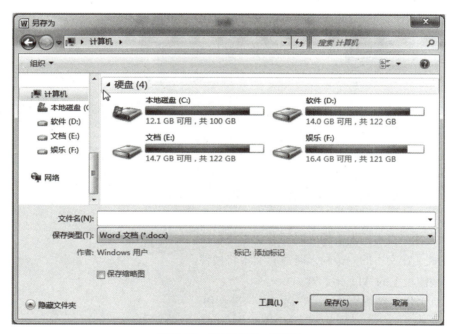

图 2-10　"另存为"对话框

② 已有文档保存：对已有文件选择"保存"命令，不会出现"另存为"对话框，单击"保存"按钮可以将新的内容存入原文件中。

③ 另存为：如果希望不改变原来的文档内容，可将文档另存一份。选择"文件"→"另存为"命令，弹出"另存为"对话框，选择保存位置，输入文件名，单击"保存"按钮。

注意：如果两份文件保存在同一位置，不能取相同的文件名；新保存的文件和原来的文件之间是相互独立的，不存在任何联系。

3. 打开文件

"文件"选项卡："最近所用文件"选项（见图 2-11）中，存储了最近打开的近 20 份文档，要快速打开文档可单击文件名。

4. 关闭文件

方法一：选择"文件"→"关闭"命令，如图 2-12 所示。

方法二：单击"关闭"按钮关闭当前文档，如图 2-13 所示。

图 2-11　打开最近所用文件　　　图 2-12　"关闭"命令　　　图 2-13　"关闭"按钮

2.2.2　编辑文档

1. 文本录入

（1）中英文录入

① 按【Ctrl+Shift】组合键切换输入法。

② 按【Ctrl+Space】组合键切换中英文输入法。

（2）插入与改写

① 插入模式：在文本的左边输入时原有文本将右移。

② 改写模式：在文本的左边输入时原有文本将被替换。

方法一：按键盘上的【Insert】键。

方法二：单击状态栏中的"插入"或"改写"按钮。

（3）插入符号

选择"插入"→"符号"→"其他符号"命令，弹出"符号"对话框，如图 2-14 所示。

2. 文字处理的基本操作

在进行文本编辑之前，要学会选定文本，移动、复制和删除文本，撤销与恢复操作，查找和替换等基本操作。

（1）选定文本

方法一：使用鼠标选择文本。

① 选择任意文本：将光标置于要选择文本首字符的左侧，按住鼠标左键，拖动光标至要选择文本尾字符的右侧，然后释放鼠标，即

图 2-14　"符号"对话框

第 2 章　Word 文字处理

可选择所需的文本内容。

② 选择连续文本：将光标插入点置于要选择文本的首字符左侧，然后按住【Shift】键不放，单击要选择文本的尾字符右侧位置，即可选中该区间内的所有文本。

③ 选择整篇文档：将鼠标置于要选择文本行的左侧，待鼠标指针呈箭头状时单击，即可选择光标右侧的整行文本。

④ 选择整句文本：先按住【Ctrl】键不放，再单击要选择句子的任意位置即可。

⑤ 选择整段文本：将鼠标指针置于要选择文本段落的左侧，待指针呈箭头状时双击，即可选择鼠标指针右侧的整段文本。

⑥ 选择整篇文本：将鼠标指针置于要选择文本段落的左侧，待指针呈箭头状时连续单击三次，即可选择整篇文档的内容。

方法二：使用键盘选择文本。

键盘选择文本的方法，主要是通过【Ctrl】、【Shift】和方向键来实现，如表 2-1 所示。

表 2-1　利用键盘选择文本

按　键	作　用
Shift+ →	选定左侧一个字符
Shift+ ←	选定右侧一个字符
Shift+ ↑	向上选定一行
Shift+ ↓	向下选定一行
Shift+Home	选定内容扩展至行首
Shift+End	选定内容扩展至行尾
Ctrl+Shift+ ↑	选定内容扩展至段首
Ctrl+Shift+ ↓	选定内容扩展至段首
Alt+ 拖动鼠标	以列为单位选择文字对象

（2）移动、复制和删除文本

移动文本：

方法一：选中内容后，直接拖动到目的位置。

方法二：选中内容后，右击选择"剪切"命令，在目的位置选择"粘贴"命令。

方法三：按【Ctrl+X】组合键将选中内容剪切到剪贴板，按【Ctrl+V】组合键将剪贴板内容粘贴到目的位置。

复制文本：

方法一：选中内容后，按下【Ctrl】键直接拖动到目的位置。

方法二：选中内容后，右击选择复制命令，在目的位置选择"粘贴"命令。

方法三：按【Ctrl+C】组合键将选中内容复制到剪贴板，按【Ctrl+V】组合键将剪贴板内容粘贴到目的位置。

删除文本：

方法一：在要删除的文本的末尾处，按【Backspace】键。

方法二：在要删除的文本的开头处，按【Delete】键。

方法三：直接选中文本，右击选择"剪切"命令或按【Ctrl+X】组合键。

(3) 撤销与恢复操作

如果不小心删除了一段不该删除的文本，可通过单击速访问工具栏中的"撤销"按钮，把刚刚删除的内容恢复过来。如果又要删除该段文本（即恢复上一个状态），则可以单击快速访问工具栏中的"恢复"按钮。

(4) 查找和替换文本

① 单击"开始"选项卡→"编辑"组→"查找"按钮，在打开的"导航"窗格中进行查找。

② 单击"开始"选项卡→"编辑"组→"替换"按钮，弹出"查找和替换"对话框，输入查找和替换的内容进行替换，如图 2-15 所示。

图 2-15 "查找和替换"对话框

2.2.3 字符及段落的格式化

对文本进行格式化设置能让文本看起来更加美观。本节主要介绍文字格式设置、段落格式设置、制表位的设置，边框和底纹的设置等。

微课视频
文字格式化

1. 设置字符格式

文字格式的设置主要包括字号（字符的大小）、字体、字形、颜色、字符边框和底纹等。

(1) 使用"字体"组工具快速实现

① 设置字体：单击"开始"选项卡→"字体"组中的"字体"下拉按钮，在弹出的"字体"下拉列表框中设置字体，如图 2-16 所示。

第 2 章　Word 文字处理

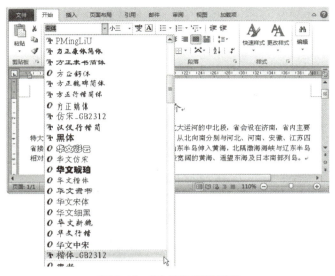

图 2-16　"字体"下拉列表

② 设置字号：在"字号"下拉列表中可设置所需的字号，如图 2-17 所示。

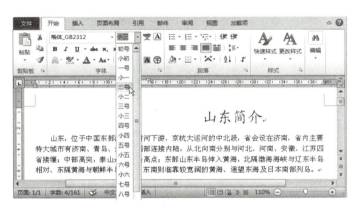

图 2-17　"字号"下拉列表

③ 设置字形。有 4 种字形：常规、加粗（见图 2-18）、倾斜（见图 2-19）和倾斜加粗。

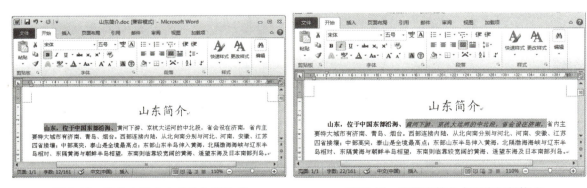

图 2-18　将选定的文本变为加粗格式　　　　图 2-19　将选定的文本变为倾斜格式

④ 设置颜色：在"字体颜色"下拉列表中可设置字体颜色，如图 2-20 所示。

⑤ 设置特殊效果，如图 2-21 所示。

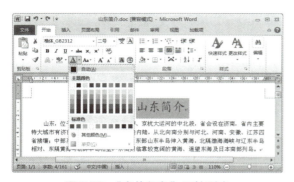

正常	历史文化悠久——Beijing
删除线	历史文化悠久——Beijing
双删除线	历史文化悠久——Beijing
上标	历史文化悠久——Beijing
下标	历史文化悠久——Beijing
小型大写字母	历史文化悠久——BEIJING
全部大写字母	历史文化悠久——BEIJING

图 2-20 "字体颜色"下拉列表　　　　图 2-21 特殊效果图

（2）使用"字体"对话框实现

单击"开始"选项卡→"字体"组右下角的扩展按钮（见图 2-22），打开"字体"对话框，如图 2-23 所示。

图 2-22 "字体"组　　　　　　　　图 2-23 "字体"对话框

微课视频

段落格式化

2. 设置段落格式

段落的格式化包括对段落左右边界的定位、段落的对齐方式、缩进方式、行间距、段间距等进行定义。

（1）段落缩进

① 使用标尺设置缩进，如图 2-24 所示。

图 2-24 标尺上的缩进

② 使用"段落"对话框设置缩进，单击"段落"组右下角的扩展按钮（见图 2-25）打开"段落"对话框，如图 2-26 所示。

图 2-25 "段落"组　　　　　　　　图 2-26 "段落"对话框

- 首行缩进可以设置段落首行第一个字的位置，在中文文档中一般段落首行缩进两个字符，如图 2-27 所示。

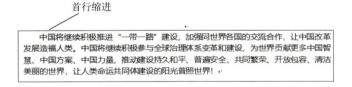

图 2-27 首行缩进

- 悬挂缩进可以设置段落中除第一行以外的其他行左边的起始位置，如图 2-28 所示。

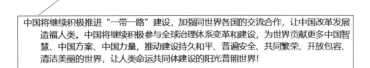

图 2-28 悬挂缩进

> 信 息 技 术

- 左缩进可以调整整个段落的左边起始位置，如图 2-29 所示。

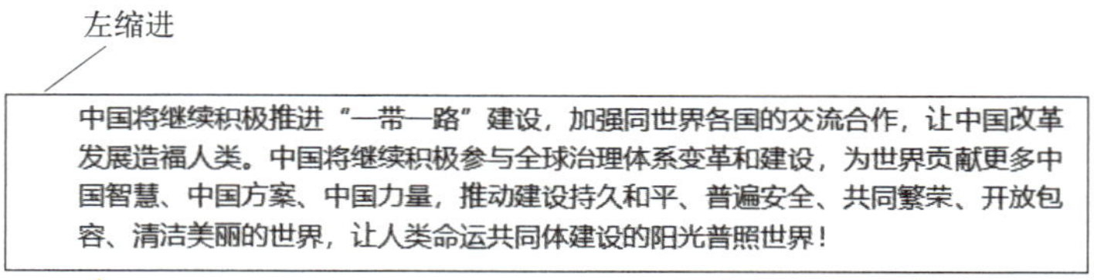

中国将继续积极推进"一带一路"建设，加强同世界各国的交流合作，让中国改革发展造福人类。中国将继续积极参与全球治理体系变革和建设，为世界贡献更多中国智慧、中国方案、中国力量，推动建设持久和平、普遍安全、共同繁荣、开放包容、清洁美丽的世界，让人类命运共同体建设的阳光普照世界！

图 2-29 左缩进

- 右缩进和左缩进是相对的，拖动它可以调整整个段落的右边起始位置，如图 2-30 所示。

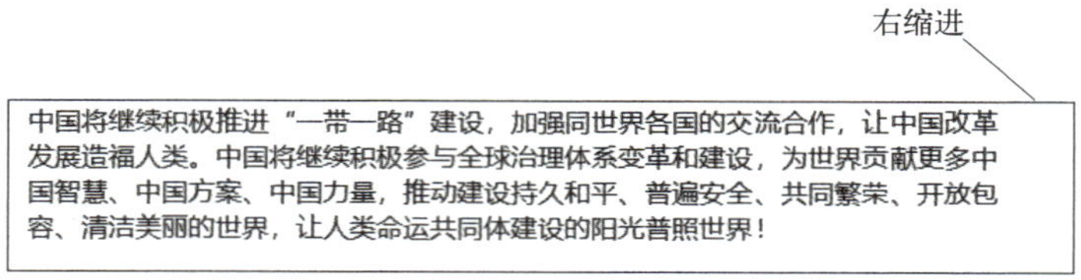

中国将继续积极推进"一带一路"建设，加强同世界各国的交流合作，让中国改革发展造福人类。中国将继续积极参与全球治理体系变革和建设，为世界贡献更多中国智慧、中国方案、中国力量，推动建设持久和平、普遍安全、共同繁荣、开放包容、清洁美丽的世界，让人类命运共同体建设的阳光普照世界！

图 2-30 右缩进

（2）设置段落对齐方式

段落水平对齐方式，如图 2-31 所示。

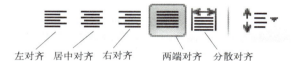

左对齐 居中对齐 右对齐 两端对齐 分散对齐

图 2-31 段落水平对齐方式

① 左对齐：让文本左侧对齐，右侧不考虑，如图 2-32 所示。

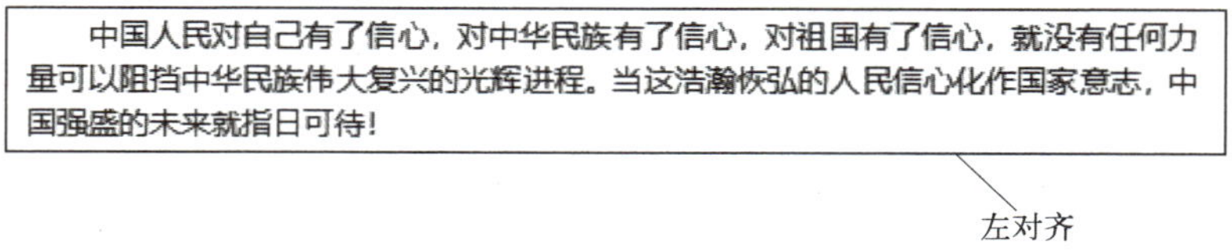

中国人民对自己有了信心，对中华民族有了信心，对祖国有了信心，就没有任何力量可以阻挡中华民族伟大复兴的光辉进程。当这浩瀚恢弘的人民信心化作国家意志，中国强盛的未来就指日可待！

左对齐

图 2-32 左对齐

② 右对齐：让文本右侧对齐，左侧不考虑，如图 2-33 所示。

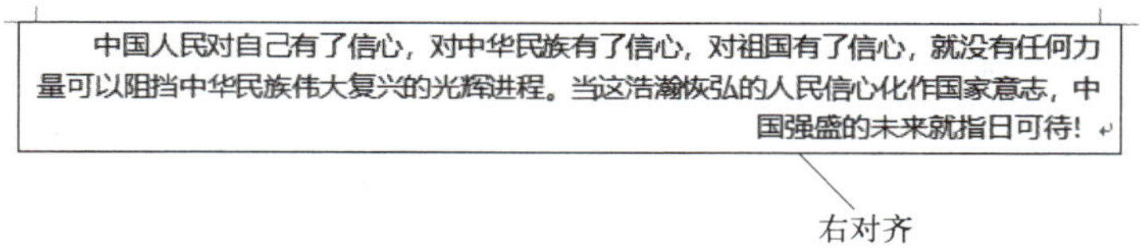

中国人民对自己有了信心，对中华民族有了信心，对祖国有了信心，就没有任何力量可以阻挡中华民族伟大复兴的光辉进程。当这浩瀚恢弘的人民信心化作国家意志，中国强盛的未来就指日可待！

右对齐

图 2-33 右对齐

③ 居中对齐：让文本或段落靠中间对齐，如图 2-34 所示。

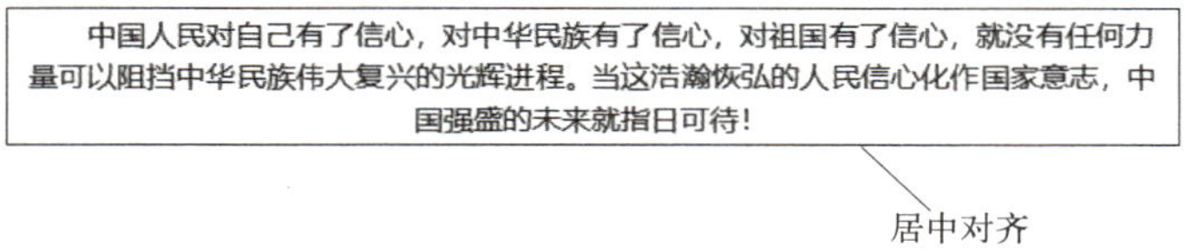

图 2-34　居中对齐

④ 分散对齐：让文本在一行内靠两侧进行对齐，字与字之间会拉开一定的距离（距离大小视文字多少而定），如图 2-35 所示。

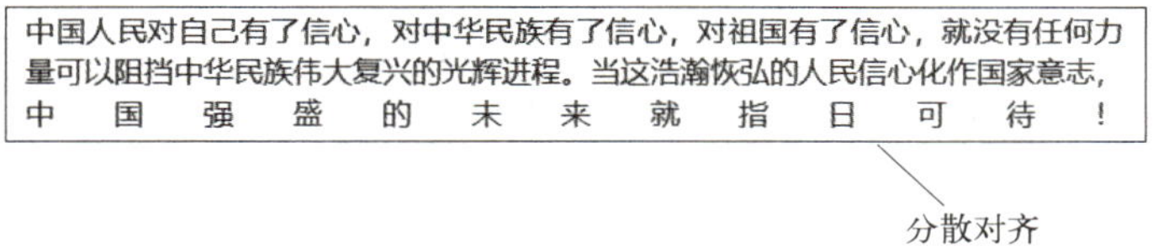

图 2-35　分散对齐

⑤ 两端对齐：除段落最后一行外的其他行每行的文字都是平均分布位置，两端对齐为文档默认对齐方式，如图 2-36 两端对齐所示。

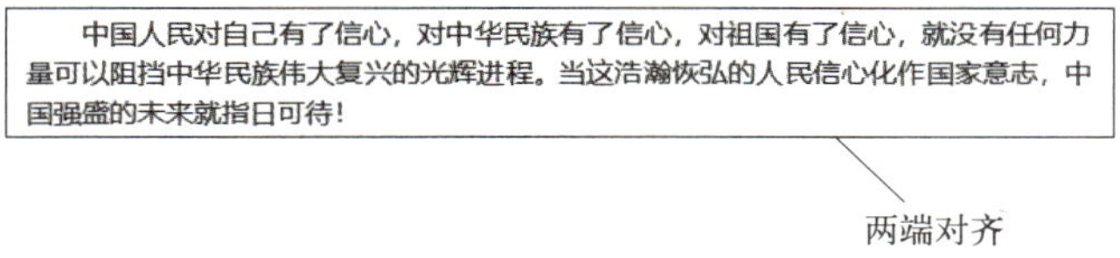

图 2-36　两端对齐

注意：左对齐是将文字段落的左边边缘对齐；两端对齐是将文字段落的左右两端的边缘都对齐。

技巧：这两种对齐方式的左边都是对齐的，而一般来说，如果段末最后一行字数太少，那么最后一行"两端对齐"的效果与"左对齐"的效果一样；又由于人们的阅读习惯基本上都是从左到右，不注意看不出其中差别，因此，人们就会觉得"左对齐"与"两端对齐"的效果一样。其实，两者之间是有区别的，"两端对齐"的段落的右边也是对齐的，而"左对齐"的右边一般情况下不会对齐。我们常常会遇到文章各行的文字（字符）数不相等的情况，这时采用"左对齐"的方式，就会出现每行行尾不整齐的情况，而采用"两端对齐"的方式，就会把超出的行压缩、减少的行拉伸，使整个段落各行右端也对齐（末行除外），这样的文章看上去就美观一些。

3. 设置行间距和段间距

（1）设置行间距

选中需要设置缩进的特定段落或全部文档，单击"开始"选项卡→"段落"组右下角的扩展按钮，弹出"段落"对话框，进入"缩进和间距"选项卡，在"行距"栏可以选择各种不同的行距，并在其

信 息 技 术

后面的"设置值"框中设置各种行距的准确数字，如图 2-37 所示。设置好数值后，单击"确定"按钮。最快捷的方式是单击"开始"选项卡→"段落"组→ 按钮，快速对行间距进行设置。

① 单倍行距：Word 中最常见的一种，一般为默认值。

② 1.5 倍行距：行与行之间的距离为"单倍行距"的 1.5 倍。

③ 2 倍行距：行与行之间的距离为"单倍行距"的 2 倍，如图 2-38 所示。

④ 最小值：行与行之间使用大于或等于单倍行距的最小行距值。如果用户指定的最小值小于单倍行距，则使用单倍行距；如果用户指定的最小值大于单倍行距，则使用指定的最小值。

⑤ 固定值：行与行之间的距离使用用户指定的值，需要注意该值不能小于字体的高度。

⑥ 多倍行距：行与行之间的距离使用用户指定的单倍行距的倍数值。

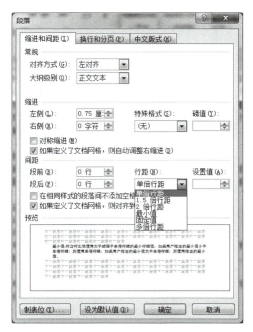

图 2-37 "段落"对话框

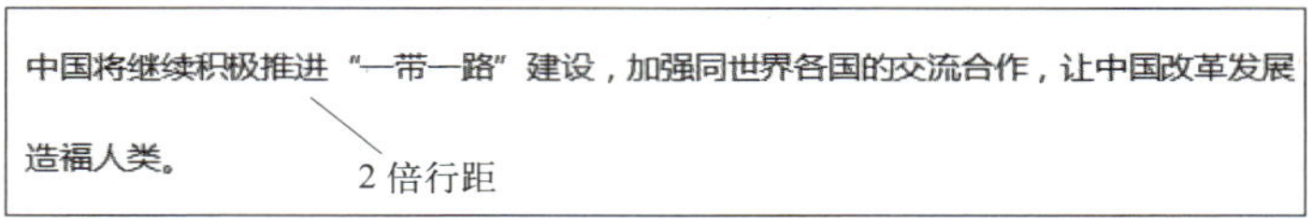

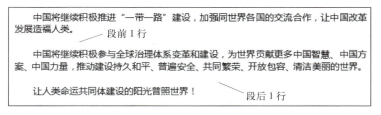

图 2-38 2 倍行距

（2）设置段间距

可以设置或调整"段前"与"段后"文本框中的数值来改变段落之间的距离。选择"段落"对话框中的"缩进和间距"选项卡，在间距栏中设置段前和段后的行数，单击"确定"按钮，效果如图 2-39 所示。

图 2-39 段间距效果

4. 边框和底纹

边框是指在文字、段落或者页面的四周添加一个矩形边框。一般来说，这个边框会由多种线条样式和颜色或者各种特定的图形组合而成。

底纹是指为文字或段落添加背景颜色。

单击"开始"选项卡→"段落"组→ 下拉按钮,选择"边框和底纹"命令,弹出"边框和底纹"对话框,如图 2-40 所示。根据"推荐信"各个方框内的提示信息,选中文字或段落后,在边框或底纹选项卡中选择相应的边框和底纹的样式、颜色和宽度等,"应用于"根据各个方框内的提示,选择"文字"或"段落",推荐信效果如图 2-41 所示。

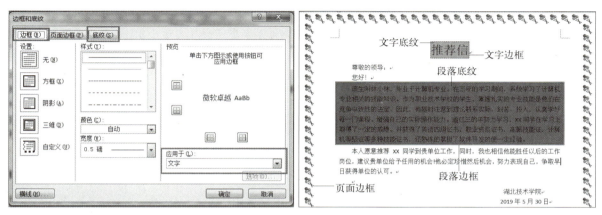

图 2-40 "边框和底纹"对话框　　　　图 2-41 "边框和底纹"效果图

2.2.4　打印预览及打印输出

1. 打印预览

文档在打印前,可预先观看打印效果。选择"文件"→"打印"命令,在"打印"命令面板右侧预览区域可以看到文档页面的整体版面打印效果,如图 2-42 所示。

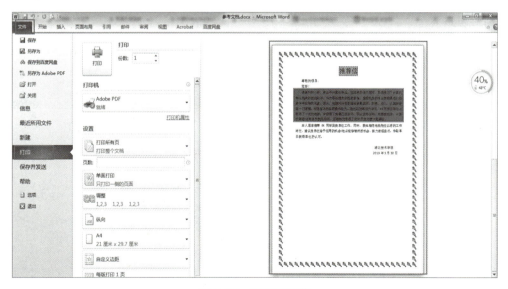

图 2-42　打印及预览

2. 打印输出

选择"文件"→"打印"命令,进入打印设置窗口后,就可以开始进行文档的打印设置,然后单击"打印”按钮，就可以开始打印文档。

案 例

奥林匹克运动会

奥林匹克运动会（Olympic Games）简称“奥运会”，是国际奥林匹克委员会主办的世界规模最大的综合性运动会，每四年一届，会期不超过 16 日，分为夏季奥运会（奥运会）、夏季残奥会、冬季奥运会（冬奥会）、冬季残奥会、夏季青年奥运会（青奥会）、冬季青年奥运会和特殊奥林匹克运动会（特奥会）。

要求：

① 将文章标题设置为宋体、二号、加粗、居中；正文设置为仿宋、小四。

② 将页面设置为横向，纸张宽度 21 厘米，高度 15 厘米，页面内容居中对齐。

③ 为正文添加双线条的边框，并设置为红色、3 磅。

④ 为正文填充白色、背景 1、深色 25% 底纹。

⑤ 在正文第一自然段后另起行录入第二段文字：奥运会中，各个国家用运动交流各国文化，以及切磋体育技能，其目的是为了鼓励人们不断进行体育运动。

本题要点：文档字体设置、页面设置、文字录入、填充背景。

操作步骤：

① 文档格式。选定文档对象，通过“开始”选项卡→“字体”组，进行文档格式设置。

② 页面设置。通过“页面布局”选项卡→“页面设置”组进行页面设置。

③ 填充设置。通过“页面布局”选项卡→“页面背景”组→“页面颜色”按钮进行设置。

效果如图 2-43 所示。

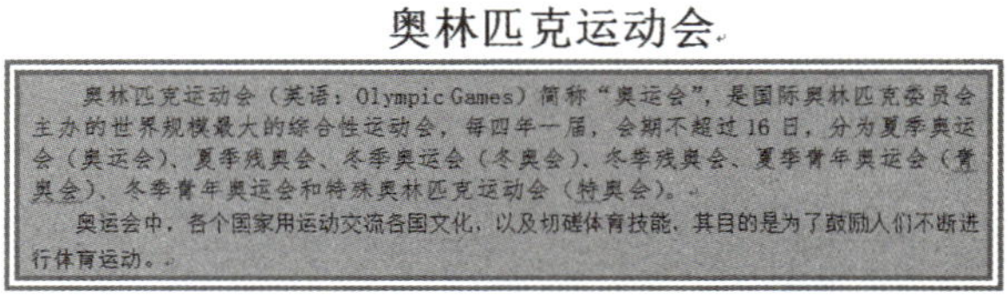
奥林匹克运动会

奥林匹克运动会（英语：Olympic Games）简称“奥运会”，是国际奥林匹克委员会主办的世界规模最大的综合性运动会，每四年一届，会期不超过 16 日，分为夏季奥运会（奥运会）、夏季残奥会、冬季奥运会（冬奥会）、冬季残奥会、夏季青年奥运会（青奥会）、冬季青年奥运会和特殊奥林匹克运动会（特奥会）。

奥运会中，各个国家用运动交流各国文化，以及切磋体育技能，其目的是为了鼓励人们不断进行体育运动。

图 2-43　效果图

操作步骤：

(1) 打开素材库中的 W1.docx 文档。

(2) 设置标题：选中标题“奥林匹克运动会”，在“开始”选项卡“字体”组的“字体”下拉列表中选择“宋体”,“字号”下拉列表中选择“二号”，单击加粗按钮；在“段落”选项卡中单击“居中”按钮（见图 2-44），标题设置完成。

图 2-44　设置标题

(3) 设置正文：选中正文，在“字体”组的“字体”下拉列表中选择“仿宋”“字号”下拉列表中选择“小四”，正文设置完成。

(4) 打开“页布局面”选项卡，“纸张方向”选择“横向”，如图 2-45 所示；“纸张大小”选择“其他页面大小”，如图 2-46 所示；单击“页面设置”组右下角的扩展按钮，在弹出的“页面设置”对话

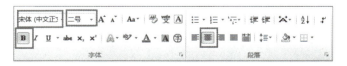

框中设置纸张的宽度为 21 厘米，高度为 15 厘米，如图 2-47 所示；页面内容居中对齐，在"版式"选项卡中将页面"垂直对齐方式"设置为"居中"。

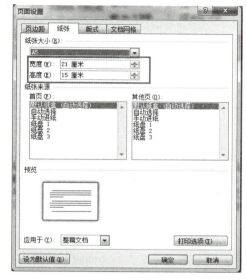

图 2-45　纸张横向　　　图 2-46　设置纸张大小　　　图 2-47　"页面设置"对话框

（5）选中正文内容，单击"页面布局"选项卡→"页面背景"组→"页面边框"按钮，如图 2-48 所示；在弹出的"边框和底纹"对话框中选择"边框"选项卡，"设置"选择"方框"，"样式"选择双实线，颜色选择红色，宽度选择"3.0 磅"，"应用于"选择"段落"，单击"确定"按钮，如图 2-49 所示。

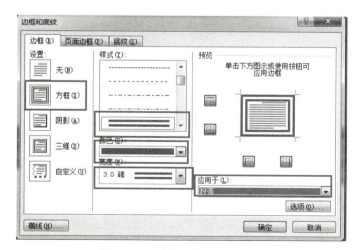

图 2-48　页面边框按钮　　　图 2-49　"边框和底纹"对话框

（6）选中正文，选择"边框和底纹"对话框的"底纹"选项卡，"填充"设置为"白色，背景 1，深色 25%"，"应用于"设置为"段落"，如图 2-50 所示。

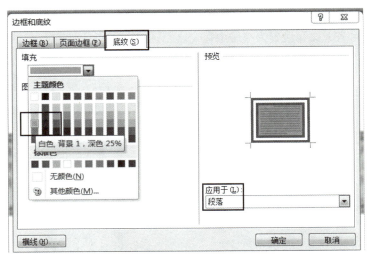

图 2-50　设置段落填充

（7）第一自然段回车后，添加文本"奥运会中，各个国家用运动交流各国文化，以及切磋体育技能，其目的是为了鼓励人们不断进行体育运动。"最终效果参见图 2-43。

拓展练习

1. 【2010 年 11 月软考真题】单击 F.doc 文档窗口的"最小化"按钮后，则（　　）。

   A. 不显示 F.doc 文档内容，F.doc 文档并未关闭

   B. 显示 F.doc 文档内容，F.doc 文档并未关闭

   C. 不显示 F.doc 文档内容，F.doc 文档被关闭

   D. 显示 F.doc 文档内容，F.doc 文档被关闭

   答案：A

2. 【2012 年 6 月软考真题】下列关于 Word 2010 的叙述中，不正确的是（　　）。

   A. 在"页面设置"对话框中可以自己定义打印纸张的大小

   B. 设置文档打印时，输入"2-5"表示打印第 2 页和第 5 页

   C. 页面视图方式的显示效果最接近实际打印的效果

   D. 在普通视图方式下，人工分页符显示为一条虚线

   答案：B

3. 【2012 年 11 月软考真题】下列关于 Word 标尺的叙述中，不正确的是（　　）。

   A. 首行缩进可使光标所在的段落的第一行向右缩进

   B. 左缩进可以使光标所在的段落的整体从左边界向右缩进

   C. 右缩进可以使光标所在的段落的整体从右边界向左缩进

   D. 悬挂缩进可使光标所在的段落所有的行按向左或向右的拖动方向缩进

   答案：D

第 2 章　Word 文字处理

4.【2012 年 11 月软考真题】下列关于 Word 字体和字号的叙述中，正确的是（　　）。
   A. 汉字可以设置字体和字号，英文不能设置字体和字号
   B. 字体和字号的设置可以在录入前或录入后进行
   C. 可以设置文字效果，但不能打印所设置的效果
   D. 字号不能以磅为单位进行设置
   答案：B

5.【2010 年 11 月软考真题】在 Word 中，新建一个空白文档，默认的文件名是"文档1"。若文档内容的第一行标题是"信息"，对该文件保存时没有重新命名，则该 Word 文档的文件名是（　　）。
   A. 文档 1.doc　　　B. doc1.doc　　　C. 信息 .doc　　　D. Word.Doc
   答案：C

6.【2010 年 11 月软考真题】新建一个 Word 文档，编辑结束后，选择"文件"→"保存"命令，则（　　）。
   A. 该文档直接存盘
   B. 弹出"另存为"对话框
   C. 该文档以"文档1"存盘
   D. 弹出是否保存对话框
   答案：B

7.【2011 年 11 月软考真题】下列关于应用 Word 软件新建文档第一次存盘时的叙述，正确的是（　　）。
   A. 只能使用"保存"命令
   B. 只能使用"另存为"命令
   C. 无论使用"保存"还是"另存为"命令，系统都会弹出"另存为"对话框
   D. 无论使用"保存"还是"另存为"命令，系统都会弹出"保存"对话框
   答案：C

8.【2011 年 6 月软考真题】在 Word 中，为将正在编辑的文档以新的文件名保存，可使用（　　）命令。
   A. 另存为　　　B. 保存　　　C. 新建　　　D. 页面设置
   答案：A

9.【2013 年 6 月软考真题】下列关于 Word 文档排版的叙述中，不正确的是（　　）。
   A. 通过设置字符的格式，使文档重点突出
   B. 对段落添加项目编号后，用户插入或删除段落，段落不会重新进行编号
   C. 可以调整段落的间距和行间距
   D. 可以给段落或文字添加边框、底纹或着重号表示强调
   答案：B

10.【2014 年 11 月软考真题】在 Word 文本编辑状态下，如果选定的文字中含有不同的字体，那么在格式栏"字体"框会显示（　　）。
   A. 所选文字中第一种字体的名称
   B. 显示所选文字中最后一种字体的名称

C. 显示所选文字中字数最多的那种字体的名称

D. 空白

答案：D

11.【2019年6月软考真题】在Word 2010中，以下关于【Backspace】键与【Delete】键的叙述，正确的是（　　）。

  A.【Delete】键可以删除光标前一个字符

  B.【Delete】键可以删除光标前一行字符

  C.【Backspace】键可以删除光标后一个字符

  D.【Backspace】键可以删除光标前一个字符

答案：D

12.【2010年11月软考真题】在Word的编辑状态下，进行多次"复制"操作后，则剪贴板中（　　）。

  A. 仅有第一次被复制的内容　　　　B. 仅有最后一次被复制的内容

  C. 多次复制的内容都会存在　　　　D. 没有任何内容

答案：B

13.【2011年6月软考真题】在Word的编辑状态中，若对当前内容进行了误删除，可立即使用（　　）命令进行恢复。

  A. 粘贴　　　　B. 撤销　　　　C. 复制　　　　D. 剪切

答案：B

14.【2011年11月软考真题】利用"查找"与"替换"命令，可以将Word文档中找到的文字串用新文字串替换。下列关于"查找"与"替换"的叙述中，正确的是（　　）。

  A. 只能替换文档中查到的第一个文字串

  B. 可以一起替换文档中查到的全部文字串

  C. 可以查找替换各种控制字符

  D. 只能替换文档中查到的最后一个文字串

答案：B

15.【2012年6月软考真题】在Word编辑状态下，对于选定的文字（　　）。

  A. 可以移动，不可以复制　　　　B. 可以复制，不可以移动

  C. 可以移动，也可以复制　　　　D. 不可以移动，也不可以复制

答案：C

16.【2013年11月软考真题】在Word的默认编辑状态下，若光标位于表格最后一行的右尾处，按【Enter】键后，则（　　）。

  A. 光标移动到下一行　　　　B. 光标不会发生位置变化，停留在原处

  C. 光标回到表格的首行左侧　　D. 表格会增加一行，光标在新增加行的行首

答案：D

第 2 章　Word 文字处理

2.3　表格制作与应用

本节内容结构如图 2-51 所示。

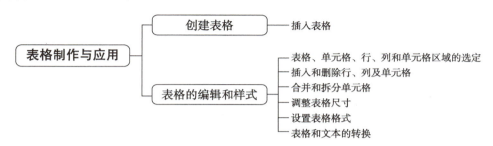

图 2-51　2.3 节内容结构

表格是编辑文档中常见的文字信息组织形式。它的优点就是结构严谨、效果直观。以表格的方式组织和显示信息，可以给人一种清晰、简洁、明了的感觉。在现在的"读图时代"，可以把数据比较采用表格的方式展示，使阅读者感受更直观、印象更深刻。

表格是由水平行和垂直列组成，行和列交叉的矩形部分称为单元格，如图 2-52 所示。

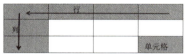

图 2-52　表格

2.3.1　创建表格

插入表格

方法一：单击"插入"选项卡→"表格"组→"表格"按钮，在"插入"下拉列表中，拖动鼠标选择相应的行和列直接插入表格，如图 2-53 所示。

方法二：单击"插入"选项卡→"表格"组→"表格"按钮，在下拉列表中选择"插入表格"命令，通过"插入表格"对话框创建表格，如图 2-54 所示。通过设置相应行和列的数目，插入相应的表格。

微课视频

表格创建和操作

图 2-53　插入表格按钮

图 2-54　"插入表格"对话框

方法三：单击"插入"选项卡→"表格"组→"表格"按钮，在下拉列表中选择"绘制表格"命令，

61

在文档中绘制表格，如图 2-55 所示。

方法四：单击"插入"选项卡→"表格"组→"表格"按钮，在下拉列表中选择"快速表格"命令，通过子菜单中的样式快速创建表格，如图 2-56 所示。

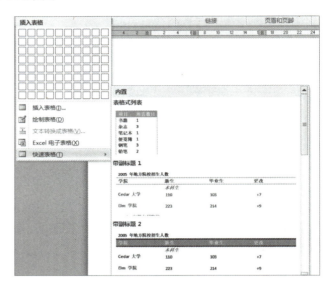

图 2-55　绘制表格　　　　　　　　　　图 2-56　快速表格

微课视频

表格的格式化

2.3.2　表格编辑和样式

1. 表格、单元格、行、列和单元格区域的选定

① 选择整个表格：单击表格左上角的表格移动控点 ⊞ 可选择整个表格，如图 2-57（a）所示。

② 选择单元格：将鼠标指针指向单元格的左边，当鼠标指针变为一个指向右上方的黑色箭头 ◣ 时，单击可以选定该单元格，如图 2-57（b）所示。

③ 选择行：将鼠标指针指向行的左边，当鼠标指针变为一个指向右上方的白色箭头 ◤ 时，单击可以选定该行；如果拖动鼠标，则拖动过的行被选中，如图 2-57（c）所示。

④ 选择列：将鼠标指针指向列的上方，当鼠标指针变为一个指向下方的黑色箭头 ↓ 时，单击可以选定该列；如果水平拖动鼠标，则拖动过的列被选中，如图 2-57（d）所示。

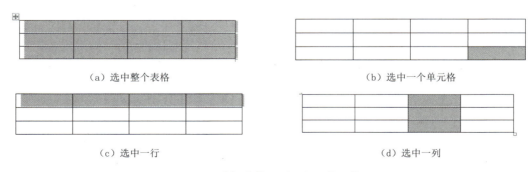

图 2-57　选择表格、列、行、单元格

⑤ 选择连续单元格：在单元格上拖动鼠标，拖动的起始位置和终止位置间的单元格被选定；也可单击位于起始位置的单元格，然后按住【Shift】键单击位于终止位置的单元格，起始位置和终止位置间的单元格被选定。

⑥ 选择不连续单元格：在按住【Ctrl】键同时拖动鼠标可以在不连续的区域中选择单元格。

另外，还可以通过功能分组选定相应的行、列、单元格或表格。将插入点置入待选择的单元格中，单击"表格工具–布局"选项卡→"表"组→"选择"下拉按钮，选择单元格、列、行或表格，如图2-58所示。

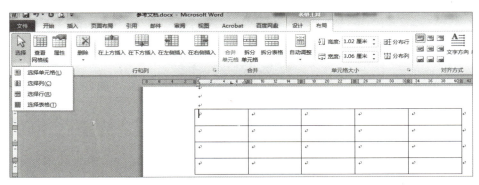

图 2-58 "选择"选项卡

2. 插入和删除表格中的行、列及单元格

（1）快速插入行

单击表格最右边的边框外，按【Enter】键，在当前行的下面插入一行；或将光标定位在最后一行最右一列的单元格中，按【Tab】键追加一行。

（2）插入行或列

方法一：单击"表格工具–布局"选项卡→"行和列"组→"在上方插入"或"在下方插入"或"在左侧插入"或"在右侧插入"按钮，如图2-59所示。

方法二：选定单元格后，右击，在弹出的快捷菜单中选择"插入"→"在左侧插入列"或"在右侧插入列"或"在上方插入行"或"在下方插入行"命令，如图2-60所示。

图 2-59 插入行或列按钮

图 2-60 右键菜单插入行或列

（3）插入单元格

单击"表格工具–布局"选项卡→"行和列"组右下侧的扩展按钮，打开"插入单元格"对话框，选中"活动单元格右移"单选按钮，则在选定的单元格的左侧插入数量相等的新单元格；选中"活动单元格下移"单选按钮，在选定的单元格的上方插入数量相等的新单元格。

（4）删除或列

方法一：选择"表格工具–布局"选项卡→"行和列"组→"删除"按钮→删除行命令（删除行

后，被删除行下方的行自动上移）或删除列命令（删除列后，被删除列右侧的列自动左移），如图 2-61 所示。

方法二：选中表格内的一行或一列，右击，选择"删除行"或"删除列"命令，如图 2-62 和图 2-63 所示。

图 2-61　"删除"下拉列表　　　　图 2-62　选择"删除行"　　　　图 2-63　选择"删除列"

注意：选定表格后，使用【Backspace】键与【Delete】键的区别。
- 【Backspace】键：删除表格及内容。
- 【Delete】键：仅删除内容。

3. 合并和拆分单元格

（1）合并单元格

选定要合并的两个或多个连续的单元格；单击"表格工具 – 布局"选项卡→"合并"组→"合并单元格"按钮，如图 2-64 所示；或右击，在弹出的快捷菜单中选择"合并单元格"命令，如图 2-65 所示。单元格合并前、合并后的效果如图 2-66 所示。

 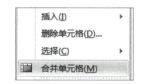

图 2-64　单击"合并单元格"按钮　　　　图 2-65　选择"合并单元格"命令

(a) 单元格合并前

(b) 单元格合并后

图 2-66　单元格合并前、合并后的效果

(2) 拆分单元格

选定要拆分的一个单元格,单击"表格工具 – 布局"选项卡→"合并"组→"拆分单元格"按钮,如图 2-67 所示;或右击,在弹出的快捷菜单中选择"拆分单元格"命令(见图 2-68),在弹出的对话框中输入拆分的行数和列数,如图 2-69 所示。单元格拆分前、拆分后的效果如图 2-70 所示。

图 2-67 单击"拆分单元格"按钮

图 2-68 选择"拆分单元格"命令

图 2-69 "拆分单元格"对话框

(a) 单元格拆分前　　　　　　　　　　(b) 单元格拆分后

图 2-70 单元格拆分前、拆分后

扩展知识:拆分表格。选定拆分处的行,单击"表格工具 – 布局"选项卡→"合并"组→"拆分表格"按钮,如图 2-71 所示,一个表格就从光标处分成两个表格,如图 2-72 所示。如果要合并两个表格,那么只要删除两表格之间的换行符即可。

图 2-71 单击"拆分表格"按钮　　　　图 2-72 拆分成上下两个表格

4. 调整表格尺寸

(1) 用鼠标拖动调整表格大小

① 缩放整个表格:可将鼠标指针指向右下角的缩放标记,然后按下左键拖动鼠标,拖动过程中也有一个虚线框表示缩放尺寸,当虚线框尺寸符合需要后,松开左键即可将表格缩放为需要的尺寸。

② 调整行高和列宽:将鼠标指针指向需要移动的行线,当指针变为 形状时,按下左键拖动鼠标可"上下"移动行线;将鼠标指针指向需移动的列线,当指针变为 形状时,按下左键拖动鼠标可左右移动列线,可改变列宽。

注意:使用鼠标拖动能实现快速调整,但只能做粗略调整,如果需要精确调整,建议使用"表格属性"对话框调整。

(2) 用"表格属性"对话框调整表格尺寸

用"表格属性"对话框可以设置包括行高或列宽在内的许多表格的属性,这种方法可以使行高和列宽的尺寸得到精确设置。操作步骤如下:

① 选定要修改行高的一行或数行,或者选定要修改列宽的一列或数列。

② 单击"表格工具－布局"选项卡→"表"组→"属性"按钮,打开"表格属性"对话框,单击"行"或"列"选项卡,进入"行"或"列"选项卡窗口。

③ 若选中"指定高度"复选框,则在文本框中输入行高的数值,并在"行高值是"下拉列表中选择"最小值"或"固定值",否则,行高默认为自动设置,如图 2-73 所示;在"列"选项卡中选中"指定宽度"复选框,并在文本框中输入列宽的数值,在"度量单位"下拉列表框中选定单位,如图 2-74 所示。

④ 单击"确定"按钮即可。

图 2-73 "行"选项卡

图 2-74 "列"选项卡

(3) 平均分配行/列

如果需要表格的行高或列宽相等,则可以使用平均分布行列的功能。该功能可以使选择的每一行或每一列都使用平均值作为行高或列宽。

方法一:单击"表格工具－布局"选项卡→"单元格大小"组→"分布行"或"分布列"按钮,如图 2-75 所示。

方法二:选中行或列,右击,在弹出的快捷菜单中选择"平均分布各行"或"平均分布各列"命令,如图 2-76 所示。

图 2-75 平均分布行或列按钮

图 2-76 右键菜单平均分布行或列

5. 设置表格格式

(1) 表格自动套用格式

表格及其内容默认就是黑边、白底、黑字的显示样式,如果想使自己的表格看起来更美观,可以选用 Word 自带的多种预先定义好的格式，这些格式包括边框、底纹、字体、颜色等整套显示样式方案，使用"表格工具 – 设计"选项卡→"表格样式"组中内置的表格样式对表格进行排版，使表格的排版变得轻松。

操作步骤如下：

① 将插入点（光标）移到要排版的表格内。

② 单击"表格工具 – 设计"选项卡→"表格样式"组→"其他"按钮，打开如图 2-77 所示的表格样式列表框。

③ 表格样式列表框中选定所需的表格样式即可。

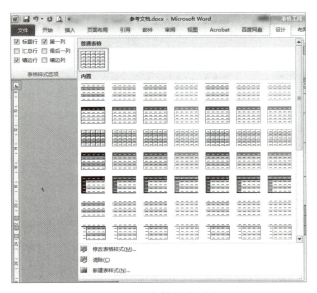

图 2-77　表格样式列表

（2）绘制斜线表头

斜线表头是指使用斜线将一个单元格分隔成多个区域，然后在每一个区域中输入不同的内容。单击"表格工具 – 设计"选项卡→"表格样式"组→"边框"下拉按钮（见图 2-78），选择"斜上框线"或"斜下框线"命令，如图 2-79 所示。绘制的斜线表头如图 2-80 所示。

  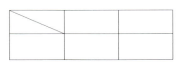

图 2-78　单击"边框"下拉按钮　　图 2-79　选择框线　　图 2-80　绘制斜线表头

(3) 表格的边框和底纹

通过"表格工具 – 设计"选项卡→"表格样式"组中的"底纹"和"边框"下拉按钮对表格的边框线的线型、粗细和颜色、底纹颜色、单元格中文本的对齐方式等进行个性化设置。单击"边框"下拉按钮,打开边框列表,可以设置所需的边框。单击"底纹"下拉按钮,打开底纹颜色列表,可选所需的底纹颜色。单击"边框"下拉按钮,选择"边框和底纹"命令可在弹出的"边框和底纹"对话框中设置边框和底纹,如图 2-81 所示。

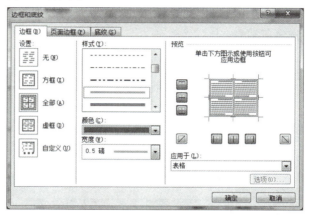

图 2-81 "边框和底纹"对话框

(4) 设置单元格内容的对齐方式

选择需要设置文本对齐方式的单元格区域→"表格工具 – 布局"选项卡→"对齐方式"组。水平有 3 种:居左、居中、居右;垂直有 3 种:顶端、居中、靠下。共有 9 种对齐方式,如图 2-82 所示。

(5) 设置表格在页面中的对齐方式和文字环绕方式

单击"表格工具 – 布局"选项卡→"表"组→"属性"按钮,弹出"表格属性"对话框,选择"表格"选项卡→"对齐方式"→"文字环绕"→"环绕",如图 2-83 所示。

图 2-82 对齐方式

图 2-83 "表格属性"对话框

（6）扩展知识：表格标题行的重复

当一张表格超过一页时，通常希望在第二页的续表中也包括表格的标题行。设置重复标题的操作步骤如下：

① 选定第一页表格中的一行或多行标题行。

② 单击"表格工具 – 布局"选项卡→"数据"组→"标题行重复"按钮。

这样，Word 会在因分页而拆开的续表中重复表格的标题行，在页面视图方式下可以查看重复的标题。

6. 表格和文本的转换

（1）表格转换为文本

Word 可以将文档中的表格内容转换为以逗号、制表符、段落标记或其他指定字符分隔的普通文本。

将光标定位在表格中，单击"表格工具 – 布局"选项卡→"数据"组→"转换为文本"按钮，在弹出的"表格转换成文本"对话框中设置要当作文本分隔符的符号，如图 2-84 所示，转换前后对比效果如图 2-85 所示。

图 2-84 "表格转换为文本"对话框

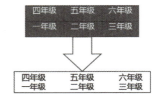

图 2-85 表格转换为制表符标记文本

（2）文本转换为表格

如果要把文字转换成表格，文字之间必须用分隔符分开，分隔符可以是段落标记、逗号、制表符或其他特定字符，选定要转换为表格的正文，选择"插入"选项卡→"表格"组→"表格"下拉按钮→"文本转换成表格"命令，在弹出的"将文字转换成表格"对话框中设置相应的选项，如图 2-86 所示，转换前后对比效果如图 2-87 所示。

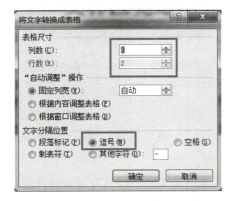

图 2-86 "文字转换为表格"对话框

图 2-87 逗号标记文本转换为表格

信 息 技 术

课 程 表

新学期开始，班长想利用 Word 制作一份课程表，用于公布班级本学期都开设了哪些课程，效果图如图 2-88 所示。

星期 课程 节次	星期一	星期二	星期三	星期四	星期五
1-2	Java 程序设计基础	Html5+CSS3 网页设计	职业英语	Java 程序设计基础	软件测试
3-4	Mysql 数据库	马哲	软件测试	Html5+CSS3 网页设计	Mysql 数据库
	午休				
5-6	职业英语	体育	职业英语	政治学习	
7-8	体育	高数	高数		
9-10			晚自习		

图 2-88 课程表效果图

本题要点：插入表格、表头绘制、单元格合并、填充背景。

操作的关键步骤：

① 插入表格。通过"插入"选项卡中的"表格"按钮，插入表格。

② 单元格合并。通过"表格工具 – 布局"选项卡下的"合并单元格"按钮进行设置。

③ 填充设置。通过"表格工具 – 设计"选项卡下的"底纹"按钮进行设置。

具体操作步骤：

① 新建 Word 文档。

② 插入 7 行 6 列表格：单击"插入"选项卡→"表格"组→"表格"下拉按钮，选择"插入表格"命令（见图 2-89），弹出"插入表格"对话框，在表格尺寸中输入行数为 7，列数为 6，如图 2-90 所示。

图 2-89 插入表格

图 2-90 设置行列数

③ 设置行高和列宽：

- 行高：选中表格第一行，右击，选择"表格属性"命令（见图 2-91），打开"表格属性"对话框，设置行高为 1.8 厘米，单击"确定"按钮，如图 2-92 所示；相同步骤设置其余行的行高为 0.9 厘米，如图 2-93 所示。

图 2-91 表格属性

图 2-92 设置行高（一）

图 2-93 设置行高（二）

- 列宽：选中整张表格，右击，选择"表格属性"命令（见图 2-94），打开"表格属性"对话框。设置列宽为 2.3 厘米，如图 2-95 所示，单击"确定"按钮。

图 2-94 选择"表格属性"命令

图 2-95 设置列宽

④ 绘制斜线表头。单击"插入"选项卡→"插图"组→"形状"→"线条"→"直线"绘制斜线

表头，如图2-96所示。在第一行的第一个单元进行斜线绘制，并写入相应的内容。

图2-96 绘制斜线表头

⑤ 合并单元格。选中第4行，单击"表格工具–布局"选项卡→"合并"组→"合并单元格"按钮，如图2-97所示。

图2-97 合并单元格

选中第5、6行的第5列单元格，单击"表格工具–布局"选项卡→"合并"组→"合并单元格"按钮，参见图2-97。

选中最后一行的第2~6列单元格，单击"表格工具–布局"选项卡→"合并"组→"合并单元格"按钮，参见图2-97。

⑥ 向表格中输入课程的内容。

⑦ 设置文字加粗。选中第1行文字，通过"开始"选项卡→"字体"组中的加粗按钮设置加粗，如图2-98所示。

图2-98 加粗

⑧ 设置文字居中。选中表格文字，单击"表格工具–布局"选项卡→"对齐方式"组→"水平居中"按钮，如图2-99所示。

⑨ 设置底纹。选中第1、4行和第7行的"晚自习"单元格，单击"表格工具–设计"选项卡→"表格样式"组→"底纹"→茶色，背景2，深色50%，设置底纹，如图2-100所示。

第 2 章　Word 文字处理

图 2-99　水平居中

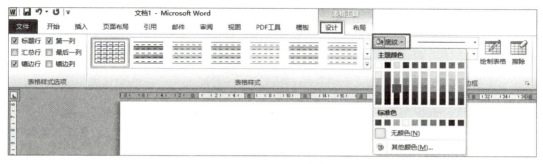

图 2-100　设置底纹

最终效果参见图 2-88。

 案 例

用 Word 软件制作如图 2-101 所示的个人简历。按题目要求完成后，用 Word 的保存功能直接存盘。

个 人 简 历

姓名		性别		年龄		照片
学历		专业		婚否		
家庭住址			籍贯			
联系电话			电子邮件			
教育背景						
工作经历						
个人荣誉						

图 2-101　个人简历效果图

要求：

① 利用相关工具绘制如图 2-101 所示的个人简历表。

② 将标题设置为楷体、二号、黑色、加粗、居中；其他文字设置为宋体、五号、黑色。

操作步骤：

① 新建一个 Word 文档。

② 设置标题：个人简历，选中标题"个人简历"，在"开始"选项卡"字体"组的字体下拉列表中选择"楷体"，字号下拉列表中选择"二号"，单击加粗按钮，在"段落"组中单击居中按钮，如图 2-102 所示。

图 2-102　设置标题

③ 创建表格：在"插入"选项卡"表格"组的"表格"下拉列表中选择创建一个 7 行 7 列的表格。

④ 在表格第一列的第 1、2、3、4、5、6、7 行单元格分别输入"姓名""学历""家庭住址""联系电话""教育背景""工作经历""个人荣誉"；在第三列的第 1、2 行单元格分别输入"性别""专业"；在第四列的第 3、4 行单元格分别输入"籍贯""电子邮件"；在第五列的第 1、2 行单元格分别输入"年龄""婚否"。

⑤ 单击第 7 列第 1 行单元格，按住左键拖动鼠标至第 7 列第 4 行单元格，使第 7 列的第 1、2、3、4 行单元格被同时选中（单元格呈灰色），右击，在弹出的快捷菜单中选择"合并单元格"命令，在合并后的单元格中输入"照片"。

⑥ 鼠标左键拖动选中第 3 行的第二、三列单元格，右击，在弹出的快捷菜单中选择"合并单元格"命令；对第 3 行的第 5、6 列单元格、第 4 行的第 2、3 列单元格和第 4 行的第 5、6 列单元格也使用同样的步骤。

⑦ 鼠标左键拖动选中第 5 行的第 2、3、4、5、6、7 列单元格，在弹出的快捷菜单中选择"合并单元格"命令；对第 6 行、第 7 行的第 2、3、4、5、6、7 列单元格也使用同样的步骤。

⑧ 选中"教育背景"，右击，在弹出的快捷菜单中选择"文字方向"命令，在打开的"文字方向 – 表格单元格"对话框中选择正中间的竖排方向，如图 2-103 所示。对"工作经历"和"个人荣誉"应用同样的文字样式。

⑨ 选中整个表格，单击"表格工具 – 布局"选项卡→"对齐方式"组→"居中对齐"按钮，将表格中的所有文字实现居中对齐。

⑩ 选中表格第 5 行，在"表格工具 – 设计"选项卡→"绘图边框"组上面的"笔样式"下拉列表中选择双线边框，在"边框"下拉列表中选择"上框线"；分别对第 6 行、第 7 行表格应用同样的边框样式。

图 2-103　文字方向选项卡

第 2 章　Word 文字处理

拓展练习

1. 【2010 年 11 月软考真题】在 Word 中，下列关于表格自动套用格式的叙述中，正确的是（　　）。
   A. 只能直接用自动套用格式生成表格
   B. 可在生成新表格时使用自动套用格式或在插入表格后使用自动套用格式
   C. 每种自动套用的格式已经固定，不能进行任何形式的修改
   D. 在套用一种格式后，不能再更改为其他格式
   答案：B

2. 【2010 年 11 月软考真题】在 Word 的编辑状态下，选中整个表格，右击选择"删除表格"命令，则（　　）。
   A. 整个表格被删除
   B. 表格中第一行被删除
   C. 表格中第一行的内容被删除
   D. 只是表格被删除，表格中的内容不会被删除
   答案：A

3. 【2011 年 11 月软考真题】在 Word 中，下列关于拆分表格的叙述中，正确的是（　　）。
   A. 可以按表格具有的实际列数逐一拆分成独立的列
   B. 可以把表格按照用户的需要，同时拆分成两个以上的表格
   C. 只能把表格按插入点为界，拆分成左右两个表格
   D. 只能把表格按插入点为界，拆分成上下两个表格
   答案：D

4. 【2012 年 11 月软考真题】下列关于 Word 表格处理的叙述中，不正确的是（　　）。
   A. 可以平均分布各行或各列
   B. 对表格中的数据只能进行升序排列
   C. 可以对表格进行拆分或合并
   D. 可以将表格转换成文本
   答案：B

5. 【2013 年 6 月软考真题】下列关于 Word 表格的叙述中，不正确的是（　　）。
   A. 表格中可以输入各种文本和数据
   B. 表格的单元格中不可以插入图片
   C. 可以用复制、剪切和删除等操作对单元格的内容进行编辑
   D. 当表格中的内容放大字号超过原行高时，Word 会自动改变这一行的高度
   答案：B

6. 【2013 年 6 月软考真题】新建一个 Word 文档，做如下操作：在文档中插入一个 4 行 3 列的表格；选中第 3 列的第 1、2 行，再选择"表格"→"合并单元格"命令；选中第 4 行，选择"表格"→"拆分单元格"命令，"列数"填写 4，"行数"填写 3。单击"确定"按钮后，最终生成的表格样式是（　　）。

A.

B.

C.

D.

答案：C

7. 【2013年11月软考真题】在Word中，下列关于表格的叙述，不正确的是（　　）。
   A. 表格中的数据不能进行求和等运算
   B. 表格可以全部复制或部分复制
   C. 表格的大小可以按照实际需要进行调整
   D. 表格中的数据可以按照某列内容进行升序或降序排列
   答案：A

8. 【2014年11月软考真题】在Word中要建立一个表格，方法是（　　）。
   A. 用↑、↓、→、←光标键画表格
   B. 用【Atl】键、【Ctrl】键和↑、↓、→、←光标
   C. 用【Shift】键和↑、↓、→、←光标键画表格
   D. 选择"插入"选项卡中的表格
   答案：D

9. 【2015年6月软考真题】在Word编辑状态下，将表格中的3个单元格合并，则（　　）。
   A. 只显示第1个单元格中的内容
   B. 3个单元格的内容都不显示
   C. 3个单元格中的内容都显示
   D. 只显示最后一个单元格中的内容
   答案：C

10. 【2015年11月软考真题】下列关于Word表格功能的叙述中，不正确的是（　　）。
    A. 可以在Word文档中插入Excel电子表格
    B. 可以在表格的单元格中插入图形
    C. 可以将一个表格拆分成两个或多个表格
    D. 表格中填入公式后，若表格数值改变，与Excel表格一样会自动重新计算结果
    答案：D

11. 【2017年11月软考真题】在Word表格编辑中，不能进行的操作是（　　）。

A．旋转单元格　　　B．插入单元格　　　C．删除单元格　　　D．合并单元格

答案：A

2.4 图文混排

本节内容结构如图 2-104 所示。

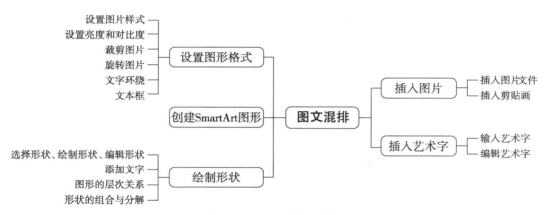

图 2-104　2.4 节内容结构

Word 2010 中的插图处理包括图片、剪贴画、艺术字、图形等，让图形和文字有效地结合，可以让文档更加漂亮。

2.4.1 插入图片

1. 插入图片文件

用户可以在文档中插入不同格式的图片，如 .bmp、.jpg、png、gif 等。操作步骤如下：

① 把插入点定位到要插入图片的位置，单击"插入"选项卡→"插图"组→"图片"按钮，弹出"插入图片"对话框，如图 2-105 所示。

② 找到需要插入的图片，单击"插入"按钮，将选中的图片插入到文档中光标所在的位置，如图 2-106 所示。

微课视频

插入图片、剪贴画和艺术字

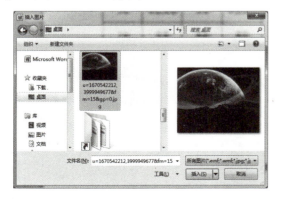

图 2-105　"插入图片"对话框

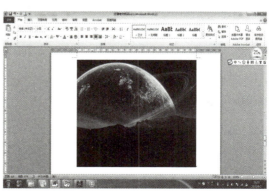

图 2-106　插入图片

2. 插入剪贴画

Word 的剪贴画存放在剪辑库中，用户可以由剪辑库中选取图片插入到文档中。操作步骤如下：

① 把插入点定位到要插入的剪贴画的位置，单击"插入"选项卡→"插图"组→"剪贴画"按钮，如图 2-107 所示。

② 在弹出的"剪贴画"窗格的"搜索文字"文本框中输入要搜索的图片关键字，单击"搜索"按钮，如果选中"包括 Office.com 内容"复选框，可以搜索网站提供的剪贴画，如图 2-108 所示。

③ 搜索完毕后显示出符合条件的剪贴画，单击需要插入的剪贴画即可完成插入。

图 2-107　插入"剪贴画"　　　　　　　图 2-108　搜索剪贴画

2.4.2　插入艺术字

艺术字是指将一般文字经过各种特殊的着色、变形处理得到的艺术化文字。在 Word 中可以创建出漂亮的艺术字，并可作为一个对象插入到文档中。艺术字实际上是图片而不是字，可按照图片对象的编辑方法来进行。

1. 输入艺术字

单击"插入"选项卡→"文本"组→"艺术字"按钮（见图 2-109），在弹出的下拉列表（见图 2-110）中选择艺术字样式，在文档中出现艺术字输入框（见图 2-111），删除信息提示，输入艺术字的文本内容。

图 2-109　"艺术字"选项　　　图 2-110　"艺术字"下拉列表　　　图 2-111　输入"艺术字"

2. 编辑艺术字

选中艺术字，单击"绘图工具→格式"选项卡→"艺术字样式"组→"文本填充/文本轮廓/文本效果"下拉按钮，如图 2-112 所示。

图 2-112　"艺术字样式"组

第 2 章　Word 文字处理

2.4.3 绘制形状

微课视频
绘制图形

Word 2010 提供了绘制图形的功能，可以在文档中绘制各种线条、基本图形、箭头、流程图、星、旗帜、标注等。对绘制出来的图形还可以设置线型、线条颜色、文字颜色、图形或文本的填充效果、阴影效果、三维效果、线条端点风格。也可以合并多个形状以生成一个绘图或一个更为复杂的形状。

1. 选择形状、绘制形状、编辑形状

① 选择形状：单击"插入"选项卡→"插图"组→"形状"按钮，选择一种图形，如图 2-113 所示。

② 绘制形状：当鼠标指针变成"十"形状后，在页面中按住鼠标左键并拖动，即可绘制出需要的形状，如图 2-114 所示。

图 2-113　选择图形

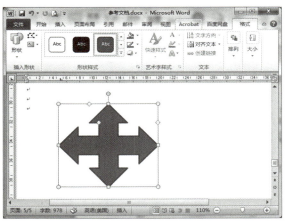

图 2-114　图形创建完成

③ 编辑形状：选中形状，单击"绘图工具 – 格式"选项卡→"形状样式"组→"形状填充 / 形状轮廓 / 形状效果"下拉按钮，按钮如图 2-115 编辑形状所示。

2. 添加文字

用户可以为封闭的形状添加文字，并设置文字格式。

右击相应的形状，选择"添加文字"命令（见图 2-116），该形状中出现光标，可以输入文本，输入后可以对文本格式和文本效果进行设置，如图 2-117 所示。

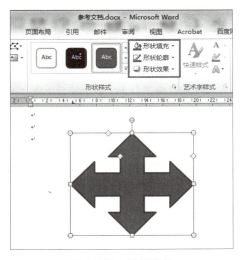

图 2-115　编辑形状

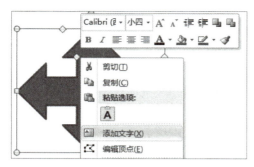
图 2-116 右键选择"添加文字"

图 2-117 添加文字后的效果

3. 图形的层次关系

在已绘制的图形上再绘制图形,则产生重叠效果,一般先绘制的图形在下面,后绘制的图形在上面。要更改叠放次序,需要先选中要改变叠放次序的对象,选择"绘图工具–格式"选项卡,单击"排列"组的"上移一层"按钮和"下移一层"按钮选择本形状的叠放位置,如图 2-118 所示;或在快捷菜单中选择"上移一层"和"下移一层"命令,如图 2-119 所示。

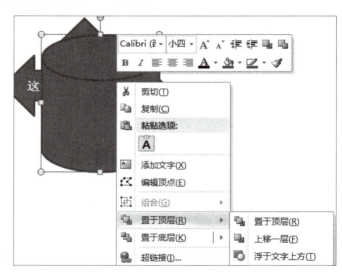

图 2-118 "排列"组　　　　图 2-119 右键快捷菜单

层次关系更改前、更改后如图 2-120 所示。

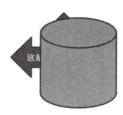
(a) 层次关系更改前

(b) 层次关系更改后

图 2-120 层次关系更改前后

第 2 章 Word 文字处理

4. 形状的组合与分解

① 形状的组合：将多个形状进行组合，就可以将组合到一起的形状对象作为一个整体进行移动、旋转等操作，也可以同时设置组合中所有形状的属性。组合形状的具体操作步骤如下：

- 单击选中需要组合形状中的一个形状，按【Ctrl】键，使用鼠标逐个单击选中需要组合的形状。
- 右击，在弹出的快捷菜单中选择"组合"→"组合"命令。多个单独的形状组合成一个整体，组合前如图 2-121 所示，组合后的效果如图 2-122 所示。

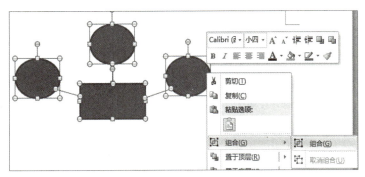

图 2-121　组合前　　　　　　　　　　　　图 2-122　组合后

② 形状的分解：分解时选中需要分解的组合对象后，单击"格式"选项卡→"排列"组中"组合"下拉按钮，在弹出的下拉列表中选择"取消组合"命令，如图 2-123 所示，或在右键快捷菜单中选择"组合"→"取消组合"命令，如图 2-124 所示。

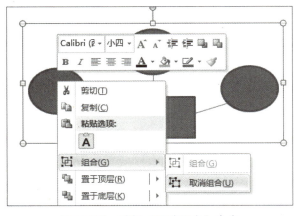

图 2-123　"组合"下拉列表　　　　　　图 2-124　选择"取消组合"命令

2.4.4　创建 SmartArt 图形

SmartArt 图形用来表明对象之间的从属关系、层次关系等。用户可以根据需要创建不同的图形。SmartArt 图形分为为七类：列表、流程、循环、层次结构、关系、矩阵和棱锥图。用户可以根据需要创建不同的图形。操作步骤如下：

① 单击"插入"选项卡→"插图"组→ SmartArt 按钮（见图 2-125），弹出"选择 SmartArt 图形"对话框，可以选择合适的 SmartArt 图形。

图 2-125　SmartArt 按钮

② 在左侧单击"层次结构"，在右侧选择其中一种组织结构图样式，如图 2-126 所示。

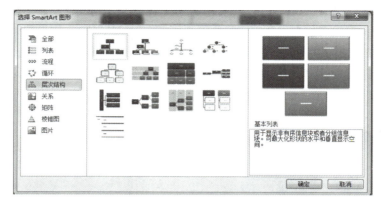

图 2-126 "选择 SmartArt 图形"对话框

③ 单击"确定"按钮，一个默认的结构图就插入到了文档中，如图 2-127 所示。

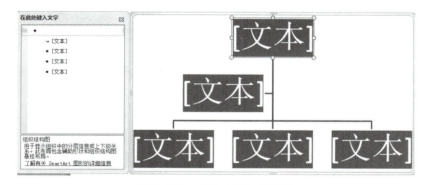

图 2-127 文档中插入结构图

④ 单击图形左侧边框内的文本，在该框中输入文字，也可以在图形中直接输入。左侧框和右侧图形内文字会同步，如图 2-128 所示。

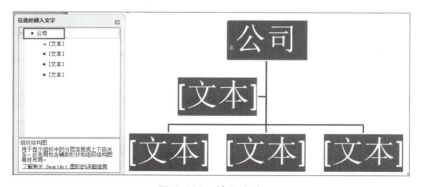

图 2-128 输入文字

⑤ 在左侧对话框内，将光标置于下方的文字输入框中，按【Backspace】键就是增加这个框的层级，如图 2-129 所示。

第 2 章　Word 文字处理

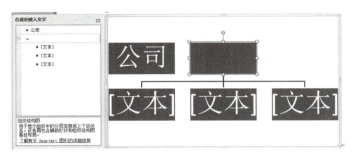

图 2-129　增加框的层级

⑥ 在左侧对话框内，按【Delete】键可删除后方的框，如图 2-130 所示。

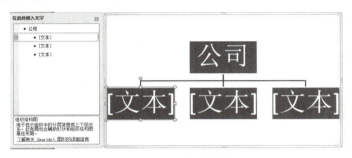

图 2-130　删除后方的框

⑦ 左侧对话框内，按【Enter】键可添加一个同级别的框，如图 2-131 所示。

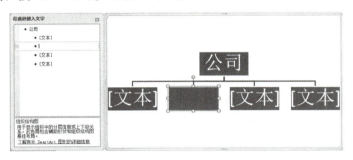

图 2-131　添加同级别的框

⑧ 这样，使用上述各个键盘键，就能更加高效地制作组织结构图，最终效果如图 2-132 所示。

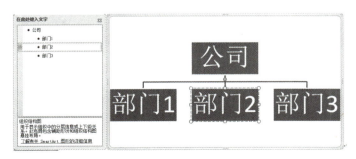

图 2-132　最终效果图

2.4.5 设置图形格式

微课视频
图片格式设置

1. 设置图片样式

选中图片,单击"图片工具－格式"选项卡→"图片样式"组中的样式进行设置,如图 2-133 所示。

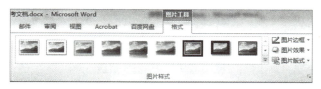

图 2-133 "图片工具－格式"选项卡

2. 设置亮度和对比度

单击"图片工具－格式"选项卡→"调整"组中的"更正"按钮,从弹出的下拉列表中可设置"亮度和对比度",如图 2-134 所示。设置不同亮度的对比效果如图 2-135 所示。

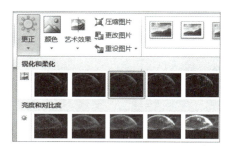

图 2-134 "更正"下拉列表

图 2-135 设置不同亮度和对比度的效果

3. 裁剪图片

选中图片,单击"图片工具－格式"选项卡→"大小"组→裁剪(自由裁剪/裁剪为形状/按纵横比裁剪)按钮,如图 2-136 所示,图片出现裁剪控制点,拖动裁剪控制点,可对图片进行裁剪,如图 2-137 所示。裁剪后的效果如图 2-138 所示。

 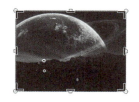 

图 2-136 "裁剪"选项卡　　图 2-137 图片的裁剪控制点　　图 2-138 裁剪后的效果

4. 旋转图片

方法一：选中图片，上方有一个绿色的旋转控制点，可以用来旋转图片。将光标移到旋转控制点上，此时鼠标变成 形状，如图 2-139 所示。按下鼠标左键，此时鼠标变成 形状，拖动即可旋转图片，如图 2-140 所示。

方法二：选中图片，单击"图片工具–格式"选项卡→"排列"组→"旋转"按钮，如图 2-141 所示。

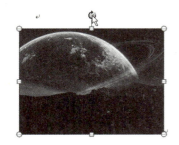 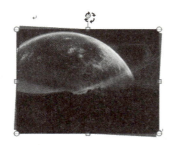 

图 2-139　将光标移动到控制点　　　图 2-140　旋转图形　　　图 2-141　"旋转"选项卡

5. 文字环绕

环绕是指图片与文本的关系，图片一共有 7 种文字环绕方式，分别为嵌入型、四周型、紧密型、穿越型、上下型、衬于文字下方和浮于文字上方。图片默认插入或粘贴到文档时是以嵌入型放置的。

提示：如果文档内只有文字或只有图像，谈文字环绕方式是没有多大意义的，只有图像和文字同时存在时文字环绕方式才显示出它的意义。

操作方法：

方法一：选中图片，单击"图片工具–格式"选项卡→"排列"组→"位置"按钮，选择"其他布局选项"命令，弹出"布局"对话框，选择"文字环绕"选项卡，如图 2-142 所示。

方法二：选中图片，右击，在弹出的快捷菜单中选择"自动换行"→"环绕方式"命令。

图 2-142　"布局"对话框

① 嵌入型（见图 2-143）主要有以下特点：
- 突出图片。
- 图片随文字的移动而移动。
- 图片的左、右方默认不可添加文字。
- 当一次插入多张图片时，图片之间不会发生重叠现象。如果是其他版式的图片。当一次插入多张图片时容易造成遮盖的现象。

图 2-143　嵌入型

② 四周型主要有以下特点：
- 图像移动位置比较容易。
- 文字可以环绕在图像的周围。
- 文字和图像之间的四周距离可以设置。

③ 紧密型主要有以下特点：
- 图像移动位置比较容易。
- 文字可以环绕在图像的周围。
- 文字和图像之间的左右距离可以设置。

提示：四周型和紧密型的主要区别。

当旋转图片时四周环绕型的四周会出现空白，如图 2-144 左侧的图所示；而紧密环绕型则不会出现空白如图 2-144 右侧的图所示。

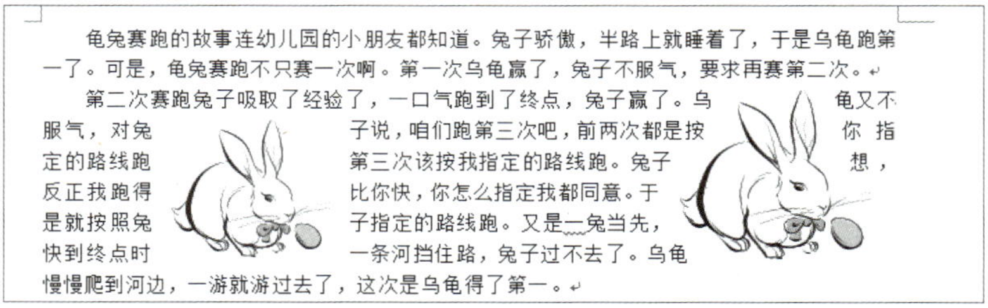

图 2-144　四周环绕型（左）和紧密环绕型（右）

④ 穿越型（见图 2-145 所示）主要有以下特点：
- 图像移动位置比较容易。
- 文字环绕在图像的四周。
- 该类型和紧密环绕型类似。

⑤ 上下型（见图 2-146）主要有以下特点：
- 图像移动位置比较容易。
- 文字默认不能出现在图像的左右两侧。
- 该类型和嵌入型类似。

⑥ 衬于文字下方（见图 2-147）主要有以下特点：
- 使图像作为文字的背景。
- 一旦把图片置于文字的下方，经常会出现的问题是：图片往往不容易被选中，此时可以用选择对象工具("开始"选项卡→"编辑"组中)点选图片。

图 2-145　穿越型

图 2-146　上下型

⑦ 浮于文字上方(见图 2-148)主要有以下特点：
- 图片可以放置在文字的上方,遮盖住文字。

图 2-147　衬于文字下方

图 2-148　浮于文字上方

6. 文本框

文本框是存储文本的图形框,文本框中的文本可以像页面文本一样进行各种编辑和格式设置操作,而同时对整个文本框又可以像图形、图片等对象一样在页面上进行移动、复制、缩放等操作。

(1)插入文本框

将光标定位到要插入文本框的位置,单击"插入"选项卡→"文本"组→"文本框"下拉按钮,如图 2-149 所示,在弹出的下拉列表中选择要插入的文本框样式,这里选择"绘制文本框"命令,如图 2-150 所示。在文本框中输入文本内容并编辑格式,如图 2-151 所示。

图 2-149　"文本"组

图 2-150　"文本框"下拉列表

图 2-151　绘制的文本框

(2)编辑文本框

① 调整文本框的大小：

方法一：当光标变为双向箭头时,按住鼠标左键直接拖动文本框控制点即可对大小进行粗略设置。

方法二：选中文本框,单击"绘图工具 – 格式"选项卡→"大小"组→形状→高度/宽度(精确设置数值)。

② 移动文本框的位置。当光标变为十字箭头形状时,直接拖动文本框即可对位置进行移动。

③ 设置文本框效果。选中文本框,单击"绘图工具 – 格式"选项卡→"形状样式"组→"形状填

充\形状轮廓\形状效果"按钮，如图 2-152 所示。

④ 设置文本框中文本的字体格式。选中文本框，通过"开始"选项卡→"字体"组，即可设置字体格式，如字体、字号、字形、颜色等。

图 2-152 "形状样式"组

 案例

对以下一篇短文进行"图文混排"，使版面更美观。（参见图 2-153）

厉以宁教授讲故事

2003 年 8 月，厉以宁教授应邀到东北老工业基地做实地调研，在长春、吉林、沈阳、阜新、锦州五市作了学术演讲。演讲时，他穿插通俗易懂的故事表达自己的经济学观点，受到广泛欢迎，掌声时起。本文选取其中几个，以飨读者。

龟兔赛跑——最终双赢

龟兔赛跑的故事连幼儿园的小朋友都知道。兔子骄傲，半路上就睡着了，于是乌龟跑第一了。可是，龟兔赛跑不只赛一次啊。第一次乌龟赢了，兔子不服气，要求再赛第二次。

第二次赛跑兔子吸取了经验了，一口气跑到了终点，兔子赢了。乌龟又不服气，对兔子说，咱们跑第三次吧，前两次都是按你指定的路线跑，第三次该按我指定的路线跑。兔子想，反正我跑得比你快，你怎么指定我都同意。于是就按照兔子指定的路线跑。又是一兔当先，快到终点时，一条河挡住路，兔子过不去了。乌龟慢慢爬到河边，一游就游过去了，这次是乌龟得了第一。

当龟兔商量再赛一次的时候，突然改变了主意，何必这么竞争呢，咱们合作吧！陆地上兔子驮着乌龟跑，很快跑到河边；到了河里，乌龟驮着兔子游，结果是双赢的结局。

这个故事说明什么呢？今天我们发展经济，搞企业，不一定什么事情都非要我吃掉你，你吃掉我。企业兼并、企业重组都是双赢。商场上，今天是你的竞争对手，说不定同时或者今后会是你的合作伙伴。商场上不一定要把问题搞得那么僵，各自后退一步，也许就海阔天空，跟战场一样，不战而胜为上。商场上不要什么弦都绷得太紧，人要留有余地，要站得高，看得远。在很多情况下，你说是"让利"，实际不是，而是共同取得更大的利益，是双赢。

要求：

① 利用图文混排制作如参考样稿所示，也可自行设计。

② 使用艺术字、图片、文本框、剪贴画等功能。

参考样稿如图 2-153 所示。

操作步骤：

① 打开素材库内 W2.docx 文档。

② 设置标题：选中标题"厉以宁教授讲故事"，在"插入"选项卡→"文本"'组→"艺术字"下拉列表中选中一种艺术字。选中艺术字标题，单击"绘图工具 – 格式"选项卡→"艺术字样式"组→在"文本填充"下拉列表中可以为艺术字标题设置填充颜色，可以为纯色，也可以设置渐变等。在"文本轮廓"下拉列表中设置艺术字的轮廓；在"文本效果"下拉列表中可以设置艺术字的效果。

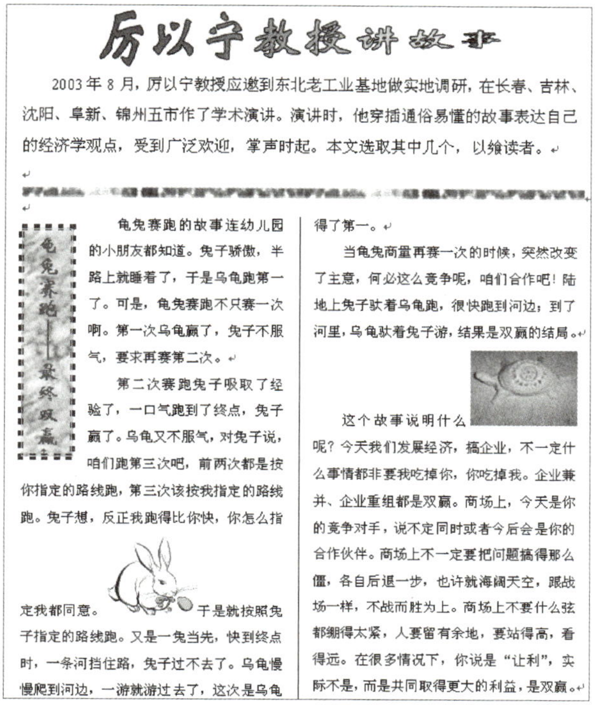

第 2 章　Word 文字处理

图 2-153　参考样稿

③ 设置正文：选中第一段文字，选择合适的字体大小、字体、行间距（设置 20 磅左右）。

④ 在第一段文字后按【Enter】键，在"插入"选项卡→"剪贴画"按钮，在右侧剪贴画对话框的搜索文本框中输入"水平线"，单击"搜索"按钮，在下面出现的"水平线"剪贴画中选择一个（见图 2-154），水平线插入第一段文字后，如图 2-155 所示。

图 2-154　"剪贴画"窗格　　　　　　　　　图 2-155　插入水平线

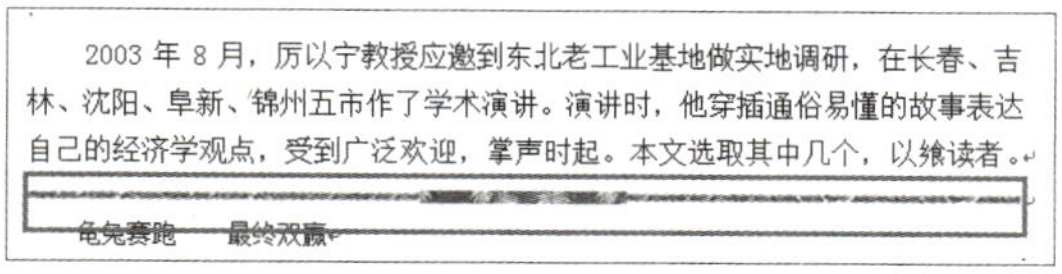

⑤ 选中"龟兔赛跑的故事连幼儿园的小朋友都知道。"开始至文章末尾处。设置与第一段同样的字体、字体大小、行间距（可用格式刷）。选择"页面布局"选项卡→"页面设置"组→"分栏"→"更

信息技术

多分栏"命令,弹出"分栏"对话框,选择"两栏",选中"分隔线"复选框,单击"确定"按钮,如图 2-156 所示。

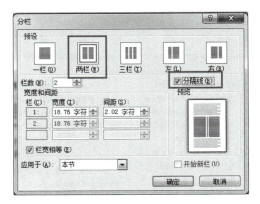

图 2-156 "分栏"对话框

⑥ 选中"龟兔赛跑——最终双赢",设置合适的字体、行间距等,选择"插入"选项卡→"文本"组→"文本框"命令,绘制竖排文本框。选中文本框,选择"绘图工具 – 格式"选项卡→"形状样式"组→"形状轮廓"(见图 2-157)→"粗细"(见图 2-158)设置文本框外框,利用线型来设置文本框的边框,利用颜色设置文本框外框的颜色。单击"形状样式"→"形状填充"下拉按钮,选择图案进行填充。

⑦ 在分栏的任意的两个地方插入剪贴画,搜索文字内输入"动物",选中两种剪贴画,缩小或放大至合适尺寸。单击"绘图工具 – 格式"选项卡→"排列"组→"自动换行"下拉按钮,选择"上下型环绕"命令,如图 2-159 所示,第二张剪贴画选择文字环绕为"四周型"。

图 2-157 形状轮廓按钮

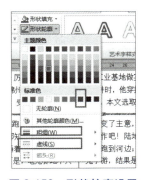

图 2-158 形状轮廓设置

图 2-159 文字环绕设置

拓展练习

1.【2011 年 11 月软考真题】在 Word 文档中,将其中某段的行距设置为固定值 6 磅,设置完成后在该段落中插入一幅高度大于行距的图片,则(   )。

    A. 系统显示出错信息,图片不能插入

    B. 系统会自动调整行距,图片能插入

    C. 图片能插入,但无法完全显示插入的图片

第 2 章　Word 文字处理

D. 图片插入后自动浮于文字上方

答案：C

2.【2013 年 6 月软考真题】在 Word 中，为使插入的图片具有水印效果，应选择（　　）环绕方式。

A. 嵌入型　　　　B. 四周型　　　　C. 浮于文字上方　　D. 衬于文字下方

答案：D

3.【2013 年 6 月软考真题】利用 Word 的绘图工具绘制了多个图形后，可使用（　　）命令把这些图形统一成一个整体。

A. 组合　　　　B. 打包　　　　C. 改变叠放次序　　D. 设置图形格式

答案：A

4.【2013 年 11 月软考真题】在 Word 中，下列关于插入图片的叙述，不正确的是（　　）。

A. 可以设置插入图片的环绕方式

B. 可以设置插入图片的高度和宽度

C. 可以设置插入图片的对比度和亮度

D. 可以设置插入图片的线条和线型

答案：D

5.【2015 年 11 月软考真题】下列关于 Word 绘图功能的叙述中，不正确的是（　　）。

A. 可以在绘制的矩形框内添加文字

B. 多个图形重叠时，可以设置它们的叠放次序

C. 可以给自己绘制的图形设置立体效果

D. 多个图形组合合成一个图形后就不能再分解了

答案：D

6.【2018 年 5 月软考真题】在 Word 的绘图工具栏上选定矩形工具具,按住(　　)按钮可绘制正方形。

A. Tab　　　　B. Del　　　　C. Shift　　　　D. Enter

答案：C

7.【2019 年 6 月软考真题】以下关于 Word 2010 图形和图片的叙述中，不正确的是(　　)。

A. 剪贴画属于一种图形　　　　B. 图片一般来自一个文件

C. 图形是用户用绘图工具绘制而成的　　D. 图片可以源自扫描仪和手机

答案：A

8.【2015 年 11 月软考真题】在编辑 Word 文档时,若多次使用剪贴板移动文本内容,当操作结束时,剪切板中的内容为(　　)。

A. 空白　　　　　　　　　　B. 第一次移动的文本内容

C. 最后一次移动的文本内容　　D. 所有被移动的文本内容

答案：C

2.5 Word 综合应用

本节内容结构如图 2-160 所示。

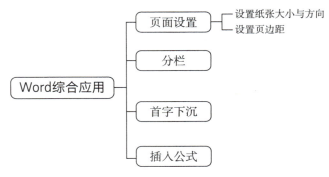

图 2-160　2.5 节内容结构

2.5.1 页面设置

1. 设置纸张大小与方向

（1）设置纸张大小

一般分为 A4/B3/B5 等规格，除了这些特定的纸张规格外，在 Word 2010 中，用户也可以根据实际需要来自定义纸张大小，让文档页面更符合要求。

单击"页面布局"选项卡→"页面设置"组→"纸张大小"下拉按钮（见图 2-161）选择"其他页面大小"命令，打开"页面设置"对话框，在"纸张"选项卡中进行设置，如图 2-162 所示。

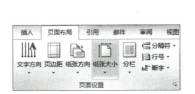

图 2-161　"纸张大小"按钮　　　　图 2-162　"页面设置"对话框

（2）设置纸张方向

Word 2010 中的纸张方向分为横向和纵向两种，在输出 Word 文档时，默认的纸张方向为纵向。

第 2 章　Word 文字处理

操作步骤：单击"页面布局"选项卡→"页面设置"组→"纸张方向"按钮，如图 2-163 所示。

2. 设置页边距

页边距就是页面内容与页面边缘的距离，适当地调整页边距能让文档内容在页面上更好地显示。

操作步骤：单击"页面布局"选项卡→"页面设置"组→"页边距"按钮（见图 2-164），选择"自定义边距"命令（见图 2-165），打开"页面设置"对话框，选择"页边距"选项卡进行设置，如图 2-166 所示。

图 2-163　设置纸张方向

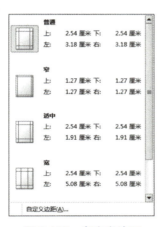

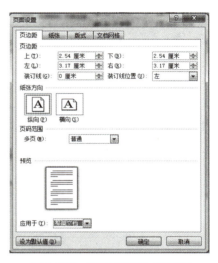

图 2-164　页边距按钮　　图 2-165　自定义边距　　图 2-166　"页面设置"对话框

2.5.2　分栏

分栏是指将页面在横向上分为多个栏，文档内容在其中逐栏排列。这种修饰效果广泛应用于各种报纸和杂志。Word 中可以将文档在页面上分为多栏排列，并可以设置每一栏的栏宽以及相邻栏的栏间距。

操作步骤：选中要分栏的文本→"页面布局"选项卡→"页面设置"组→"分栏"按钮（见图 2-167），选择"更多分栏"命令，弹出"分栏"对话框，如图 2-168 所示。选择"两栏"，单击"确定"按钮，效果如图 2-169 所示。

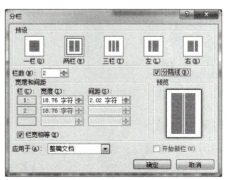

图 2-167　"分栏"按钮　　　　　　图 2-168　"分栏"对话框

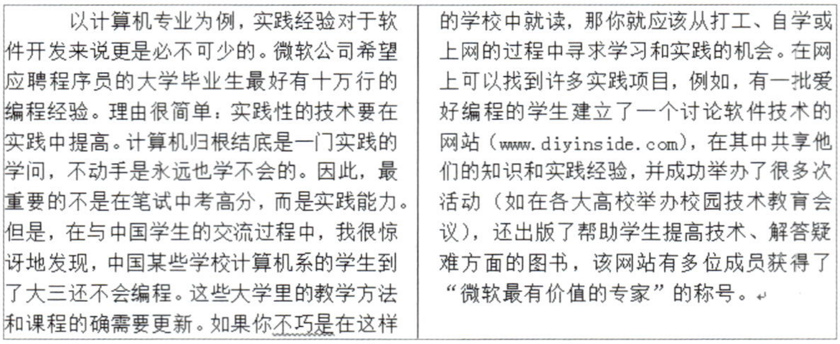

信 息 技 术

以计算机专业为例，实践经验对于软件开发来说更是必不可少的。微软公司希望应聘程序员的大学毕业生最好有十万行的编程经验。理由很简单：实践性的技术要在实践中提高。计算机归根结底是一门实践的学问，不动手是永远也学不会的。因此，最重要的不是在笔试中考高分，而是实践能力。但是，在与中国学生的交流过程中，我很惊讶地发现，中国某些学校计算机系的学生到了大三还不会编程。这些大学里的教学方法和课程的确需要更新。如果你不巧是在这样的学校中就读，那你就应该从打工、自学或上网的过程中寻求学习和实践的机会。在网上可以找到许多实践项目，例如，有一批爱好编程的学生建立了一个讨论软件技术的网站（www.diyinside.com），在其中共享他们的知识和实践经验，并成功举办了很多次活动（如在各大高校举办校园技术教育会议），还出版了帮助学生提高技术、解答疑难方面的图书，该网站有多位成员获得了"微软最有价值的专家"的称号。

图 2-169　分栏后的效果

2.5.3　首字下沉

首字下沉格式一般位于每段第一行的第一个字，是一种特殊的修饰效果，常用于报纸和杂志。

操作步骤如下：

① 将光标定位到第一个字符处，单击"插入"选项卡→"文本"组→"首字下沉"按钮（见图 2-170），根据实际要求选择"下沉"或"悬挂"，如图 2-171 所示。

图 2-170　"首字下沉"按钮

图 2-171　"首字下沉"下拉列表

② 如果对下沉和悬挂有具体要求，可选择"首字下沉选项"命令，弹出"首字下沉"对话框，设置下沉的行数，如图 2-172 所示，效果如图 2-173 所示。

图 2-172　"首字下沉"对话框

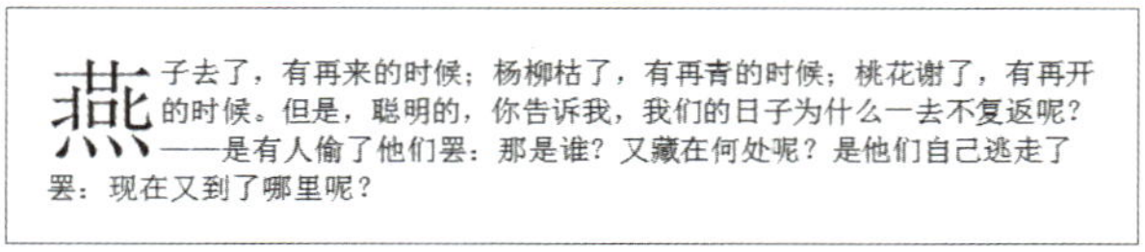

图 2-173　首字下沉效果图

2.5.4　插入公式

Word 2010 包括编写和编辑公式的内置支持，可以方便地输入复杂的数学公式、化学方程式等。单击"插入"选项卡→"符号"组→"公式"按钮（见图 2-174），选择傅里叶级数公式（见图 2-175），效果如图 2-176 所示。

第 2 章　Word 文字处理

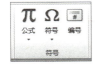

图 2-174　"符号"组

图　2-175

$$f(x)=a_0+\sum_{n=1}^{\infty}(a_n\cos\frac{n\pi x}{L}+b_n\sin\frac{n\pi x}{L})$$

图 2-176　插入公式效果图

拓展练习

1.【2011 年 11 月软考真题】在 Word 文档中，对某段进行"首字下沉"操作后，再全部选中该段进行分栏操作，此时分栏命令无效，原因是（　　）。

　　A. 首字下沉与分栏操作不能同时使用

　　B. 分栏只能对文字操作，不能用于图形，首字下沉后的文字具有图形效果

　　C. 计算机中存在病毒，破坏了 Word 的部分功能

　　D. Word 软件损坏，分栏功能丢失

答案：B

2.【2012 年 11 月软考真题】下列关于 Word 分栏的叙述中，正确的是（　　）。

　　A. 各栏的宽度必须相等　　　　　　　　B. 各栏的间距是固定不变的

　　C. 分栏操作只能应用于整篇文档　　　　D. 分栏可预设为偏左或偏右

答案：D

3.【2014 年 6 月软考真题】下列关于 Word 分栏设置的叙述中，不正确的是（　　）。

　　A. 文档中不能单独对某段文字进行分栏设置

　　B. 用户可以根据板式需求设置不同的栏宽

　　C. 设置栏宽时，间距值会自动随栏宽值的变动而改变

　　D. 分栏下的偏左命令可将文档竖排划分，且左侧的内容比右侧的少

答案：A

信息技术

4. 【2018年5月软考真题】以下关于Word"首字下沉"命令的叙述中,正确的是( )。
   A. 只能悬挂下沉　　　　　　　　B. 可以下沉三行字的位置
   C. 只能下沉三行　　　　　　　　D. 只能下沉一行
   答案:B

5. 【2017年11月软考真题】下列关于Word分栏功能的描述中正确的是( )。
   A. 最多可以设6栏　　　　　　　　B. 各栏的宽度可以不同
   C. 各栏之间的宽度可以不同　　　　D. 各栏之间的间距是固定不变的
   答案:C

6. 练一练

匆　　匆

作者:朱自清

　　燕子去了,有再来的时候;杨柳枯了,有再青的时候;桃花谢了,有再开的时候。但是,聪明的,你告诉我,我们的日子为什么一去不复返呢?——是有人偷了他们罢:那是谁?又藏在何处呢?是他们自己逃走了罢:现在又到了哪里呢?

　　我不知道他们给了我多少日子;但我的手确乎是渐渐空虚了。在默默里算着,八千多日子已经从我手中溜去;像针尖上一滴水滴在大海里,我的日子滴在时间的流里,没有声音,也没有影子。我不禁头涔涔而泪潸潸了。

　　去的尽管去了,来的尽管来着;去来的中间,又怎样地匆匆呢?早上我起来的时候,小屋里射进两三方斜斜的太阳。太阳他有脚啊,轻轻悄悄地挪移了;我也茫茫然跟着旋转。于是——洗手的时候,日子从水盆里过去;吃饭的时候,日子从饭碗里过去;默默时,便从凝然的双眼前过去。我觉察他去的匆匆了,伸出手遮挽时,他又从遮挽着的手边过去,天黑时,我躺在床上,他便伶伶俐俐地从我身上跨过,从我脚边飞去了。等我睁开眼和太阳再见,这算又溜走了一日。我掩着面叹息。但是新来的日子的影儿又开始在叹息里闪过了。

　　在逃去如飞的日子里,在千门万户的世界里的我能做些什么呢?只有徘徊罢了,只有匆匆罢了;在八千多日的匆匆里,除徘徊外,又剩些什么呢?过去的日子如轻烟,被微风吹散了,如薄雾,被初阳蒸融了;我留着些什么痕迹呢?我何曾留着像游丝样的痕迹呢?我赤裸裸来到这世界,转眼间也将赤裸裸的回去罢?但不能平的,为什么偏要白白走这一遭啊?

　　你聪明的,告诉我,我们的日子为什么一去不复返呢?

要求:
① 将文章《匆匆》设置成如图2-177所示的效果图。
② 使用水平线、页面边框、首字下沉、段落边框、分栏、着重号等功能。

第 2 章　Word 文字处理

图 2-177　效果图

2.6　Word 邮件合并应用

1. 邮件合并

"邮件合并"通常用于某上级单位向下级单位发送会议通知或者是公司向客户发送邀请信，学校给学生发录取通知书等。这种信函往往要求有不同的抬头，但是具有相同的正文。因此，"邮件合并"包含两部分内容：一部分为可变动内容，如信函中的抬头部分；另一部分为对所有信件都相同的内容，如信函中的正文。那么，要做邮件合并就要先建立两个文档：一个是主文档，用来存放对所有文件都相同的内容；另一个是数据源文档，用来存放信函中的变动文本内容；最后将两个文档合并生成信函。

微课视频

邮件合并

2. 数据源

顾名思义，数据源就是数据的来源，而在邮件合并中数据源就是可以发生变动的那部分数据，通常存放在以表格形式呈现的规范文件（如 Excel、Access）中。

3. 文字处理域

所谓域，其实是一种代码，可以用来控制许多在文字处理软件中插入的信息，实现自动化功能。域贯穿于文字处理软件的许多有用功能之中，例如插入日期和时间、插入索引和目录、表格计算、邮

信息技术

件合并、对象链接和嵌入等功能在本质上都使用到了域，只不过平时都以选项卡、对话框的形式来实现这些功能，呈现的也只是由域代码运算产生的域结果。域的最大优点是可以根据文档的改动或其他有关因素的变化而自动更新。例如，生成目录后，目录中的页码会随着页面的增减而产生变化，此时可以通过更新域来自动修改页码。因此，使用域不仅可以方便地完成许多工作，更重要的是能够保证得到正确的结果。

"录取通知书"

在实际工作中，学校经常会批量制作成绩单、准考证、录取通知书；而企业也经常给众多客户发送会议信函、贺年卡。这些工作都具有工作量大、重复率高等特点，既容易出错又枯燥乏味。利用文字处理软件提供的邮件合并功能就可以巧妙、轻松、快速地解决这些问题。像录取通知书这样的信件，仅更换学生的姓名和专业即可，而不需要每封都写文档。因此，可用一份文档作信件底稿，姓名和专业用变量自动更换，实现一式多份地制作，先制作好录取通知书底稿，运用邮件合并将各个专业的学生数据合并到录取通知书中，生成每个人单独一张的成绩单。

操作步骤如下。

① 创建主文档，制作信函。首先在 Word 2010 中创建一篇空文档，录入如图 2-178 所示的录取通知书格式，并保存该文档，命名为"录取通知书模板"；然后，单击"邮件"选项卡→"开始邮件合并"组→"开始邮件合并"按钮，选择"信函"命令。

图 2-178　邮件合并的主文档以及建立信函的过程

② 创建数据源，建立包括姓名和专业的表格。单击"邮件"选项卡→"开始邮件合并"组→"选择收件人"按钮，选择"键入新列表"命令，弹出"新建地址列表"对话框，如图 2-179 所示。如果默认给定的地址列表不合适，可以单击对话框中的"自定义列"按钮，在弹出的第二个"自定义地址列表"对话框（见图 2-180）删除原来不合适的字段名，并添加新的域名。确定之后，原来的"新建地址列表"对话框中的字段名就会改为适合的字段名，并在此处输入条目，如图 2-181 所示。如果要输入多个条目，只需要单击"新建条目"按钮即可。所有数据输入完成后，单击"确定"按钮，在第三个对话框中给数据源命名并保存。

第 2 章　Word 文字处理

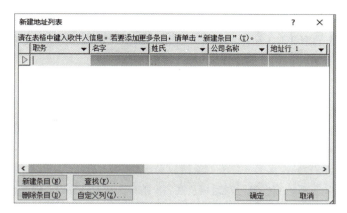

图 2-179　新建地址列表

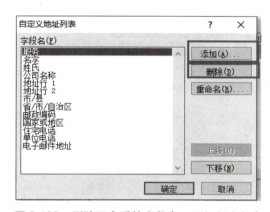

图 2-180　删除不合适的字段名，添加新字段名

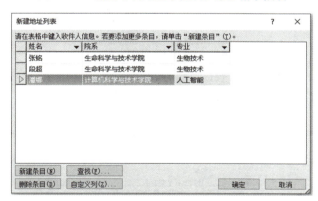

图 2-181　输入条目

③ 建立主文档与数据源的关联，在主文档中插入合并域。激活"编辑收件人列表"按钮，即可编辑收件人列表。在主文档中插入合并域的操作：首先将光标定位在主文档需要进行合并域的位置（如姓名要插入的位置），单击"插入合并域"按钮下的"姓名"域选项，如图 2-182 所示将光标定位在需要插入姓名的位置，然后用同样方法完成"院系"及"专业"域的插入。

④ 合并主文档与数据源生，成录取通知书，合并域插入完成后，可以先预览一下合并后的效果，

信 息 技 术

单击"邮件"选项卡→"预览结果"组→"预览结果"按钮即可。如果需要合并后输出,则单击"合并到新文档"按钮,在弹出的如图 2-183 所示的合并对话框中按需求选取,即可生成多人的录取通知书信函。

 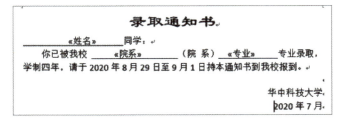

图 2-182 "插入合并域"对话框及姓名、院系、专业已完成"插入合并域"

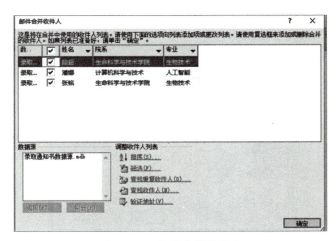

图 2-183 邮件合并收件人

若要给某校的每位新生创建一份录取通知书,样文如图 2-184 所示。

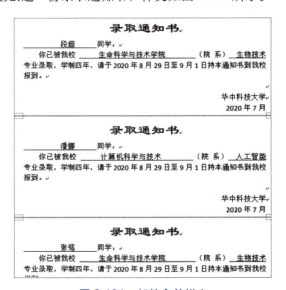

图 2-184 邮件合并样文

第 2 章　Word 文字处理

2.7　Word 高级应用

本节内容结构如图 2-185 所示。

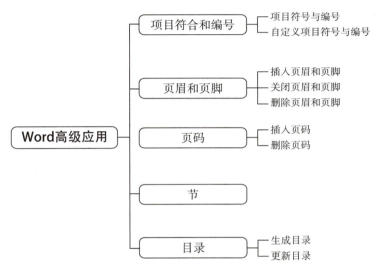

图 2-185　2.7 节内容结构

2.7.1　项目符号和编号

在段落前面添加项目符号和编号，不仅可以使内容更加醒目，而且还使文章更有条理性。

1. 项目符号与编号

项目符号列表用于强调某些特别重要的观点和条目；编号列表用于逐步展开一个文档的内容，常用于书的目录或文档索引上。

操作步骤：选定文本，单击"开始"选项卡→"段落"组→"项目符号"和"编号"按钮，如图 2-186 所示。添加了项目符号的效果如图 2-187 所示。

图 2-186　"项目符号"和"编号"按钮　　　图 2-187　"项目符号"效果图

2. 自定义项目符号和编号

操作步骤：单击"项目符号"下拉按钮，选择"定义新项目符号"命令（见图 2-188）弹出"定义新项目符号"对话框，单击"符号"按钮，弹出"符号"对话框，选择需要的符号，如图 2-189 所示。

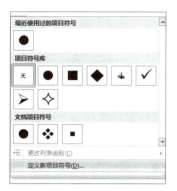

图 2-188 "定义新项目符号"命令

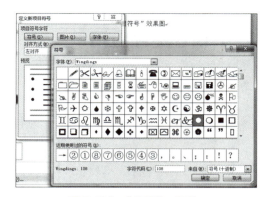

图 2-189 "符号"对话框

2.7.2 页眉和页脚

1. 插入页眉与页脚

页眉和页脚是指文档中每个页面顶部和底部的区域，在这两个区域内添加的文本或图形内容将显示在文档的每一个页面中，可以避免重复操作。

插入页眉操作步骤：单击"插入"选项卡→"页眉和页脚"组→"页眉"按钮（见图 2-190），选择合适的页眉样式，如图 2-191 所示。在页面的编辑区域内输入内容，如图 2-192 所示。

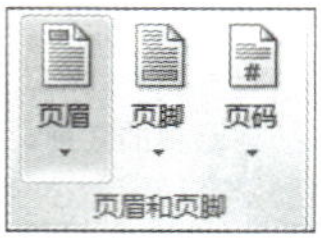

图 2-190 "页眉"按钮

图 2-191 页眉样式

图 2-192 页眉效果图

插入页脚操作步骤：单击"页眉和页脚工具 - 设计"选项卡→"导航"组→"转至页脚"按钮，如图 2-193 所示。然后根据需要设置即可。

2. 关闭"页眉和页脚"

单击"页眉和页脚工具 - 设计"选项卡→"关闭"组→"关闭页眉和页脚"按钮,即可关闭页眉和页脚,如图 2-194 所示。

图 2-193　切换为页脚

图 2-194　"关闭页眉页脚"按钮

3. 删除页眉和页脚

操作步骤:

① 将光标定位到文档中任何位置,单击"插入"选项卡→"页眉和页脚"组→"页眉"或"页脚"按钮。

② 在弹出的下拉列表中选择"删除页眉"或"删除页脚"命令,页眉或页脚即被从整个文档中删除。

2.7.3　页码

1. 插入页码

操作步骤:单击"插入"选项卡→"页眉和页脚"组→"页码"按钮,如图 2-195 所示。选择合适的页码位置,如图 2-196 所示。

图 2-195　"页码"按钮

图 2-196　"页码"下拉列表

2. 删除页码

操作步骤:单击"插入"选项卡→"页眉和页脚"组→"页码"按钮,在弹出的下拉列表中选择"删除页码"命令,即可将文档中的页码删除。

提示:如果文档首页页码不同,或者奇偶页的页眉或页脚不同,或者有未链接的节,就必须从每个不同的页眉或页脚中删除页码,这样才能够将整个文档的页码全部删除。

2.7.4　节

所谓"节"就是用来划分文档的一种方式。之所以引入"节"的概念,是为了实现在同一文档中设置不同的页面格式,例如不同的页眉和页脚、不同的页码、不同的页边距、不同的页面边框、不同的分栏等。建立新文档时,文字处理软件将整篇文档视为节,此时整篇文档只能采用统一的页面格式。因此,为了在同一文档中设置不同的页面格式,就必须将文档划分为若干节。节可大可小,可以是一页,也可以是整篇文档。

插入分页符后整个 Word 文档还是一个统一的整体，只是在一页内容没书写满时将光标跳至下一页；而插入分节符就相当于把一个 Word 文档分成了几个部分，每个部分可以单独地编排页码、设置页边距、设置页眉页脚、选择纸张大小与方向等。但它们都可以在视觉效果上达到跳跃至下一页的目的。

操作步骤：单击"页面布局"选项卡→"页面设置"组→"分隔符"按钮，选择"分节符"中的选项，如图 2-197 所示。

2.7.5 目录

在编排图书或手册类型的文档后，需要提取出文档的目录。目录是书籍正文前所载的目次，按照一定的次序编排而成，用来指导读者阅读图书。

1. 生成文档目录

生成文档目录的具体操作步骤如下：

① 打开需要生成目录的 Word 文档，将光标定位到文档的目录页，单击"引用"选项卡→"目录"组→"目录"按钮，在弹出的下拉列表中选择"插入目录"命令，如图 2-198 所示。

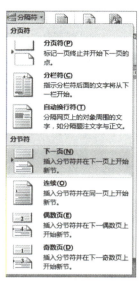

图 2-197 插入"分节符"

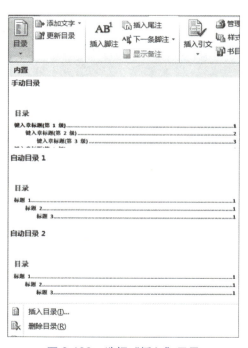

图 2-198 选择"插入"目录

② 在弹出的"目录"对话框的"显示级别"栏中设置提取的目录显示到几级标题（这里选择显示到 3 级标题），如图 2-199 所示。

③ 单击"确定"按钮，即可在光标所在位置插入文档的目录，如图 2-200 所示。

第 2 章　Word 文字处理

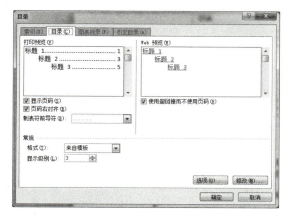

图 2-199 "目录"对话框　　　　　　　图 2-200 目录效果图

2. 更新目录

用户在生成了文档目录后，如果又对文档内容和标题进行了修改，这时大部分用户都会重新生成修改后的目录。

通过 Word 2010 提供的更新功能，即可对目录进行同步更新。操作步骤如下：

① 将光标定位到提取的目录中，单击"引用"选项卡→"目录"组→"更新目录"按钮，弹出"更新目录"对话框，选中"更新整个目录"单选按钮，如图 2-201 所示。

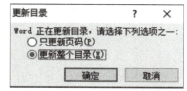

图 2-201 更新页码

② 单击"确定"按钮，即可按照修改内容后的文档将目录更新。

 **拓展练习**

1. 【2010 年 6 月软考真题】在 Word 中，下列关于"节"的叙述，正确的是（　　）。

   A. 一节可以包含一页或多页

   B. 一节之间不可以分节

   C. 节是章的下一级标题

   D. 一节就是一个新的段落

   答案：A

2. 【2011 年 11 月软考真题】在 Word 中，页眉或页脚插入的日期在文档打印时（　　）。

   A. 随实际系统日期改变

   B. 固定不变

   C. 根据用户设置而变化

   D. 操作一次就会随机变化一次

   答案：A

信 息 技 术

3. 【2012年6月软考真题】下列关于Word中节的叙述，不正确的是（　　）。
   A. 默认整篇文档为一个节
   B. 可以对一篇文档设置多个节
   C. 可以对不同的节设定不同的页码
   D. 删除某一节的页码，不会影响其他节的页码设置
   答案：D

4. 【2012年6月软考真题】下列关于Word页眉和页脚设置的叙述中，不正确的是（　　）。
   A. 允许文档的第一页设置不同的页眉和页脚
   B. 允许文档的每个节设置不同的页眉和页脚
   C. 允许偶数页和奇数页设置不同的页眉和页脚
   D. 不允许页眉和页脚的内容超出页边距范围
   答案：D

5. 【2012年11月软考真题】下列关于Word页眉和页脚的叙述中，不正确的是（　　）。
   A. 文档内容和页眉、页脚可以同时处于编辑状态
   B. 文档内容可以和页眉、页脚一起打印
   C. 编辑页眉和页脚时不能编辑文档内容
   D. 页眉和页脚中可以插入剪贴画
   答案：A

6. 【2015年6月软考真题】下列关于Word"项目符号"的叙述中，不正确的是（　　）。
   A. 项目符号可以改变
   B. 项目符号可在文本内任意位置设置
   C. 项目符号可增强文档的可读性
   D. "●""→"等都可以作为项目符号
   答案：B

7. 【2017年6月软考真题】在Word中，针对页眉和页脚上的文字（　　）。
   A. 不可以设置字体、字号、颜色
   B. 可以对字体、字号、颜色进行设置
   C. 仅可设置字体，不能设置字号和颜色
   D. 不能设置段落格式，如行间距、段落对齐方式
   答案：B

8. 【2017年11月软考真题】下列关于页眉和页脚的叙述中，不正确的是（　　）。
   A. 默认情况下，页眉和页脚适用于整个文档
   B. 奇数页和偶数页可以有不同的页眉和页脚
   C. 在页眉和页脚中可以设置页码
   D. 首页不能设置页眉和页脚
   答案：D

第 2 章　Word 文字处理

小结

本章主要介绍了 Word 2010 的基本操作、编辑文档、格式化文档、表格制作、图文混排的应用、插入和删除页码、页眉、页脚、制作目录、页面设置与打印等知识。通过本章的学习，可熟练使用 Word 2010 进行简单的文档编辑工作。

习题

1. 【2010 年 6 月软考真题】在 Word 2010 中，如果已有页眉，在页眉中修改内容，只需双击（　　）。
   A. 工具栏　　　　B. 菜单栏　　　　C. 文本区　　　　D. 页眉区
   答案：D

2. 【2010 年 6 月软考真题】在 Word 2010 中，用【Backspace】键可以（　　）。
   A. 删除光标后的一个字符　　　　B. 删除光标前的一个字符
   C. 删除光标所在的整个段落内容　　　　D. 删除整个文档的内容
   答案：B

3. 【2010 年 6 月软考真题】在用 Word 2010 进行文档处理时，如果误删了一部分内容，则（　　）。
   A. 所删除的内容不能恢复
   B. 可以用"查找"命令进行恢复
   C. 可以用撤销命令，撤销前一次的操作
   D. 保存后关闭文档，所删除的内容会自动恢复
   答案：C

4. 【2010 年 6 月软考真题】在 Word 2010 中，下列关于"节"的叙述，正确的是（　　）。
   A. 一节可以包含一页或多页　　　　B. 一节之间不可以分节
   C. 节是章的下一级标题　　　　D. 一节就是一个新的段落
   答案：A

5. 【2010 年 6 月软考真题】在 Word 2010 的编辑状态下，先后新建了两个文档，但并没有对这两个文档做"保存"或"另存为"操作，则（　　）。
   A. 两个文档名都不出现在下方的状态栏中
   B. 两个文档名都出现在下方的状态栏中
   C. 只有第一个文档名出现在下方的状态栏中
   D. 只有第二个文档名出现在下方的状态栏中
   答案：B

6. 【2010 年 6 月软考真题】打开 123.doc 文档，编辑并执行了撤销、保存命令，再进行"保存"操作后，则（　　）。

A. 撤销命令无效，恢复命令无效 B. 撤销命令有效，恢复命令无效
C. 撤销命令无效，恢复命令有效 D. 撤销命令有效，恢复命令有效
答案：D

7.【2010年11月软考真题】在 Word 2010 中，为将文档中某个词语设置为其他颜色，下列操作正确的是（　　）。

A. 把插入点置于该词语的首字符前，然后选择颜色

B. 选中该词语后再选择颜色

C. 选择颜色后再选中该词语

D. 选择所要的颜色，然后单击该词语一次

答案：B

8.【2010年11月软考真题】用户为将修改的文档以不同文件名存储，可用（　　）命令。

A. 另存为　　　B. 保存　　　C. 导出　　　D. 导入

答案：A

9.【2010年11月软考真题】下列关于查找与替换的叙述中，正确的是（　　）。

A. 只能对字母数字进行查找和替换

B. 能对指定格式的文本进行查找与替换

C. 不能对标点符号进行查找与替换

D. 不能对指定段落内的指定术语进行查找与替换

答案：B

10.【2011年6月软考真题】在用 Word 2010 编辑文本时，为了使文字绕着插入的图片排列，下列操作正确的是（　　）。

A. 插入图片，设置环绕方式

B. 插入图片，调整图形比例

C. 建立文本框，插入图片，设置文本框位置

D. 插入图片，设置叠放次序

答案：A

11.【2011年6月软考真题】在 Word 2010 中，对当前正在编辑的文档内容进行多次剪切操作后关闭该文档，则剪贴板中的内容为（　　）。

A. 多次剪切的内容　　　B. 第一次剪切的内容
C. 最后一次剪切的内容　　　D. 没有任何内容

答案：C

12.【2011年6月软考真题】在 Word 2010 的编辑状态中，不可以插入（　　）。

A. 图片　　　B. 可执行文件　　　C. 表格　　　D. 文本

答案：B

13.【2011年11月软考真题】在 Word 2010 中，页眉或页脚插入的日期在文档打印时（　　）。

A. 随实际系统日期改变　　　B. 固定不变

C. 根据用户设置而变化　　　　　　　D. 操作一次就会随机变化一次

答案：A

14.【2011年11月软考真题】在用Word 2010软件编辑文档时，若误删除了一个数据，随后可使用（　　）命令进行恢复。

A. 撤销　　　　B. 复制　　　　C. 粘贴　　　　D. 清除

答案：A

15.【2012年6月软考真题】下列关于Word 2010的叙述中，不正确的是（　　）。

A. Word是常用的字处理软件，但无法进行英文拼写和语法检查
B. Word支持超链接功能，在Web向导的帮助下，能制作各种项目的Web页
C. Word具有快速排版、所见即所得、快速图表制作、高度兼容性等特点
D. Word可进行文字的录入、编辑、排版、存储和打印

答案：A

16.【2012年6月软考真题】下列关于Word 2010文档窗口的叙述中，正确的是（　　）。

A. 只能打开一个文档窗口
B. 可以同时打开多个文档窗口，并且被打开的窗口都是活动窗口
C. 可以同时打开多个文档窗口，但只有一个是活动窗口
D. 可以同时打开多个文档窗口，只有一个窗口不是活动窗口

答案：C

17. 19.【2012年6月软考真题】下列关于Word 2010的"查找和替换"命令的叙述中，不正确的是（　　）。

A. 查找和替换时可以区分大小写字母
B. 可以对段落标记、分页符进行查找和替换
C. 不能查找和替换文档中的标点符号
D. 查找和替换时可以使用通配符"*"和"?"

答案：C

18.【2012年6月软考真题】下列关于Word 2010文本框的叙述中，正确的是（　　）。

A. 文本框内的文字只能横排
B. 文本框外的文字不能位于文本框的左右两个外侧
C. 文本框的边框颜色不能与文本编辑窗口的背景颜色相同
D. 在文本框内输入的文字不会超出文本框的范围

答案：D

19.【2012年6月软考真题】下列关于Word 2010中节的叙述中，不正确的是（　　）。

A. 默认整篇文档为一个节
B. 可以对一篇文档设定多个节
C. 可以对不同的节设定不同的页码
D. 删除某一节的页码，不会影响其他节的页码设置

答案：D

信 息 技 术

20. 【2012年6月软考真题】下列关于Word 2010页眉和页脚设置的叙述中，不正确的是（   ）。
    A. 允许文档的第一页设置不同的页眉和页脚
    B. 允许文档的每个节设置不同的页眉和页脚
    C. 允许偶数页和奇数页设置不同的页眉和页脚
    D. 不允许页眉和页脚的内容超出页边距范围
    答案：D

21. 【2012年11月软考真题】下列关于Word 2010页眉和页脚的叙述中，不正确的是（   ）。
    A. 文档内容和页眉、页脚可以同时处于编辑状态
    B. 文档内容可以和页眉、页脚一起打印
    C. 编辑页眉和页脚时不能编辑文档内容
    D. 页眉和页脚中可以插入剪贴画
    答案：A

22. 【2012年11月软考真题】在Word 2010的编辑状态下，按先后顺序依次打开1.doc、2.doc、3.doc、4.doc四个文档窗口，则当前的活动窗口是（   ）。
    A. 1.doc   B. 2.doc   C. 3.doc   D. 4.doc
    答案：D

23. 【2012年11月软考真题】下列关于Word 2010文字编辑的叙述中，正确的是（   ）。
    A. 文字编辑是最基础和常用的一种文字处理技术
    B. 可用重复功能撤销对上一次的操作
    C. 文字的移动主要用于需要重复输入的文字
    D. "复制"就是将选定的内容复制到剪贴板中，同时将原来选定的内容删除
    答案：A

24. 【2013年6月软考真题】下列关于Word 2010拼写和语法检查的叙述中，不正确的是（   ）。
    A. 红色波浪线表示拼写有误
    B. 绿色波浪线表示语法有误
    C. 可以对英文单词进行拼写与语法检查
    D. 波浪线打印时会被打印出来
    答案：D

25. 【2013年6月软考真题】下列关于Word 2010页面设计的叙述中，不正确的是（   ）。
    A. 文档中不能对奇偶数页设置不同的页眉和页脚
    B. 分页符用来表示上一页的结束和下一页的开始
    C. 分栏是将页面中的文字分多个栏目，按垂直方向对齐
    D. 分节可使文档的不同部分设置不同的布局
    答案：A

26. 【2013年11月软考真题】在Word 2010中，下列关于标尺使用的叙述，不正确的是（   ）。

A. 首行缩进可使光标所在段落的第一行向右缩进

B. 悬挂缩进可使光标所在段落的所有行按向左或向右的拖动方向缩进

C. 左缩进可使光标所在段落的整体从左边界向右缩进

D. 右缩进可使光标所在段落的整体从右边界向左缩进

答案：B

27. 【2013年11月软考真题】在 Word 2010 中，下列关于目录和索引的叙述，不正确的是（　　）。

A. Word 中的图形或表格不能单独列一个目录

B. 索引是文档中按字母顺序排列的术语表

C. 在 Word 中可以对一个编辑或排版完成的稿件自动生成目录

D. 建立索引可以方便阅读文档

答案：A

28. 【2014年6月软考真题】以下关于 Word 2010 文本编辑的叙述中，不正确的是（　　）。

A. 移动文本是将文本从一个位置转移到另外一个位置，属于文本的绝对移动

B. 复制文本是将该文本的副本移动到其他位置，属于文本的相对移动

C. 将光标定位在需要删除文本的结尾处，按住【Backspace】键可从前往后删除文本

D. 多次使用撤销命令可以依次撤销刚做的多次操作

答案：C

29. 【2014年6月软考真题】下列关于 Word 2010 文本格式设置叙述中，不正确的是（　　）。

A. 字号度量单位主要包括"号"与"磅"两种

B. 字体效果中的上标功能可以缩小并抬高指定的文字

C. 纵横混排是将所选中的字符按照上下两排的方式进行显示

D. 除可使用系统自带的水印效果外，还可自定义图片水印和文字水印效果

答案：C

30. 【2014年6月软考真题】在关闭 Word 2010 时，如果有编辑后未存盘的文档，则（　　）。

A. 系统会直接关闭

B. 系统自动弹出是否保存的提示对话框

C. 系统会自动将文档保存在桌面

D. 系统会自动将文档保存在当前文件夹中

答案：B

31. 【2014年6月软考真题】当前已打开一个 Word 文档，若再打开另一个 Word 文档，则（　　）。

A. 已打开的 Word 文档被自动关闭

B. 后打开的 Word 文档内容在先打开的 Word 文档中显示

C. 无法打开，应先关闭已打开的 Word 文档

D. 两个 Word 文档会同时打开，后打开的 Word 文档为当前文档

答案：D

32.【2014年11月软考真题】在Word 2010中，如果已存在一个名为rkb.docx的文件，要想将它换名为ceiaec.docx，可以选择（　　）命令。

  A．另存为   B．保存   C．发送   D．新建

  答案：A

33.【2014年11月软考真题】如果要使用Word 2010编辑的文档可以使用Word 2003打开，以下方法正确的是（　　）。

  A．执行"另存为"→"Word97－2003文档"

  B．将文档扩展名直接改为".doc"

  C．将文档直接保存即可

  D．按【Alt+Ctrl+S】组合键进行保存

  答案：A

34.【2014年11月软考真题】有一篇50页的文稿，分4人录入，最后要把它们放在一个文档中，正确的命令是（　　）。

  A．邮件合并 B．合并文档 C．剪切 D．分栏

  答案：B

35.【2014年11月软考真题】Word 2010定时自动保存功能可以（　　）。

  A．在指定时刻自动执行保存   B．再过某一指定时间自动执行保存

  C．每做一次编辑自动执行一次保存 D．每隔一定时间自动执行一次保存

  答案：D

36.【2015年6月软考真题】在Word 2010中，对于选定的文字不能进行的设置是（　　）。

  A．加下画线 B．加着重号 C．添加效果 D．对称缩进

  答案：D

37.【2015年6月软考真题】在Word 2010的编辑状态下，删除一个段落标记后，前后两段文字会合并为一个段落。其中，文字字体（　　）。

  A．均变为系统默认格式   B．均变为合并前第一段字体格式

  C．均变为合并前第二段字体格式 D．均保持与合并前一致，不发生变化

  答案：D

38.【2015年6月软考真题】要将编辑完成的文档某一段落与其前后两个段落间设置指定的间距，常用的解决方法是（　　）。

  A．用按【Enter】键的办法进行分隔

  B．通过改变字体的大小进行设置

  C．用"段落"→"缩进和间距"命令进行设置

  D．用"字体"→"字符间距"命令进行设置

  答案：C

39.【2015年6月软考真题】下列关于Word 2010"项目符号"的叙述中，不正确的是（　　）。

  A．项目符号可以改变   B．项目符号可在文本内任意位置设置

C. 项目符号可增强文档的可读性　　　　D. "●""→"等都可以作为项目符号

答案：B

40. 【2015年11月软考真题】选定一个段落的含义是（　　）。

   A. 选定段落中的全部内容　　　　B. 选定段落标记
   C. 将插入点移到段落中　　　　D. 选定包括段落前后空行内的整个内容

   答案：A

41. 【2016年6月软考真题】在 Word 2010 中，页眉页脚中不能设置（　　）。

   A. 字符的字体、字号　　　　B. 边框底纹
   C. 对齐方式　　　　D. 分栏格式

   答案：D

42. 53.【2016年6月软考真题】在 Word 2010 中，如果要将选定行的文本内容置于本行正中间，需要单击（　　）按钮。

   A. 两端对齐　　B. 居中　　C. 左对齐　　D. 右对齐

   答案：B

43. 【2016年6月软考真题】在 Word 2010 中，设当前活动窗口为文档 1.docx 的窗口，单击该窗口的"最小化"按钮后。则（　　）。

   A. 不显示 1.docx 文档内容，但 1.docx 文档并未关闭
   B. 该窗口和 1.docx 文档都被关闭
   C. 1.docx 文档并未关闭，且继续显示其内容
   D. 关闭了 1.docx 文档但该窗口并未关闭

   答案：A

44. 【2016年6月软考真题】在 Word 2010 中的编辑状态下打开 1.doc 文档后，另存为 2.doc 文档，则（　　）。

   A. 当前文档是 1.doc　　　　B. 当前文档是 2.doc
   C. 1.doc 与 2.doc 均是当前文档　　　　D. 1.doc 与 2.doc 均不是当前文档

   答案：B

45. 【2016年6月软考真题】在 Word 2010 窗口的文本编辑区内，闪动的竖线表示（　　）。

   A. 文章结尾符　　　　B. 插入点，可在该处输入字符
   C. 鼠标光标　　　　D. 复制到文件的末尾

   答案：B

46. 【2016年6月软考真题】Word 2010 中"复制"命令的功能是将选定的文本或图形（　　）。

   A. 复制到剪贴板　　　　B. 由剪贴板复制到插入点
   C. 复制到文件的插入点位置　　　　D. 复制到文件的末尾

   答案：A

47. 【2016年6月软考真题】在 Word 2010 中，若用户需要将一篇文章中的字符串"Internet"全部替换为字符串"因特网"，则可以单击"开始"选项卡"编辑"组中的（　　）按钮。

A. 全选   B. 选择性粘贴   C. 定位   D. 替换

答案：D

48.【2016年6月软考真题】在Word 2010的编辑状态下，若当前编辑文档中的文字全是宋体，选中某段文字并设为楷体后，则（　　）。

A. 文档中所有的文字都变为楷体   B. 被选中的文字都变为楷体

C. 被选中的文字仍为宋体   D. 没有被选中的文字都变为楷体

答案：B

49.【2016年11月软考真题】在Word 2010中，页眉和页脚一般不可插入（　　）。

A. 图片   B. 剪贴画   C. 音频文件   D. 日期和时间

答案：C

50.【2016年11月软考真题】文件"信息处理技术员.docx"（　　）。

A. 不是Word文件，而是电子邮件

B. 不是Word文件，而是Exchang通信录文件

C. 是Word文件，用Word 2010可以打开

D. 是Word模板，用Word 2003和Word 2010都可以打开

答案：C

51.【2016年11月软考真题】在Word 2010中，设计一张网格颜色为绿色、列数和行数为20×20的方格稿纸，较便捷的操作是（　　）。

A. 使用稿纸设置功能进行设置

B. 使用表格绘制和表样式功能进行绘制

C. 使用新建绘图画布功能进行绘制

D. 使用绘图边框功能进行绘制

答案：B

52.【2016年11月软考真题】下列关于Word 2010格式刷的叙述中，不正确的是（　　）。

A. 格式刷是复制格式的工具

B. 格式刷可以复制整个段落的所有格式

C. 格式刷可以复制整个文档的所有格式

D. 格式刷可以复制文字到指定的文档位置

答案：D

53.【2016年11月软考真题】下列关于Word 2010打印预览的叙述中，不正确的是（　　）。

A. 可以在打印预览中调整页边距

B. 打印预览可以减少浪费、节约纸张

C. 打印预览中可以编辑文档中的文字

D. 打印预览可以预览打印的效果

答案：C

54.【2016年11月软考真题】在Word 2010中，为使内容更加醒目、文章更具有条理性，可在若

第 2 章　Word 文字处理

干段落前面添加（　　）。
　　A. 剪贴画　　　B. 项目符号和编号　　C. 艺术字　　　　D. 文本框
答案：B

55.【2017年6月软考真题】用 Word 2010 编辑文件时,查找和替换中能使用的通配符是（　　）。
　　A. +和-　　　B. *和,　　　C. *和?　　　D. /和*
答案：C

56.【2017年6月软考真题】在 Word 2010 文档中查找所有的"广西""广东",可在查找内容中输入（　　）,再陆续检查处理。
　　A. 广西或广东　　B. 广西　　　C. 广?　　　D. 广西、广东
答案：C

57.【2017年6月软考真题】在 Word 2010 中,单击"开始"选项卡"剪贴板"组中的"粘贴"按钮后（　　）。
　　A. 被选择的内容移到插入点　　　　B. 被选择的内容移到剪贴板
　　C. 剪贴板中的内容移到插入点　　　D. 剪贴板中的内容复制到插入点
答案：D

58.【2017年6月软考真题】下列关于 Word 2010 "格式刷"工具的叙述中,不正确的是（　　）。
　　A. 格式刷可以用来复制文字　　　　B. 格式刷可以用来快速复制文字格式
　　C. 格式刷可以用来快速设置段落格式　D. 格式刷可以多次复制同一格式
答案：A

59.【2017年6月软考真题】在 Word 2010 中,汉字字号从小到大分为16级,最大的字号为（　　）。
　　A. 初号　　　B. 小初号　　　C. 五号　　　D. 八号
答案：A

60.【2017年11月软考真题】在 Word 2010 中,段落对齐方式不包括（　　）。
　　A. 分散对齐　　B. 两端对齐　　　C. 居中对齐　　　D. 上下对齐
答案：D

61.【2017年11月软考真题】下列关于页眉和页脚的叙述中,不正确的是（　　）。
　　A. 默认情况下,页眉和页脚适用于整个文档
　　B. 奇数页和偶数页可以有不同的页眉和页脚
　　C. 在页眉和页脚中可以设置页码
　　D. 首页不能设置页眉和页脚
答案：D

62.【2018年5月软考真题】在 Word 2010 的编辑状态下,可以同时显示水平标尺和垂直标尺的视图模式是（　　）。
　　A. 普通视图　　B. 页面视图　　　C. 大纲视图　　　D. 全屏显示模式
答案：B

63.【2018年5月软考真题】在 Word 2010（　　）模式下,随着输入新的文字,后面原有的文

字将会被覆盖。

  A．插入   B．改写   C．自动更正   D．断字

  答案：B

64．【2018年5月软考真题】在Word 2010默认状态下，调整表格中的宽度可以利用（　　）进行调整。

  A．水平标尺 B．垂直标尺 C．若干个空格 D．自动套用格式

  答案：A

65．【2018年11月软考真题】在Word 2010中进行"段落设置"，若设置"右缩进1厘米"，则其含义是（　　）

  A．对应段落的首行右缩进1厘米

  B．对应段落除首行外，其余行都右缩进1厘米

  C．对应段落的所有行在右页边距1厘米处对齐

  D．对应段落的所有行都右缩进1厘米

  答案：D

66．【2018年11月软考真题】若Word 2010菜单命令右边有"…"符号，表示（　　）。

  A．该命令不能执行   B．单击该命令后，会弹出一个"对话框"

  C．该命令已执行   D．该命令后有级联菜单

  答案：B

67．【2018年11月软考真题】Word 2010的"字体"对话框中，不能设置的字符格式是（　　）。

  A．更改颜色 B．字符大小 C．加删除线 D．三维效果

  答案：D

68．【2018年11月软考真题】在Word 2010中，由"字体""字号""粗体""斜体""两端对齐"等按钮组成的工具栏是（　　）。

  A．绘图工具栏 B．常用工具栏 C．格式工具栏 D．菜单栏

  答案：C

69．【2019年6月软考真题】在Word 2010中，（　　）快捷键可以选定当前文档中的全部内容。

  A．Shift+A B．Shift+V C．Ctrl+A D．Ctrl+V

  答案：C

70．【2019年6月软考真题】在Word 2010文档中，某个段落最后一行只有一个字符，（　　）不能把该字符合并到上一行。

  A．减少页的左右边距   B．减小该段落的字体的字号

  C．减小该段落的字间距   D．减小该段落的行间距

  答案：D

71．【2019年6月软考真题】在Word 2010字体编辑状态下，按住【Alt】键的同时在文本上拖动鼠标，可以（　　）。

  A．选择整段文本   B．选择不连续的文本

C. 选择整篇文档 　　　　　　　　　D. 选择矩形文本块

答案：D

72. 【2019年6月软考真题】在 Word 2010 "查找和替换"文本框中，输入（　　）符号可以搜索 0 – 9 的数字。

　　A. ^#　　　　B. ^$　　　　C. ^&　　　　D. ^*

答案：A

73. 【2019年6月软考真题】Word 2010 中的格式刷可以用于复制段落的格式，若要将选中当前段落格式重复应用多次，应（　　）。

　　A. 单击格式刷　　B. 双击格式刷　　C. 右击格式刷　　D. 拖动格式刷

答案：B

74. 【2019年6月软考真题】在 Word 2010 的文本编辑状态下，在按住【Ctrl】键的同时用鼠标拖动选定文本可实现（　　）。

　　A. 移动操作　　B. 复制操作　　C. 剪切操作　　D. 粘贴操作

答案：B

75. 【2019年6月软考真题】在 Word 2010 文档中，可通过（　　）设置所选内容的行间距。

　　A. "页面布局"选项卡下的"页面设置"命令

　　B. "插入"选项卡下的"页眉页脚"命令

　　C. "开始"选项卡下的"段落"命令

　　D. "引用"选项卡下的"引文与书目"命令

答案：C

第3章 Excel 电子表格处理

引言

Excel 具有数据报表编辑排版、公式函数运算、数据处理、数据图表展示与分析等功能；其功能强大、函数操作灵活，便于自行快捷构建小型应用。实际数据可自行修改，结果立刻显示。正是上述诸多原因，Excel 深受用户青睐，已经成为各行各业办公的必备工具，也是信息处理技术员、等级考试考核的主要内容之一。

内容结构图

本章知识点与结构思维导图如图 3-1 所示。

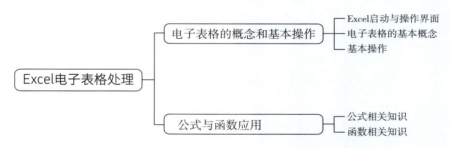

图 3-1　Excel 电子表格处理思维导图

学习目标

- 了解 Excel 基本功能、数据处理特点和基本操作方法。
- 理解公式和函数运算、数据处理实现思路，选择题解析和案例题分析方法。
- 掌握公式和函数运算、表格编辑、图表插入编辑和排序、筛选、分类汇总和透视表应用。

3.1 电子表格的基本概念和基本操作

本节内容结构如图 3-2 所示。

第 3 章 Excel 电子表格处理

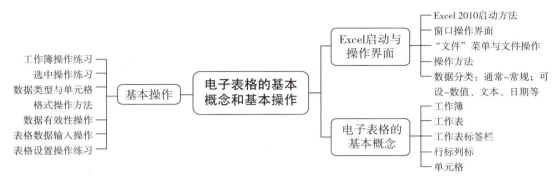

图 3-2 3.1 节内容结构

3.1.1 Excel 启动与操作界面

1. Excel 2010 启动方法

可直接单击任务栏上或双击桌面上 Excel 快捷方式图标，或单击开始按钮，在开始菜单找到 Microsoft Office，单击 Microsoft Excel 2010 启动并自动新建空白文件；也可双击已建工作簿文件图标启动并打开。

2. 窗口操作界面

Excel 2010 启动后操作界面如图 3-3 所示。

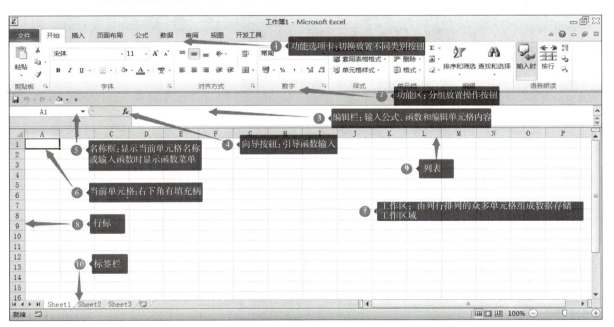

图 3-3 操作界面和说明

① 选项卡：分组放置不同类别按钮的卡片。有开始、插入、页面布局、公式、数据、审核、视图等。"开始"选项卡设有字体、对齐方式、数字、样式、单元格和编辑组。图 3-4 所示为"开始"选项卡和"文件"菜单。

② 功能区：叠层放置多个选项卡，只有一个前置选项卡可用；单击不同选项卡名称，可进行选项卡切换。

③ 编辑栏：输入公式、函数；编辑单元格内容。

④ 向导按钮：插入函数 fx 按钮，单击进入函数向导输入，fx 左侧会出现输入确认"√"和取消"×"按钮。

Excel 启动与操作界面

⑤ 名称框：显示当前单元格名称、输入函数时显示函数名，可作为内层函数向导入口、定义名称用。

⑥ 当前单元格：正在编辑或操作的单元格，右下角有填充柄。

⑦ 工作区：由列行排列的众多单元格组成的数据存储与操作区域。

⑧ 行标：工作表行标识，右击弹出快捷菜单，可实施对选定行操作。

⑨ 列标：工作表列标识；右击弹出快捷菜单，可实施对选定列操作。

⑩ 标签栏：工作表管理栏；默认 Sheet1~Sheet3 三个、可增减、切换和可重命名工作表。

(a)"开始"选项卡 (b)"文件"菜单

图 3-4 "开始"选项卡与"文件"菜单

3. "文件"菜单与文件操作

Excel 数据以工作簿文件存储，"文件"菜单是文件管理与操作入口，有保存、另存为、打开、关闭等，其操作方法与 Office 其他组件类似。这里不再赘述。

① 新建：单击弹出信息框，左边显示本机提供的可用模板和 Office.com 模板，方便按需要选择指定模板创建工作簿文件；默认选择空白模板，单击右侧的"创建"按钮，创建空白工作簿如图 3-5（a）所示。

② 保存并发送：可选择多种保存发送方式和类型，其中 PDF 格式通用性强，如图 3-5（b）所示。

图 3-5 新建、保存并发送操作界面

第 3 章 Excel 电子表格处理

③ 选项操作：选择"选项"，弹出"Excel 选项"对话框，其中包含多项设置，如图 3-6 所示。

注意：在"保存"选项下选中"保存自动恢复信息时间间隔"，可设置间隔值，确定后可按间隔自动保存。单击"保留工作簿的外观"下的颜色按钮，可以改变外观颜色。

图 3-6　Excel 选项对话框

④ 文件保护操作。通过设置打开和修改密码，达到保护文件效果，操作如下：
- 选择"文件"→保存→"工具"→"常规选项"命令，弹出如图 3-7（a）～（b）所示操作界面。

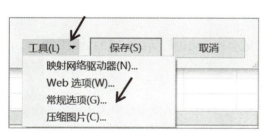

(a) 选择"常规选项"

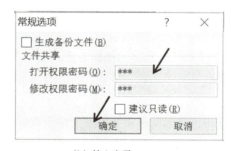

(b) 输入密码

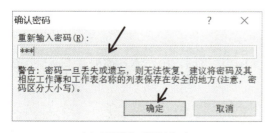

(c) 密码确认对话框（一）

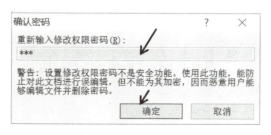

(d) 密码确认对话框（二）

图 3-7　保护启用与密码确认输入对话框

- 分别在打开权限密码文本框和修改权限密码文本框中输入密码，如图 3-7（b）所示。

说明：前者是设置打开工作簿文件需要提供的密码，可防止没有密码操作者打开文件；后者是设置修改文件密码，没有密码操作者不能在原工作簿改动本工作簿内容。

- 单击"确定"按钮，弹出打开权限密码确认框，再次输入打开密码，单击"确定"按钮[见图 3-7 (c)]，弹出修改权限密码确认对话框，再次输入修改密码[见图 3-7 (d)]单击"确定"按钮、单击"保存"按钮，文件保存或密码生效。

说明：可设置两个密码，也可以只设置一个；无打开密码将不可使用工作簿；无修改密码不能进入本工作簿，但可以只读方式启动副本工作簿完成使用和修改；选中"建议只读"复选框作用是进入后再次提醒是否以只读方式操作副本工作簿文件。

⑤ 文件保护撤销操作：

- 输入打开和修改密码后，需要取消保护，可单击"另存为"按钮。
- 单击"保存"按钮左侧"工具"按钮、选择"常规选项"命令。
- 在"打开权限密码"文本框中删除密码；在"修改权限密码"文本框中删除密码，如图 3-8 所示。
- 单击"确定"按钮，再单击"保存"按钮，再次打开文件时不再需要输入密码，即撤销了保护。

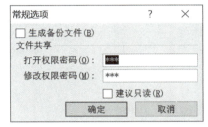

图 3-8 撤销文件保护

4. 操作方法

（1）按钮法

单击功能按钮可完成对 Excel 大部分操作，根据操作和应用类型，单击对应选项卡，单击所在分组对应按钮，完成规定参数的操作。若要自定参数，可单击右侧下拉按钮（如 常规 ）或分组右下角展开按钮（如 对齐方式 ），实施细化操作。

此法是 Excel 最基本的操作方法，优点：位置固定，适合初学者进行系统全面的学习和操作。缺点：操作步骤较多。

（2）快捷法

① 右击快捷法：选中操作单元格或数据区域，右击，在弹出的快捷菜单中选择相应的命令，实施相关操作。此方法操作快捷、通用、针对性强，建议多选用。

② 快捷键法：通过组合键或软件赋予的功能键，完成对应操作任务。此法操作简单快捷，但需要背记操作对应键名称，适合操作熟练者选用或少量常用操作。

5. 编辑栏

Excel 特有且非常重要的操作区域，位于功能区和工作区之间，由左侧名称框、中间操作按钮、右边编辑文本框组成。

（1）文本框

文本框主要用于公式和函数直接输入和函数向导输入、参数单元格名称和区域名称选取。选中单元格，在文本框输入"="、公式、函数，单击"√"按钮确认、单击"×"按钮取消。确认后单元格将显示公式计算或处理的结果，而编辑栏文本框只显示公式和函数，如图 3-9（a）所示；当前单元格输入了数据内容，会在文本框显示，如图3-9（b）所示。可编辑或设置文本格式，若内容过长，可将插入点调至中间，按【Alt+Enter】组合键进行折行显示。

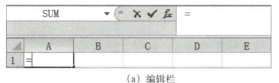 

（a）编辑栏　　　　　　　　　　　　　　　（b）用法示例

图3-9　编辑栏与用法示例

（2）名称框

① 在编辑栏文本框输入"="，名称框显示常用函数名提示。

② 函数向导输入时，作为内层函数嵌套输入的入口。

③ 选中区域：显示当前单元格名称，反向应用可选中区域，详见后面"当前与选中"。

④ 区域名称定义：将区域命名为形象好记的汉字名，方便日后单击名称框下拉按钮，选择使用带有名称的区域。区域名称定义操作如下：

- 选中常用且固定的特定区域。
- 右击、单击名称定义。
- 输入名称，单击"确定"按钮。

3.1.2 电子表格的基本概念

1. 工作簿

存储电子工作表数据的文件，默认文件名为"工作簿1.xlsx"，第一次保存可输入新名称。

2. 工作表

工作表用于存储表格数据、格式、计算公式、函数或处理结果，以及图表等的"行列二维表"；在默认状态下，1个工作簿有3个工作表 Sheet1 ~ Sheet3；可在标签栏处增减或更名。

微课视频

Excel 基本概念

3. 工作表标签栏

位于窗口左下部，用于管理工作表。由多个工作表名称标签、插入新工作表按钮和3个工作表标签按钮组成，右击工作表标签，可弹出快捷菜单，进行相应操作。如图3-10所示。

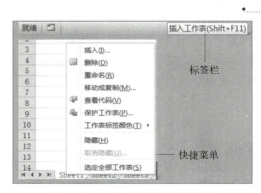

图3-10　工作表标签及快捷菜单

① 切换当前工作表：单击标签名，将该工作表切换成当前工作表。

② 重命名工作表：右击工作表标签名称、输入新名称；也可双击标签名输入新名称。

③ 保护工作表：右击工作表标签名称，选择"保护工作表"命令，勾选保护(锁定、限制格式设置和行列操作等)、2次输入保护密码，单击"确定"按钮即可；要撤销保护，逆向操作、输入密码即完成。

④ 插入新工作表：单击 按钮，可以快速插入新工作表。

⑤ 移动按钮：仅当工作表较多时才移动工作表名到标签可显示区，为单击其作操作准备。

4. 行标列标

用字母标识 A~AAZ 列；数字 1 ～ 1 048 576 标识行；行标、列标也是行列相关操作位置。

① 单击行标或列标，可以选该行或列所有单元格。
② 单击选中行标，右击，在弹出的快捷菜单中，可完成行的插入、删除、隐藏等操作。
③ 列标操作类似，不再赘述。

5. 单元格

单元格是 Excel 存储操作数据的最小操作单位，位于工作表列、行交叉点位置。

（1）数据类型与常规分类

单元格可存储数值、文本（字符）、日期、时间、货币、自定义等类型的数据。规范应用工作表应先根据应用规定的不同数据类型，分别设置其分类，再输入存储数据。图 3-11 所示为"数字"选项卡的常规分类。

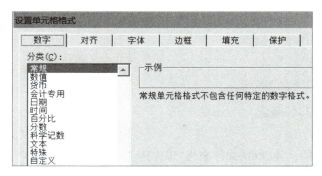

图 3-11　设置单元格格式

（2）单元格名称

单元格按"列字母在前、行号数放后"规定表示，如 A3 表示第 A 列第 3 行单元格；名称 B10（或 b10）即第 B（或 b）列第 10 行单元格。

（3）区域名称

多个单元格作为一次操作整体称为"区域"。连续区域，规定以"左上单元格名称：右下单元格名称"表示；分散区域由多个单元格或多个数据区域名称中间以逗号分隔表示。在公式、函数参数中可手工直接输入已经知晓区域的名称，而更多是拖动或点击操作代替输入。

（4）选中与当前

Excel 按操作者事先指定单元格或数据区域名称，找到要实施操作的数据位置，再对该位置上的数据进行处理。

通过鼠标单击单元格或拖动划定区域，称为"选中"。这就是 Excel 当前操作单元格或当前区域。当前单元格或区域周边呈粗黑边框，右下有填充柄，当前单元格名称会在名称框中显示。反过来，也可以在名称框中输入要选中的区域名称，实现选中操作。这在数据区域较大、跨过一屏范围时选用。

（5）填充柄

当前单元格或区域右下角黑色小方块即为填充柄，它是复制当前单元格或区域内容、公式、函数的常用按钮。当鼠标指向它形状由"白色粗十字"变成"黑色细十字"时,按下鼠标左键向下或右拖动,或双击完成复制。

3.1.3 基本操作

1. 工作簿操作练习

 案 例

启动 Excel、新建一个空白工作簿文件;在 A1 单元中输入"这是我的第一个数据表";将 Sheet1 更名为"练习一";以"5-1 练习 1.xlsx"为名称,保存到 D 盘 ABC 文件夹,然后退出 Excel。

案例分析:

① 启动 Excel 会自动新建空白文件;若已经启动还要另外新建空白文件,可选择"文件"→"新建"命令新建空白工作簿,单击"创建"按钮或按【Ctrl+N】组合键。

② 新建工作簿有 3 个工作表,名称分别是 Sheet1~Sheet3;可在工作表标签栏切换和重命名工作表。

③ 选中单元格与其他单元格不同,观察输入时单元格和编辑栏文本框中的变化。

操作步骤:

① 启动 Excel:双击桌面上的快捷方式图标或单击任务栏上快捷方式图标启动。

② 输入数据:单击 A1 选中、输入"这是我的第一个数据表",按【Enter】键。

③ 重命名当前工作表名称:在工作表标签栏,双击 Sheet1 工作表名称标签,Sheet1 呈现黑色填充色、输入"练习 1",按【Enter】键。

④ 保存退出:选择"文件"→"保存"命令(或按【Ctrl+S】组合键),选中 D 盘、ABC 文件夹,默认选择保存类型 xlsx,输入文件名"5-1 练习 1"、单击"保存"按钮。

⑤ 单击窗口右上 × 关闭按钮,退出 Excel。

2. 选中操作练习

 案 例

在已打开工作簿的当前工作表中,完成下列单元格和区域选中操作:

① 选中位于列 D 行 5 的单元格。

② 选中 A3:B10 范围指定的多单元格矩形区域。

③ 选中多个不连续零散单元格 A3、B5、D6。

案例分析:

① 位于列 D 行 5 的单元格名称为 D5。

② 连续多单元格组成区域,采用左上、右下拖动完成。

③ 不连续零散单元格,按住【Ctrl】键依次单击。选中后的名称为"单元格名称 1,单元格名称 2"或"区域名称 1,区域名称 2",即以逗号间隔多个名称序列。

操作步骤:

① 单击 D 列、5 行单元格,在名称框显示该单元格名称 D5;或在名称框中输入 D5,按【Enter】键。

② 有 3 种方法选中 A3:B10 数据区域,操作步骤与解释分述如下:

方法 1:左上到右下拖动选中法。将鼠标从 A3 单元格拖动至 B10 单元格。拖动过程中名称框中显示"8R×2C",表明选中了 3~10 行中的 8 行 (R)、A 到 B 有 2 列 (C),共有 16 个单元格被选中;松开鼠标时只显示 A3,表明 A3 是该区域现在待输入的当前单元格,且高亮显示;单击其他空白处,取消选中。这是常用方法,快捷直观,适合在当前屏幕可见区域内选用。在输入函数参数和公式中区域名称时常用此种方法。

方法 2:左上到右下单击选中法。单击 A3 单元格、按住【Shift】键不放、单击 B10 单元格。这种方法更适合区域较大、超过一个屏幕的情况。选择不到位,可接着单击需要的结束单元格。

方法 3:名称框输入选中法。单击名称框、直接输入 A3;B10、然后按【Enter】;这种方法多在区域较大和区域名称定义时选用。

(3) 按住【Ctrl】键不松、依次单击单元格 A3、B5、D6 三个分散的单元格。

3. 数据类型与单元格格式操作方法

(1) 数值

数值数据表示事物多少或大小的值,可直接输入。

(2) 文本

文本数据表示事物名称、地址、产品规格、型号、编码等,可由汉字、字母、字符组成,可直接输入。对于手机号、学号、身份证号等纯数值组成的字符文本的输入,单元格未设置默认常规类型,需要以英文状态单引号打头开始输入;若已设置为文本类型,则直接输入;函数参数中文本输入,必须用英文状态双引号括起来。

(3) 日期

在单元格中默认按"年 4 - 月 2 - 日 2"格式输入;函数参数中输入日期数据,必须用英文状态下双引号括起来;单元格为常规分类,输入日期后自动变更为日期类型。

(4) 单元格类型设置

单元格默认分类是"常规"类型,而规范使用数据表通常按照实例应用数据类型要求,对所用单元格区域进行数字分类设置。设置方法如下:

① 选中区域,右击、选择"设置单元格格式"命令。
② 单击"数字"选项卡、在"分类"框中选择类型;按对话框提示,选择或输入需要的参数值。
③ 具体设置如图 3-12 所示。

(a) 设置数值　　　　(b) 设置日期　　　　(c) 自定义设置

图 3-12　数值、日期和自定义设置界面

(5) 设置说明

① 数值类型小数位数设为 0：若数值含有小数，将显示对小数点后 1 位进行四舍五入没有小数的整数，但存储数据还是带小数的。因此，在实际应用中注意显示要求或计算误差问题。

② 日期类型有日期、时间有多种显示形式，可根据应用实际进行选用。

③ 自定义类型 000.00：整数数据位数不足，前面自动填充 0，超过会自动突破显示实际整数数据；小数数据位数不足后面以 0 自动填充，超过会自动对后一位进行四舍五入处理。

4. 数据有效性操作 1

案例

按图 3-13 所示字段有效性要求，设置表格"性别"和"职称"列，只输入固定数据；对"年度考核成绩"列只能输入 0~100 之间的整数。

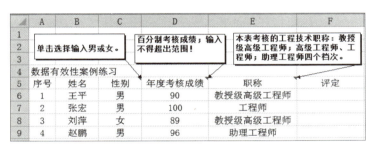

图 3-13　字段有效性要求

案例分析：

数据输入正确是工作表应用的保证。如何减少输入错误？除认真核对外，还可通过设置数据有效性进行检查，防止在工作表中输入不符合要求的数据。使用数据有效性设置可以实现固定数据点选输入，且允许限定数据类型和范围等。当输入不符合条件的数据时，Excel 还可发出警告和提示信息。

本案例启用 Excel 数据有效性检查功能：性别和职称列；启用允许"序列"完成指定值点选输入；对年度考核成绩，启用允许"整数"，最大 100、最小值 0，拒绝输入此范围外的数据。

操作步骤：

① 设置性别：

- 选中要设置数据有效性的区域 C6:C9。
- 单击"数据"选项卡"数据工具"组中的"数据有效性"按钮，选择"数据有效性"命令，弹出"数据有效性"对话框。
- 单击"设置"选项卡、在"允许"下拉列表中选择"序列"，来源框输入"男,女"，单击"确定"按钮，如图 3-14 所示。

设置后只要单击右侧的下拉按钮，选择相关选项，即可防止非数据录入，提高效率。

② 职称设置：按图 3-15（a）设置序列，设置效果如图 3-15（b）所示。

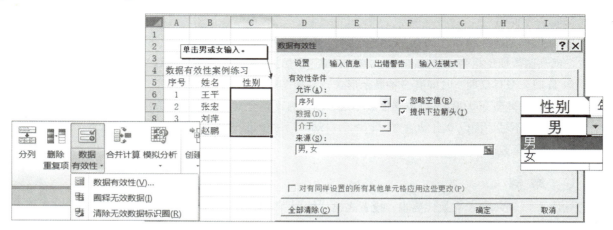

图 3-14 设置性别

③ 年度考核成绩：按图 3-16（a）设置年度考核成绩列有效性，使用效果如图 3-16（b）所示。若输入非法数据，系统会弹出提示信息。

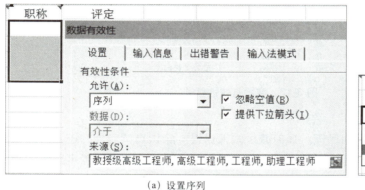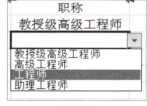

（a）设置序列　　　　　　　　　　　　　　（b）效果

图 3-15　序列设置、设置效果

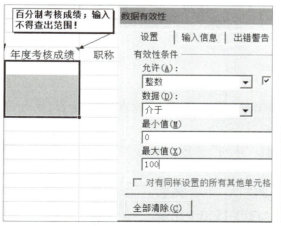

（a）设置数据有效性　　　　　　　　　　　（b）使用效果

图 3-16　年度考核成绩列有效性设置与使用效果

5. 数据有效性操作 2

 案 例

按图 3-17 所示进行设置只允许输入一个数据，B2 或 C2 中只允许选择一个单元格进行输入。

分析：在"允许"下拉列表中选择"自定义"，公式输入格式为"=COUNTA(绝对引用区域名)=1"，保证区域内单元格值非空只允许一个。

操作步骤：

① 选取 B2:C2 区域。

② 单击"数据"选项卡"数据工具"组中的"数据有效性"按钮，选择"数据有效性"命令。

③ 在弹出的"数据有效性"对话框中，单击"设置"选项卡，在"允许"下拉列表中选择"自定义"，选中"忽略空值"复选框。

④ 在公式框中输入"=COUNTA($B2:$C2)=1"，单击"确定"按钮。

案例验证：先在 B2 输入√、再在 C2 输入√，系统自动拒绝并给出提示信息，如图 3-17 所示。

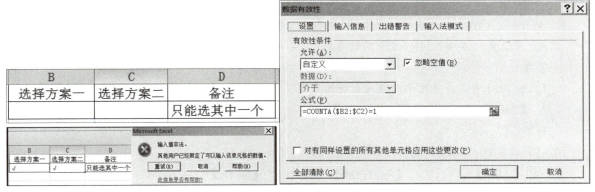

图 3-17　设置只允许输入一个数据

拓展练习

1. 【2019 年 6 月软考真题】Excel 2010 中不存在的填充类型是（　　）。

    A．等差序列　　　B．等比序列　　　C．排序　　　D．日期

    答案：C

2. 【2018 年 5 月软考真题】一个 Excel 文档对应一个（　　）。

    A．工作簿　　　　　　　　　　B．工作表

    C．单元格　　　　　　　　　　D．行或列

    答案：A

3. 【2017 年 6 月软考真题】（　　）是 Excel 工作簿的最小组成单位。

    A．字符　　　　B．工作表　　　　C．单元格　　　　D．窗口

    答案：C

4. 【2014年6月软考真题】在Excel工作表中，第5列第8行单元格的地址表示为（　　）。

   A. E8　　　　　　B. 58　　　　　　C. 85　　　　　　D. 8E

   答案：A

5. 【2014年6月软考真题45】在Excel中，若A1单元格的格式为000.00，在该单元格中输入数值36.635，按【Enter】键后，则A1单元格中的值为（　　）。

   A. 36.63　　　　　B. 36.64　　　　　C. 036.64　　　　D. 036.064

   答案：C

6. 在Excel中，Sheet1工作表引用Sheet3工作表中A2单元格的数据时，下面表达式中正确的是（　　）。

   A. =[Sheet3]A2!　　B. =[Sheet3]A2　　C. =Sheet1!A2　　D. =Sheet3!A2

   答案：D

7. 若单元格未设置成文本分类，则输入纯数字组成的字符串"20210123"时，正确的输入方式是（　　）。

   A. 直接输入　　　B. ′20210123　　　C. =20210123　　　D. ″20210123″

   答案：B

8. 单击Excel 2010工作表（　　），则整个工作表被选中。

   A. 左上角的方块　　B. 左下角的方块　　C. 右上角的方块　　D. 右下角的方块

   答案：A

9. Excel 2010中，在单元格内输入当前的日期（　　）。

   A. 【Alt+;】　　　B. 【Shift+Tab】　　C. 【Ctrl+;】　　　D. 【Ctrl+=】

   答案：C

10. Excel 2010中，在单元格内输入当前的时间（　　）。

    A. 【Alt+;】　　　B. 【Shift+Tab】　　C. 【Ctrl+;】　　　D. 【Ctrl+Shift+;】

    答案：D

11. Excel 2010单元格中输入后能直接显示"1/2"的数据是（　　）。

    A. 1/2　　　　　　B. 0 1/2　　　　　C. 0.5　　　　　　D. 2/4

    答案：B

12. Excel 2010初始时打印文件默认的打印范围是（　　）。

    A. 整个工作簿

    B. 工作表中的选定区域

    C. 键入数据的区域和设置格式的区域

    D. 当前活动的整个工作表

    答案：D

3.2 公式与函数应用

本节内容结构如图3-18所示。

第 3 章 Excel 电子表格处理

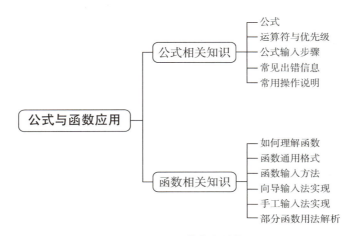

图 3-18　3.2 节内容结构

3.2.1　公式相关知识

1. 公式

表达式就是用运算符将参与运算的常量、单元格名称、函数等连接起来有计算意义运算式。数学上表达式在前、后接 "="、最后是计算结果，组成计算公式；Excel 公式则由 "=" 打头、后接表达式，而计算结果存储在开始输入公式所选定的单元格中；特殊情况下 Excel 公式中可以只有一个数据。

2. 运算符与优先级

表 3-1　Excel 运算符与优先级

		优先级：高→低					
高 ↓ 低	算术运算符	圆括号 ()	乘方 ^	乘 *	除 /、百分数 %	加 +	减 -
	连接运算符	连接 &	功能：将左右连接的两个文本字符串，首尾相连接成一个长字符串				
	比较运算符	等于 =	大于或等于 >=	大于 >	小于或等于 <=	小于 <	不等于 <>

运算符是公式中对数据进行运算规定的特定符号，使用中要注意。

① 除括号 () 和百分号 % 运算符外，运算符都是放在两个数据量中间。

② 运算符优先级指当一个公式中出现多个运算符时，规定谁先计算的次序。

③ 算术运算符要求两边量是同类型数值；出现 1 个数值一个数字字符数据时，Excel 会自动将数字字符转换成对应的数值，再进行计算，结果为数值。

④ 连接运算符 & 要求两边的量都是文本类型；如果出现数字型，将转换为文本后再进行连接，结果为文本。

⑤ 百分数运算符放在一个数值后面，对该数据除 100，如 23% 结果为 0.23。

⑥ 比较运算符连接左右两个数据量或表达式，构成关系表达式，俗称为 "条件"；条件判断结果成立，得到逻辑值 TRUE(真)，不成立为 FALSE(假)；条件计算方法：将左量与右量作比较，如果比较结果 (结论) 与中间比较运算符含义相同或部分相同，结果为 TRUE，否则为 FALSE。

3. 公式输入步骤

① 选中存放计算结果单元格、单击编辑栏文本框，输入"="号。
② 依次输入运算表达式各个分量（如有单元格或区域名称输入，用鼠标选中）。
③ 最后单击"√"按钮。

注意：

- 输入"="左边不能留有空格，否则被视作文本对待（留有前导空格可作为公式说明处理）。
- 输入公式内容期间，勿随意单击工作表区域，除非是要通过点击单元格或区域输入它们名称。
- 输入公式最好在编辑栏进行，编辑栏文本框较长方便编辑修改，有利于单元格、区域点选输入。

4. 常见出错信息

公式函数使用中可能出现因操作不当显示出错信息，常见的出错信息如表 3-2 所示。

表 3-2　常见的出错信息

出错信息	出错可能原因	处理操作
######	单元格列宽小于显示内容长度	在列标与右侧列标之间双击或拖动
#VALUE!	公式中所包含单元格是不同数据类型	目视检查或通过审核辅助
#DIV/O!	算式有分母 0 或单元格为空	检查除数、单元格值是否为 0 或无值
#REF!	公式引用无效单元格	检查修改引用
#NAME?	公式和函数中名称或无法识别	检查名称拼写并更正

5. 常用操作说明

（1）关系表达式

从结构上看关系表达式由左中右三部分组成，中间是 6 种关系运算符之一，左、右可以是常量、单元格或表达式。关系表达式构成测试的条件，其值是测试的结果，成立（真）值为 TRUE，反之（假）值为 FALSE。

求值方法：计算左边的值和右边的值、将左值和右值进行比较、若比较结果与中间关系运算符含义相同或部分相同，结果值为 TRUE，否则为 FALSE。

例如，56>=57：56 与 57 比较，56 小于 57，这个结论与比较符大于或等于矛盾，所以不成立，值为 FALSE。

（2）字符串连接运算

"&"将左右两边字符串，首尾相接组成一个长字符串。当连接左或右分量有数据值时，数值将自动转换为数值字符。

（3）公式复制填充问题

① 绝对引用：公式或函数中的单元格名称行列号前"都加 $"就是绝对引用，对含有绝对引用的公式或函数进行填充或复制，其绝对引用单元格名称"保持不变"。

② 相对引用：公式或函数中单元格名称行列号前"都不加 $"，在公式垂直向下填充或复制时，"行变列不变"，单元格名称的行将在原值基础上自动加调整值。水平向右填充或复制时，"列变行不变"，列号作相应调整。

③ 混合引用：公式或函数中的单元格名称的行或列号前只有"1 个加 $"，在公式填充或复制时，加"$"的保持不变，未加"$"的相对行或列，在原行或列数值的基础上自动加上调整数。

案例

用公式计算综合成绩 = 口语 ×20%+ 语法 ×20%+ 听力 ×30%+ 作文 ×30%。数据表如图 3-19 所示。

案例分析：

① 综合成绩明显需要使用公式计算，而且公式已经给出；需要注意，数学公式中的乘号，要用 * 运算符、百分数可直接用 20%、30% 或 0.2、0.3；公式从左到右输入、Excel 自动按优先级高低计算。

② 选中"刘华"综合成绩单元格；单击编辑栏、输入"="，再输入公式内容；给出的通用公式，其中各科名称汉字要用对应单元格名称替代，也不得输入分数值常量。

③ 其他考生计算只要利用填充柄，向下拖动到李来群这行为止。

操作步骤：

① 单击存储公式计算结果单元格 F3、单击编辑栏文本框、输入"="。
② 单击 B3 单元格，自动将 B3 单元格名称输入到插入点、输入 *、输入 20% 或 0.2、输入 +。
③ 单击 C3 单元格，自动将 C3 单元格名称输入到插入点、输入 *、输入 20% 或 0.2、输入 +。
④ 其他科目计算项输入操作，类似第②步，百分数不同。
⑤ 输入完毕，一定要目视检查，有错及时修正；正确单击"√"按钮或按【Enter】键。
⑥ 选中 F3 单元格、鼠标移至填充柄拖动到 F8。结果如图 3-20 所示。

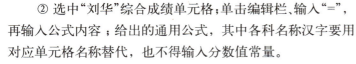

图 3-20 公式计算与填充结果

3.2.2 函数相关知识

1. 如何理解函数

Excel 函数是软件内置、具有名称、能完成计算处理、最后得到计算或处理结果的特殊应用功能。用好用活 Excel 函数，可以大大提升数据表使用效率。

2. 函数通用格式

函数名 (参数 1, 参数 2,..., 参数 n)

函数使用需要指明三个部分：首先根据计算功能选定函数名称；后紧跟一对英文括号 ()；接着在

括号内输入规定参数内容：包括参数个数和要求形式，它是交给函数程序计算用的数据。如果有多个参数，手工输入时参数间必须用英文逗号间隔，向导法输入会自动添加。

3. 函数输入方法

（1）按钮法

选中存储函数计算结果单元格→单击"公式"卡、单击函数库组应用类型需要按钮→单击选中对应函数名→进入向导输入参数的界面。此法实际是向导法一种正规进入方式。此处公式卡中公式实质上是函数。公式卡、函数库分组按钮如图 3-21 公式卡在函数库组的按钮所示。

图 3-21　公式卡在函数库组的按钮

（2）向导输入法

从单击编辑栏中的 fx 按钮开始到结束，全程都有对话框提示，参数在文本框中输入。此法适合对操作速度要求不高的初学者，同时也是学习函数功能的一种有效途径和方法。

（3）手工输入法

直接在编辑栏文本框输入等于号"="、函数名称、（）和参数的方法。适用于对函数较熟悉、能熟练操作和嵌套使用函数的操作者。

4. 向导输入法实现

（1）工作准备

选中存放结果的单元格、单击编辑栏文本框、单击编辑栏上 fx 按钮（自动在编辑栏输入"="号），打开"输入函数"对话框，进入选择函数向导界面。

（2）选择函数名

① 单击"或选择类别"下拉按钮，挑选函数类别，默认常用函数。

② 在"选择函数"框，选择需要的函数名。若未显示，单击垂直滚动条向下按钮、显示出要选择函数名。

选用技巧：

- 单击"选择函数"框，输入函数首字母可加快定位。
- 对不熟悉或未曾使用过函数，但题目已经指出中文名称的函数，可在搜索函数框内输入函数中文名称或按提示"请输入一条简短说明来描述您想做什么"。然后，单击"转到"按钮进行操作。例如：众数函数，如图 3-22 所示。

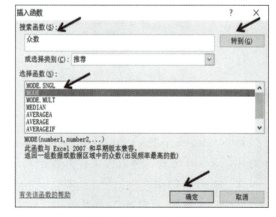

图 3-22　插入函数对话框

第 3 章　Excel 电子表格处理

③ 浏览下方显示该函数功能说明信息、单击"确定"按钮，进入函数参数对话框向导界面。

(3) 输入参数

① 选中第一个参数框，浏览下方参与要求说明，再输入参数常量值，或单击右侧折叠按钮转到工作区，点选或拖动作为参数的数据区域、再次单击缩小的对话框中折叠按钮返回，自动输入单元格或区域名称。

② 单击第二个文本框，完成需要参数输入，依此类推。

③ 参数输入完毕、单击"确定"按钮，结束向导回到编辑栏文本框，函数输入结束。单元格显示函数计算结果，编辑栏显示函数内容。

5. 手工输入法实现

① 单击存放函数计算结果的单元格、单击编辑栏文本框，输入"="。

② 输入函数名。

注意：输入第一个字母后，系统会弹出配套函数名提示信息列表，双击对应名称可输入函数名和左括号"("，如果函数名较多，没能显示出来想选的，可拖动垂直滚动条向下寻找。

③ 输入")"、再按光标左移键，将插入点调到括号中间。

④ 输入参数，若是单元格或区域名称，可点选或拖动，多个参数以逗号间隔。

⑤ 若内层有嵌套函数作参数，也可以直接输入，注意内外层结构即可。

⑥ 输入完成检查无误，单击"√"按钮。

6. 函数学习方法

① 先选择简单函数进行练习，逐步加大难度。

② 牢记向导函数输入方法，扫清函数上机学练的障碍，操作中注意阅读向导提示说明。

③ 函数英文名称与函数功能对应记忆，这是函数学习的第一关，可从记忆函数首字母开始，逐步到全称。

④ 通过客观题练习和多上机操作，重点理解函数参数、个数、格式和各自的含义。

⑤ 学会用向导法输入结合手工输入法，处理函数嵌套（内层函数作外层函数参数或参数一部分）、带公式运算复杂函数的操作，达到能完全手工输入函数。

7. 部分函数用法解析（见表 3-3）

表 3-3　部分函数用法解析表

难易程度	函数名称、功能	说明或举例	结果类型
常用（易）	① 求和：SUM() ② 求平均：AVERAGE() ③ 最大值：MAX() ④ 最小值：MIN() ⑤ 符号函数：SIGN() ⑥ 取整：INT() ⑦ 绝对值：ABS()	①～④函数可有多个数值型参数，按函数名功能返回1个计算结果； ⑤ SIGN()参数只能1个，按参数值正负零对应返回1、-1、0中1个值； ⑥ INT()参数只能1个，返回不大于参数值的最小整数，不带舍入操作； ⑦ ABS()参数只能1个，返回参数数值部分，去掉符号	① 23　② -24

续表

难易程度	函数名称、功能	说明或举例	结果类型
常用（稍难）	指数、幂：POWER(数值数据,次方数) 四舍五入：ROUND(数据,保留小数位) 乘积：PROUDCT(数据区域)	① =POWER(3,2)　② =PRODUCT(3,2) ③ =ROUND(3.145,2)；　④ =ROUND(3.5，0) 【说明】 ① 此处举例用的数是常量，实际应用可以是单元格名称； ② 对保留小数位的仅后1位数进行四舍五入； ③ =POWER(3,2) 等价于 =3^2=9； ④ PROUDCT() 参数是区域，计算同行多个列参数乘积	① 3^2=9　② 3*2=6 ③ 3.15　④ 4 ROUND() 经常使用；详见案例说明。PROUDCT()的应用如下：
常用（难）	条件返回：IF(条件，真返回值，假返回值)	① =IF(12>3，"大于"，"不大于") ② =IF(12<3，"大于"，"不大于") 【执行】① 计算条件值：将左量与右量比较、比较结果与中间比较运算符含义相同或部分相同，结果为TRUE（真），否则为FALSE（假） ② 返回参数2或3的值：如条件结果为TRUE，返回函数内第二个参数值，否则返回第三个参数值作为计算结果。 【说明】① 参数2或3的值可以是应用需要的文本、数值、日期，注意返回值格式，如文本加双引号等。 ② 嵌套应用，参数1、2、3都可以是函数或又包括IF()	① 结果：大于 ② 结果：不大于 微课视频 判断函数
常用（难）	区域条件求和：SUMIF(条件区域，"条件"，求和区域)	【说明】 ① 两个区域要同行对应； ② 条件只列"左中右"的"中右"：比较符和右值字符串；只在等于时 "=" 号才可省写，右值采用应有格式； ③ 右值是单元格名称，条件为 "比较符"& 单元格名称； ④ 计算结果是一个值。 【执行】=SUMIF(I5:I7,"="&I5,J5:J7) =SUMIF(I5:I7,I5,J5:J7) ① 取条件列区域当前数据作为条件左值，与第二个参数构成条件。如果此时结果值为TRUE，则对求和列区域本行对应的单元格累加，为FALSE不累加； ② 转下一个单元格，重复第①步操作，直到条件区域数据都比较完毕止； ③ 返回最后累加结果，作为计算最后结果	例1： =SUMIF(I5:I7,"="&I5,J5:J7) =SUMIF(I5:I7,I5,J5:J7) 例2： =SUMIF(I5:I7,"= 男 ",J5:J7) =SUMIF(I5:I7," 男 ",J5:J7) 例3： =SUMIF(I5:I7,"=500",J5:J7) =SUMIF(I5:I7,500,J5:J7)
常用（较难）	① AND(条件1,条件2) ② OR(条件1,条件2)	① 逻辑与函数，多个条件都为 TRUE 结果为 TRUE，其他情况结果为 FALSE，函数返回结果值 ② 逻辑或函数，多个条件中有1个为 TRUE 结果为 TRUE，只有全为 FALSE 结果才为 FALSE，函数返回结果值	=AND(3>0,4>2) 结果为 TRUE =OR(3>0,4<2) 结果为 TRUE
常用（难）	区域条件求平均：AVERAGEIF(条件列区域，"条件"，求平均列区域)	只是求平均值，条件计算与 SUMIF() 类似，故略	—
常用（稍难）	① COUNT(计数区域)； ② COUNTA(计数区域)； ③ COUNTBLANK(计数区域)； ④ COUNTIF(计数区域,条件比较符和右值组合字符串)	① 返回计数区域内实际数值单元格个数； ② 返回计数区域内实际非空单元格个数； ③ 返回计数区域内为空的单元格个数； ④ 返回计数区域内数据能满足给定条件的单元格个数 依次用第一个参数计数区域中每个数据，与第二个参数右边值比较，第二个参数左边为比较符（等于不写）	微课视频 计数函数

第 3 章　Excel 电子表格处理

续表

难易程度	函数名称、功能	说明或举例	结果类型
1~4 常用、5（较常用）（一般）	① LEFT(字符串，取字符个数)； ② MID(字符串，指定位置，取字符个数)； ③ RIGHT(字符串，取字符个数)； ④ LEN(字符串)； ⑤ REPLACE(原字符串，起点位置，替换掉字符个数，替换用字符串)	【说明】① 左取函数：从字符数据第一个字符位置开始取指定个数的字符函数； ② 中取函数：从字符数据指定的字符位置开始往右取指定个数的字符； ③ 右取函数：从字符数据最后字符位置开始往左取指定个数的字符，结果字符顺序不变； ④ 求长度函数：返回字符个数，汉字只算一个字符； ⑤ 将第一个参数原字符串中由第二个参数作开始位置，第三个参数指明替换掉个字符，用第四个参数给出新字符替代并返回替换后的结果	A1="ABCDEFG" B1="123" =REPLACE(A1,2,3,B1) 结果为："A123EFG" 即从 "ABCDEFG" 的第二个位置开始用 "123" 替换掉 BCD 三个字符
较常用（较难）	① RANK(参与排名数据，所有以排名数据区域，升降序值) 有 3 个参数：参数 1 排名数据单元格；参数 2，区域名称、必须加绝对引用；参数 3，是 0 降 1 升。 ② LARGE(数据区域，第几大)； ③ MODE(数据区)； ④ MEDIAN(数据区)	① RANK：返回排名名次数。 ② LARGE：返回区域中数据第几大的数据； ③ MODE 返回区域中出现次数最多、最高的数据（众数）； ④ MEDIAN 返回中位数：一组数据从小到大顺序依次排序，处于中间位置的数（偶数个数的最中间位置的两个数的平均数）	—
常用（一般）	① YEAR()； ② MONTH()； ③ DATE()； ④ WEEKDAY()； ⑤ DAY()； ⑥ TODAY()； ⑦ NOW()	①～③参数是日期型常量、单元格或常量要用双引号括起来；分别返回：年 4 位、月 1~2 位、日 1~2 位数值数据； ⑤～⑦函数无参数； WEEKDAY() 返回代表一周中第几天的数值，是一个 1~7 之间的整数	=WEEKDAY("2020-12-21") 　　D　　　E 2020　=YEAR("2020-12-21") 12　　=MONTH("2020-12-21") 21　　=DAY("2020-12-21") 2　　=WEEKDAY("2020-12-21") 2021/2/11　=TODAY() 2021/2/11 14:07　=NOW()
较常用（难）	查表函数： VLOOKUP()	【说明】 ① 函数俗称查表函数； ② 有四个参数依次是：查表数据、查表区域、返回列号和是否精确查值	—
很少使用（难）	① SUMIFS(求和区域，条件区域 1，"条件 1"，条件区域 2，"条件 2")； ② AVERAGEIFS(求平均值区域，条件区域 1，"条件 1"，条件区域 2，"条件 2")； ③ COUNTIFS(条件区域 1，"条件 1"，条件区域 2，"条件 2")	① 3 个区域同行对应； ② 实施多条件都时满足进行区域累加求和； ③ 执行和条件构成与 SUMIF() 类似，不同点是求和区域改在第一个参数处； ④ AVERAGEIFS() 多条件同时满足求平均值。 ⑤ COUNTIFS() 返回同时满足多个条件的单元格个数；两区域必须一致，条件可不同	区域多条件计算
未公开	DATEDIF(开始日期，结束日期，返回两日期哪段单位间隔数代码)	【说明】① 未公开，很实用； ② 参数 1、2 是日期数据（例如："2020-51-20") ③ 参数 3 代码含义：y 返回日期段中的整年数；m 返回日期段中的整月数；d 返回日期段中的天数	两日期实际差值

排名函数

函数嵌套

信息技术

案例

工资统计函数计算应用：完成表3-4所示某学校教师工资统计表的计算。

表3-4　某学校教师工资统计表

序号	A	B	C	D	E
1	工资统计表				
2	教研组	姓名	基本工资/元	奖金/元	应发工资/元
3	数学组	高秋兰	526.9	2 330	
4	语文组	韩永军	781	3 165	
5	语文组	霍丽霞	662.6	2 150	
6	语文组	李文良	783	3 570	
7	语文组	庞小瑞	536.4	2 430	
8	外语组	杨海茹	417.7	1 770	
9	外语组	张金娥	649	2 670	
10	教学组	张金科	771	3 255	
11	外语组	张俊玲	970.8	4 125	
12	教学组	张庆红	665.7	3 030	
13	基本工资大于500元的人数				
14	应发工资平均值				
15	外语组应发工资合计				

案例分析：此题考核函数应用能力。

① 不难看出"应发工资"用 SUM() 计算，参数是左侧两个单元格，最好使用区域；"应发工资平均值"用 AVERAGE() 函数求得，参数也用区域。

② "基本工资大于500元人数"：有条件、要计数，而且涉及整个列区域统计，自然就会想到选用 COUNTIF() 完成。

③ "外语组应发工资合计"：有条件、求合计，而且是涉及2个列区域，自然就会想到选用 SUMIF() 完成。3个参数分别是：判断左侧区域 A3:A12、条件(中右)"= 外语组"或"外语组"、条件满足的整个求合计区域 E3:E12。

操作步骤：

用向导法输入完成求"应发工资"的"=SUM(C3:D3)"函数输入。

① 单击 E3 单元格，选中存放计算结果的单元格。

② 单击编辑栏上的 按钮，自动输入"="，弹出"插入函数"对话框。

③ 选中常用函数、选中 SUM、单击"确定"按钮，完成"=SUM()"的输入。

④ 自动进入函数参数对话框，左侧正好是要选用的参数区，核对无误进入下一步；如果不是可单击第一个参数框左侧的折叠按钮，在工作表拖动 C3:D3，自动输入参数名称，单击折叠缩小的函数参数对话框左侧的折叠按钮返回。

⑤ 单击"确认"按钮完成输入。

⑥ 选中输入有函数 E3 单元格，指向填充柄拖动到 E12。

用手工输入法完成求"应发工资平均值"的 =AVERAGE(E3:E12) 函数的输入。

① 单击 E14 选中存放计算结果的单元格。

② 单击编辑栏文本框、输入"="。

③ 输入函数第一个字母 A，Excel 自动弹出提示列表，未见需要函数，再输 V 字母找到 AVERAGE，双击此函数，完成函数名的和左括号的输入，如图 3-23 所示。

④ 用鼠标从 E3 拖动到 E12，自动输入好参数区域名称、再次单击编辑框、输入反括号。

⑤ 检查无误，按【Enter】键或单击编辑栏左侧的"√"按钮，完成输入。

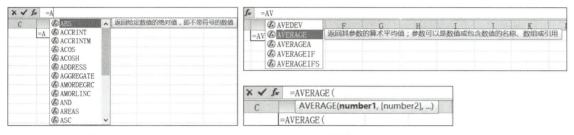

图 3-23 手工输入函数截图

用按钮输入法完成求"基本工资大于 500 元的人数"的"=COUNTIF(C3:C12,">500")"函数输入。

① 单击 C13 选中存放计算结果的单元格、单击编辑栏文本框。

② 单击"公式"选项卡"函数库"组中的"其他函数"按钮、选择"统计"→COUNTIF 命令（见图 3-24），完成函数名和括号输入，弹出"函数参数"对话框，如图 3-25 左侧所示。

图 3-24 选择 COUNTIF 函数

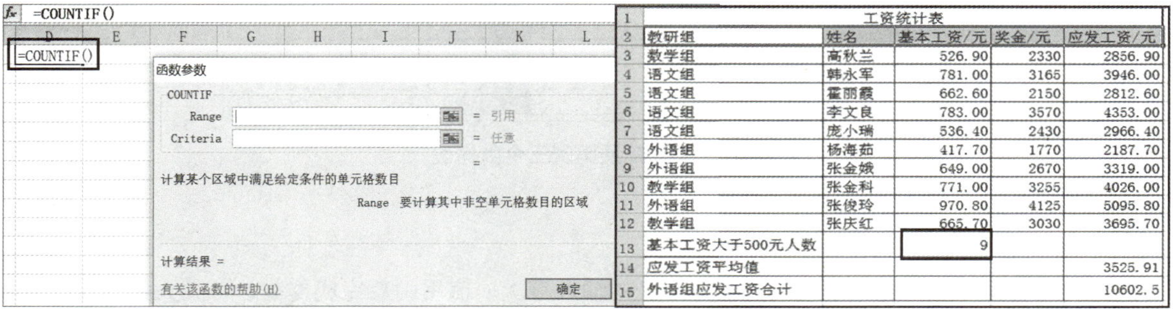

图 3-25 COUNTIF 函数参数与统计结果

③ 单击 Range 文本框右侧折叠按钮，在工作表从 C3 拖动到 C12，自动输入好参数区域名称、单

击折叠缩小的函数参数对话框左侧折叠按钮返回函数参数对话框。

④ 在 Criteria 文本框输入条件 >500 或 ">500"。

⑤ 检查无误，单击"确定"按钮，完成输入。

参数设置与统计结果如图 3-25 右侧所示。

用手工输入法完成求"外语组应发工资合计"函数输入：

① 单击 E15 单元格，单击编辑栏文本框、输入"="。

② 输入 SUMIF(A3:A12," 外语组 ",E3:E12)。

③ 检查无误，单击编辑栏左侧的"√"按钮。

E15 显示结果 10602.5。

案例

对图 3-26 所示的 3 个数据表进行处理：

① 使用 VLOOKUP 函数，将"季度汇总统计"的单价按商品名称相应复制到"批量采购表"的"单价"列。

② 根据"打折表"中的商品折扣率，使用相应的函数，将其折扣率填充到"批量采购表"的"折扣率"列。

③ 在"批量采购表"根据采购"数量"，"单价"和"折扣"使用公式进行计算"付款"金额。

④ 使用 SUMIF 函数计算各种商品采购总量和总采购金额，将结果保存到"季度汇总统计"表中相应的位置。

⑤ 将 3 个表的表标题"合并后居中"修改为改为"跨列居中"。

⑥ 将"批量采购表"列中数量大于等于 500 的单元格，字体设置为红色。

	A	B	C	D	E	F	G	H	I	J	K
1			批量采购表							打折表	
2	商品	数量	采购时间	单价	折扣	付款			数量	说明	折扣率
3	A类	320	2018/1/12						0	0-149件	0%
4	D类	45	2018/1/14						150	150-299件	5%
5	C类	109	2018/2/12						300	300-499件	10%
6	B类	500	2018/2/15						500	300及以上	15%
7	A类	185	2018/3/5								
8	C类	184	2018/3/8							季度汇总统计	
9	D类	225	2018/3/10						商品	单价	总采购量	总采购金额
10	C类	219	2018/3/15						A类	520		
11	A类	250	2018/3/17						B类	280		
12	B类	385	2018/3/23						C类	350		
13	D类	300	2018/3/30						D类	780		

图 3-26 扩展案例三个数据表

案例分析：

（1）单价复制应用分析

① 四类商品单价只在"季度汇总条件"表中输入一次，使用函数完成复制，可大大减小输入量和出错率。

② 题目已经告知了使用函数，处理变得相对简单；使用按钮法或向导输入法输入函数可降低处理

难度。

③ VLOOKUP 函数：

- 俗称查表函数：使用一个查表用数据，在查表区域，与最左列的值从上到下去比较，定位查到行，第三个参数指定列与该行相交叉处单元格的数据就是查表得到的结果（函数返回值）。
- 查表区域建立与选定要保证：查表用数据处在该区域第 1 列；查表指定列在查表区域右侧。
- 函数使用四个参数：分别是查表用单个数据（单元格）、查表区域名称、返回列号（查表区域内从左数到该列的数值编号，不是字母）和查找匹配方式值，选 1（或 TRUE 或不写，这两个最好不用），表示查表用数据在查表区域第 1 列查到相等的就返回行与指定列交叉单元格结果；没有相等的返回上一行对应值，这时查表区域返回列，一定按升序排列；选 0（或 FALSE）时，表示查表用的数据，在查表区域的第 1 列有相等返回结果；没有相等的返回"#N/A"提示信息。单价查表选 0。
- 由于有多个数据要查表，必定会进行函数复制，所以，一定要注意查表区域要使用绝对引用的名称。

（2）折扣率复制

题目没有指明使用什么函数，通过上面分析，应该选用查找匹配方式值为 1 的 VLOOKUP 函数完成。

（3）付款金额计算

采用公式：= 单价 * 数量 *(1- 折扣率)

（4）计算各种商品采购总量、采购总金额

① 使用 SUMIF 函数，题目已经告知。

② 3 个参数：第一个参数选择"批量采购表"的第 1 列区域名称；第二个参数选择"季度汇总统计"第 1 列对应表单元格（等于号省略）；第 3 个参数"批量采购表"的第 2 列区域，是求"总采购量"。

③ 最右 1 列区域求"总采购金额"，输入公式"=I10*J10"。

（5）"合并后居中"改为"跨列居中"

① 合并后居中破坏表格行列结构；"跨列居中"不会破坏且能达到合并后居中的效果。

② 操作是先撤销"合并后居中"设置，再设置"跨列居中"。

（6）"批量采购表"数量列大于等于 500 的字体设置为红色

① 启用条件格式。

② 条件：大于等于 500。

③ 效果字体红色。

操作步骤：

①～⑤分析仔细，操作也说明了实现不难，读者可自行完成。6 的实现描述如下：

① 选中数据区、单击"开始"选项卡"样式"组中的"条件格式"按钮，选择"突出显示单元格规则"→"其他规则"命令，如图 3-27（a）所示。

② 在弹出的"新建格式规则"对话框中，单击第二框右侧下拉按钮，选择"大于或等于"；在第 3 框输入 500，如图 3-27（b）所示。

③ 单击"格式"按钮，弹出设置"单元格格式"对话框，如图 3-28 所示。

④ 在"字体"选项卡颜色选择红色，单击"确定"按钮，如图 3-28 所示。

（a）条件格式　　　　　　　　　　　　　　（b）"新建格式规划"对话框

图 3-27　条件格式与新建格式规则

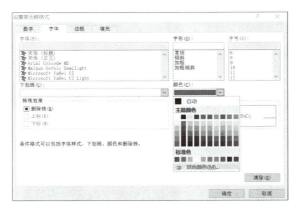

图 3-28　设置单元格颜色

案例处理结果如图 3-29 所示。

	A	B	C	D	E	F	G	H	I	J	K
1	批量采购表								打折表		
2	商品	数量	采购时间	单价	折扣率	付款		数量	说明	折扣率
3	A类	320	2018/1/12	520	0.1	288.00		0	0-149件	0%
4	D类	45	2018/1/14	780	0	45.00		150	150-299件	5%
5	C类	109	2018/2/12	350	0	109.00		300	300-499件	10%
6	B类	500	2018/2/15	280	0.15	425.00		500	300及以上	15%
7	A类	185	2018/3/5	520	0.05	175.75		季度汇总统计		
8	C类	184	2018/3/8	350	0.05	174.80		商品	单价	总采购量	总采购金额
9	D类	225	2018/3/10	780	0.05	213.75		A类	520	755	701.25
10	C类	219	2018/3/15	350	0.05	208.05		B类	280	885	771.5
11	A类	250	2018/3/17	520	0.05	237.50		C类	350	512	491.85
12	B类	385	2018/3/23	280	0.1	346.50		D类	780	570	528.75
13	D类	300	2018/3/30	780	0.1	270.00					

图 3-29　案例处理结果

1.【2019 年 6 月软考真题】在 Excel 2010 中，可以使用多个运算符，以下关于运算符优先级的叙

述中不正确的是（   ）。

A. "&"优先级高于"="　　　　　　　　B. "%"优先级高于"+"

C. "-"优先级高于"&"　　　　　　　　D. "%"优先级高于":"

答案：D

2.【2018年11月软考真题】在Excel表格中，若单元格中出现"#DIV/0!"，则表示（   ）。

A. 没有可用数值　　　　　　　　　　B. 结果太长，单元格容纳不下

C. 公式中出现除零错误　　　　　　　D. 单元格引用无效

答案：C

3.【2017年6月软考真题】在Excel中，在公式中使用多个运算符时，其优先级从高到低依次为（   ）。

A. 算术运算符 → 引用运算符 → 文本运算符 → 比较运算符

B. 引用运算符 → 文本运算符 → 算数运算符 → 比较运算符

C. 引用运算符 → 算数运算符 → 文本运算符 → 比较运算符

D. 比较运算符 → 算数运算符 → 文本运算符 → 引用运算符

答案：C

4.【2017年11月软考真题51】在Excel的某个单元格中输入"=4^2"，按【Enter】键后，该单元格显示的结果为（   ）。

A. 42　　　　　B. 8　　　　　C. 4　　　　　D. 16

答案：D

5.【2017年11月软考真题】在Excel某个单元格中输入"=56>=57"，按【Enter】键后，该单元格显示的结果为（   ）。

A. 56<57　　　B. =56<57　　　C. TRUE　　　D. FALSE

答案：D

6.【2016年11月软考真题】若在A1单元格输入了位数较多的数字，按【Enter】键后，A1单元格显示"########"，其原因是（   ）。

A. 单元格宽度不够　　　　　　　　　B. 数字输入错误

C. 单元格格式不正确　　　　　　　　D. 数字前面存在特殊符号

答案：A

7.【2016年11月软考真题】在Excel 2010中（   ）是文本运算符。

A. *　　　　　B. =　　　　　C. &　　　　　D. <>

答案：C

8.【2013年11月软考真题】在Excel 2010中，下列计算公式属于混合引用的是（   ）。

A. =AS1+B$1　　B. =A1+B1　　C. =$A$1+$B$1　　D. =$A$1+$B$1/5

答案：A

9.【2010年6月软考真题】在Excel工作表当前单元格输入公式时，使用单元格地址D$2，引用D列第2行单元格，该单元格的引用称为（   ）。

A. 交叉地址引用　　B. 混合地址引用　　C. 相对地址引用　　D. 绝对地址引用

答案：B

10.【2010年6月软考真题】在Excel中，A2单元格的值为"李凌"，B2单元格的值为100，要使C2单元格的值为"李凌成绩为100"，则应在C2单元格输入的公式是（　　）。

A. =A2 & "成绩为" & B2　　　　　　　B. =A2+"成绩为"+B2

C. =A2+ 成绩为 +B2　　　　　　　　D. = & A2 "成绩为" & B2

答案：A

11.【2017年6月软考真题】在Excel中，若要计算出B3:E6区域内的数据的最小值并保存在B7单元格中，应在B7单元格输入（　　）。

A. =MIN(B3:E6)　　B. =MAX(B3:E6)　　C. =COUNT(B3:E6)　　D. =SUM(B3:E6)

答案：A

12. 在Excel中，单击编辑栏上的 fx 按钮用来向单元格插入（　　）。

A. 特殊格式　　B. 公式　　C. 函数　　D. 图表

答案：C

13.【2013年6月软考真题】若在Excel的A1单元格中输入函数"=SUM(1,12,FALSE)"，按【Enter】键后，则A1单元格中显示的值为（　　）。

A. 1　　B. 12　　C. 13　　D. FALSE

答案：C

14.【2017年6月软考真题】在Excel中，若在A1单元格中输入 =POWER(2,3)，则A1单元格中的值为（　　）。

A. 5　　B. 6　　C. 8　　D. 9

答案：C

15.【2017年11月软考真题】在Excel的A1单元格中输入函数" =RIGHT("CHINA",1)"，按【Enter】键后，则A1单元格中的值为（　　）。

A. C　　B. H　　C. N　　D. A

答案：D

16.【2013年6月软考真题51】在Excel中，A1～D3单元格的值如下所示，在E1单元格中输入函数 "=SUM((A1:A3),ABS(B3),MIN(D1:D3))"，按【Enter】键后，E1单元格中的值为（　　）。

	A	B	C	D	E
1	16	18	19	23	54
2	-16	-18	-19	-23	
3	56	-56	58	-58	= SUM((A1:A3),ABS(B3),MIN(D1:D3))

A. -23　　B. 54　　C. 56　　D. 112

答案：B

17.【2013年6月软考真题】A1～D3单元格的值如下表所示，在E3单元格中输入函数"=SIGN(MAX(A1:A3)+MIN(C1:C3)+MIN(B1:D3))"，按【Enter】键后，E3单元格中的值为（　　）。

第3章 Excel 电子表格处理

	A	B	C	D	E
1	16	18	19	23	
2	-16	-18	-19	-23	=SIGN(MAX(A1:A3)+MIN(C1:C3)+MIN(B1:D3))
3	56	-56	58	-58	-1

  A. -21   B. -1   C. 0   D. 1

  答案：B

18.【2017年6月软考真题】在 Excel 中，若 A1 单元格中的值为 50，B1 单元格中的值为 60，若在 A2 单元格中输入函数 =IF(AND(A1>=60,B1>60),"合格","不合格")，则 A2 单元格中的值为（　　）。

  A. 50   B. 60   C. 合格   D. 不合格

  答案：D

19.【2013年6月软考真题】在 Excel 中，A1～D3 单元格的值如下表所示的区域，在 E2 单元格中输入函数"=ROUND(SUM(A1:D3),0)"，则 E2 单元格中的值为（　　）。

	A	B	C	D	E
1	16	18	19	23	
2	-16	-18	-19	-23	=ROUND(SUM(A1:D3),0)
3	56	-56	58	-58	

  A. -23   B. -16   C. 0   D. 58

  答案：C

20.【2017年6月软考真题45】在 Excel 中，若 A1 单元格中的值为 -1，B1 单元格中的值为 1，在 B2 单元格中输入 =SUM(SIGN(A1)+B1)，则 B2 单元格中的值为（　　）。

  A. -1   B. 0   C. 1   D. 2

  答案：B

21.【2017年11月软考真题】在 Excel 2010 中，若在单元格 A1 中输入函数"=ROUNDUP(3.1415926,2)"，按【Enter】键后，则 A1 单元格中的值为（　　）。

  A. 3.1   B. 3.14   C. 3.15   D. 3.1415926

  答案：C

22.【2013年6月软考真题】在 Excel 中，若 A1 到 B2 的单元格中的值分别为 12、13、14、15，在 C1 单元格中输入函数"=SUMIF(A1:B2,">12",A1:B2)"，按【Enter】键后，C1 单元格中的值为（　　）。

  A. 12   B. 24   C. 36   D. 42

  答案：D

23.【2019年6月软考真题42】在 Excel 2010 中，一个完整的函数计算包括（　　）。

  A. "="和函数名   B. 函数名和参数

  C. "="和参数   D. "="、函数名和参数

  答案：D

3.3 图表处理

图表处理是从宏观角度，对数据和数据之间进行定性了解和分析，考量和分析它们之间的差异、占比和变化趋势等关系。Excel 图表将工作表数据以图形视觉效果，直观形象地展示出数据之间各种相关特性，供数据分析选用。

Excel 提供了十几种内置图表类型，每一种图形还有若干子图。限于篇幅本节只介绍柱形图、饼形图和折线图创建、编辑操作方法。

本节内容结构如图 3-30 所示。

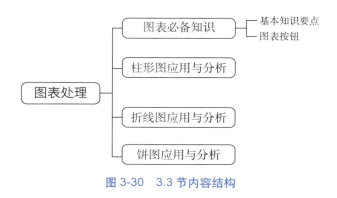

图 3-30　3.3 节内容结构

3.3.1　图表相关知识

1. 基本知识要点

① 图表实质：图表就是根据工作表中数据以图形方式展示数据的内在联系或关系，将表格指定数据以不同类型图形元素展示。

② 数据源：就是创建或插入图表时选用的数据工作表，它是图表制作的数据来源。当表中数据发生变化时，图表会自动更新。在 Excel 中，使用工作表中的数据建立图表后，改变工作表的内容时，图表将立刻随之改变。

③ 柱形图：各数据用柱形高低表示数据大小，用于横向比较各数据数值的大小差异关系。

④ 折线图：用时间数据作横坐标，分析数据值用纵坐标度量。不同时段数据分量值形成坐标点，各点连线呈现上升、下降、平稳、拐点等。用于分析数据随时间变化的趋势。

⑤ 饼图：取 1 行或 1 列数据合计值作为一个正圆，表示 100%，各个分量在正圆内以同心扇形显示。扇形面积大小表示占比高低，用于考量总量中各个数据分量的百分占比关系。

⑥ 图表坐标与图例：图表展示在一个平面上，用水平方向坐标轴和垂直方向坐标轴分别指示图表中图形的意义。纵轴刻度标识图形对应数值大小；水平轴上指出多个图形元素分类名称（标签），即这些图形元素对应表格数据的行或列名称。水平轴上每个图形元素以不同颜色区分。在图例说明中不同色块数据则对应列或行名称；创建时默认将行名称作水平轴上图形元素分类名称；图例说明不同色块数据对应列名称；如果不满足用户要求，可按"选择数据"按钮进行两者切换。

注意：饼图表只选 1 行或 1 列数据，且分量占比用扇形面积大小或直接标注各分量百分比数据，故不用坐标轴。

⑦ 切换行 / 列按钮：交换水平分类名称与图例名称按钮，实质就是改变图表展示表格数据方向。

⑧ 图表组成：理解图表元素组成及位置是创建图表、编辑设置和分析理解数据的基础。以柱形图为例进行部分标注说明，如图 3-31 所示。饼图由于使用单列或单行数据作图，除没有 X 分类轴、数据轴和网格线外，其他基本类似。

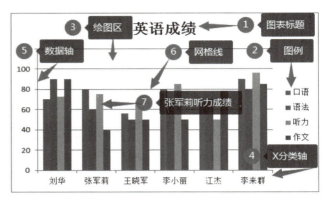

图 3-31　图表组成及位置标注说明图

2. 图表按钮

创建修改图表从插入选项卡进入，如图 3-32 所示。

图 3-32　插入选项卡

（1）"图表"组

"图表"组中有 7 个按钮，分别是柱形图、折线图、饼图、条形图、面积图、散点图、其他图表，单击可展开对应子图表。图 3-33 所示为 3 种常用图表。单击图表组右下方的展开按钮，弹出"插入图表"对话框，如图 3-34 所示。

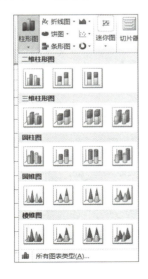

图 3-33　3 种常用图表

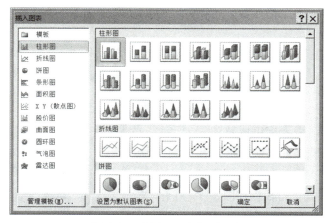

图 3-34 "插入图表"对话框

(2) 图表工具

在选好创建图表所用数据区后,单击某种图表类型按钮,就可创建对应的图形。此时,在插入选项卡功能区右边,会添加(激活)"图表工具"选项卡,显示多个分组及其按钮,如图 3-35~图 3-37 所示。这些按钮是编辑、修改和修饰图表所用按钮。操作时注意:选中图表区域,"图表工具"选项卡会显示;不选中图表区域,"图表工具"选项卡则会隐藏。

图 3-35 "图表工具 - 设计"选项卡的分组和按钮

图 3-36 "图表工具 - 布局"选项卡的分组和按钮

图 3-37 "图表工具 - 格式"选项卡的分组和按钮

(3) 选择数据与切换行/列按钮

选中图表,单击"图表工具 - 设计"选项卡,在数据组单击"选择数据"按钮,弹出"选择数据源"

对话框,包括:图表数据区域、图例项(系列)、水平(分类)轴标签和一个"切换行/列"按钮,如图 3-38 所示。单击"图表工具 - 设计"选项卡"数据"组中的"切换行/列"按钮,快捷实施图表分类与图例切换,如图 3-39 所示。

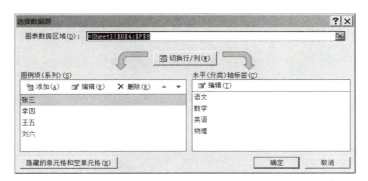

图 3-38 "选择数据源"对话框

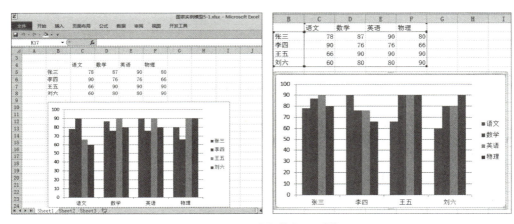

图 3-39 同一图表切换行、列效果

(4)其他按钮

①"图表工具 - 设计"选项卡位置组中的"移动图表"按钮:选中图表,单击此按钮显示移动图表对话框,选择位置,单击"确定"按钮,即可完成图表位置更换,如图 3-40 所示。

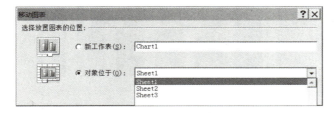

图 3-40 "移动图表"对话框

②"图表工具 - 布局"选项卡"标签"组按钮:可完成图表标题、坐标轴标题、图例和数据标签编辑。

③"图表工具 - 设计"选项卡其他组按钮:包括"类型"组、"图表布局"组、"图表样式"组按钮,选中图表后单击可实施对应的编辑操作。

④"图表工具 - 格式"选项卡各组按钮:主要用于图表美化操作。

3.3.2 柱形图应用与分析

案例

如表 3-5 所示数据,以姓名为 X 轴,口语、语法、听力、作文列为数据区域,在表下方插入簇状柱形图。

表 3-5 簇状柱形图数据源表

序号	A	B	C	D	E	F
1			英语成绩登记表			
2	姓名	口语	语法	听力	作文	综合成绩
3	刘华	70	90	73	90	80.9
4	张军莉	80	60	75	40	62.5
5	王晓军	56	50	68	50	56.6
6	李小丽	80	70	85	50	70.5
7	江杰	68	70	50	78	66
8	李来群	90	80	96	85	88.3
9	平均成绩	74	70	74.5	65.5	70.8
10	大于等于 85 分人数	1	1	2	2	1

案例分析:

①本题指明作图数据区域:姓名为 X 轴,口语、语法、听力、作文列为数据区域(不包括最后一行)。

② 其他要求,本题作图相对简单,按默认操作即可。

操作步骤:

① 创建图:选中 A2:F8 数据区,作为作图表的数据来源;单击"插入"选项卡,在"图表"组单击"柱形图"按钮,再单击二维柱形图中的"簇状柱形图"。

② 设置图表位置:拖动图表到 A11 处即可,结果如图 3-41 所示。

微课视频
插入柱形图表

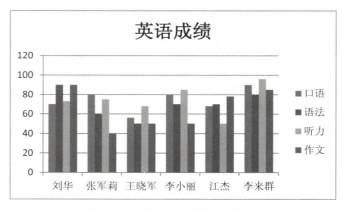

图 3-41 柱形图案例实现结果

案例扩展

假如需要将制作好的图表单独存储到新图表,可以单击图表中的空白处,单击"图有工具 - 设计"

选项卡"位置"组中的"移动图表"按钮,在弹出的"移动图表"对话框、选中"新工作表"单选按钮,单击"确定"按钮,如图 3-42 所示。

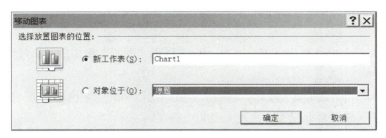

图 3-42　移动图表对话框

3.3.3　折线图应用与分析

如表 3-6 折线图表数据源所示数据,以 A2:E8 为数据区域,在数据表的下方插入带数据标记的折线图,图表样式为样式 2(X 轴表示每个季度,Y 轴表示每个季度各型号产品销售量)。

表 3-6　折线图表数据源

序号	A	B	C	D	E	F	G
1	产品销售情况表						
2	产品型号	一季度	二季度	三季度	四季度	合计	平均销售量
3	K-11	256	342	654	487	1 739	434.8
4	C-24	298	434	398	345	1 475	368.8
5	B-81	467	454	487	546	1 954	488.5
6	A-33	500	486	497	553	2 036	509.0
7	K-16	565	329	436	465	1 795	448.8
8	J-13	435	298	367	412	1 512	378.0
	总计	2 521	2 43	2 839	2 808	10 511	2 628

案例分析:

① 本题直接告知了参与作折线图表的数据区域 A2:E8,操作第一步直接按此选中即可。

② 图表制作中的水平(分类)轴标签和图例项系列问题,题目没直接说明,而是用(X 轴表示每个季度,Y 轴表示每个季度各型号产品销售量)间接给出。

- X 轴即为水平(分类)轴,标签就是用哪个文本数据作名称,"每个季度"就是 B2:E2 的一季度、二季度、三季度和四季度,它是表格的"上表头"。
- "Y 轴表示每个季度各产品型号"这句话有两层意思:

一是产品型号是表格的"左表头文本"作"图例项系列"。

二是销售量,正好是每个季度下各种产品型号右侧的销售各个数据值(作图数据一定要用数值类型数据)。

由于创建图表默认按"左表头文本"作水平轴(分类)标签、"上表头"作图例项,所以制作时一定要注意按"切换行/列"按钮一次。

微课视频

插入折线图表

③ 创建好后，要按题设给定"图表样式为样式2"和"在数据表的下方插入带数据标记的折线图"的图表位置和带（数据）标记要求进行编辑。位置可以拖动移到表格下方，以左上角定位到A11即可；数据标记和样式2要启用"图表工具-设计"选项卡下的按钮完成。

操作步骤：

① 创建图表：从A2拖动到E8；单击"插入"选项卡"图表"组中的"折线图"按钮，选择"折线图"，拖动图表到A11（左上角）。

② 编辑图表：单击"图表工具-设计"选项卡"数据组"中的"切换行/列"按钮，将上表头"季度一~四"设为水平（分类）轴标签，左表头设为图例项。

③ 修饰图表：

- 单击"图表工具-设计"选项卡"图表样式"组中的"样式2"按钮。
- 单击"图表工具-布局"选项卡"坐标轴"组中的"坐标轴"按钮，选择主要坐标轴下的其他主要坐标轴选项，弹出"设置坐标轴格式"对话框，单击最小值的固定选项、输入0；单击最大值的固定选项、输入700；单击主要刻度单位的固定选项，输入100；单击次要刻度单位的固定选项，输入20，单击关闭按钮。
- 单击"图表工具-布局"选项卡"标签"组中的"数据标签"按钮，单击"上方"按钮。

操作结果如图3-43所示。

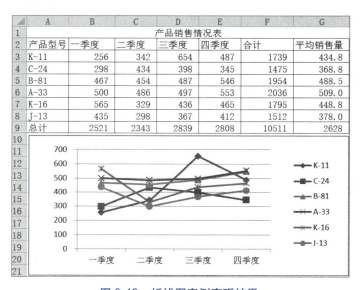

图3-43　折线图案例实现结果

注意：

① 编辑图表要选中图表空白处，否则图表工具栏不能显示。

② 图表水平（分类）轴标签和图例项（系列）是不同数据展示效果，制作图表时要注意切换好。

③ 本例"带数据标记的"和对折线图加数值标签不是一个意思，前者是一种图表类型，后者是布局修改内容，很容易混淆。

3.3.4 饼图应用与分析

案 例

根据表 3-6 中数据插入饼图，图表布局为布局 2，图表样式为样式 2。

表 3-6 饼图数据源

序号	A	B	C	D	E	F	G
1	通信费用统计表						
2	月份	套餐费用	语音费用	上网通信费	增值费	短信费	合计
3	1月	18.00	13.00	8.00	9.00	7.00	55.00
4	2月	18.00	26.75	9.00	3.00	4.00	60.75
5	3月	18.00	19.75	3.00	3.00	5.00	48.75
6	4月	18.00	38.15	6.00	5.00	1.00	68.15
7	5月	18.00	20.00	12.00	6.00	1.00	57.00
8	6月	18.00	26.00	11.00	1.00	9.00	65.00
	总计	108.00	143.65	49.00	27.00	27.00	354.65

微课视频

插入饼图图表

案例分析：

① 饼图表的制作与柱形图和折线图表不同，只取数据表单行或单列数据作为数据区域。

② 图例项还是有的，是与数据区域取向对应的左表头的行标题或者是上表头的列标题。

操作步骤：

① 创建图表：选中 A2:F2，按住【Ctrl】键选中 A9:F9；单击"插入"选项卡"图表"组中的"饼图"按钮，再单击二维饼图选项，按默认参数自动创建好饼图。

② 将图表左上角拖动到 A10 位置；拖动图表边缘调整其大小。

③ 编辑图表：单击图表空白处选中图表；单击"图表工具 - 设计卡"、单击"图表布局"组第 2 个"布局 2"按钮，将图例设在上方，显示数据标志；单击"图表样式"组第 2 个"样式 2"按钮，显示彩色饼图。

操作结果如图 3-44 所示。

图 3-44 饼图案例实现结果

 拓展练习

1. 某田径运动员想对最近 3 个月里的成绩变化进行分析，适合使用的图表类型应该选（ ）。

   A. 柱形图　　　B. 饼形图　　　C. 折线图　　　D. 条形图

   答案：C

2. Excel 2010 中，如果需要表达不同类别占总类别的百分比，最适应用以下（ ）图表类型。

A. 饼形图　　　　B. 折线图　　　　C. 柱形图　　　　D. 条形图

答案：A

3. 生成一个图表工作表在默认状态下该图表的名字是（　　　）。

　　A. 无标题　　　　B. Sheet1　　　　C. Chart1　　　　D. 图表1

答案：C

4. 建立 Excel 2010 图表时，一般（　　　）。

　　A. 先输入数据，再建立图表　　　　B. 首先新建一个图表标签

　　C. 建完图表后，再键入数据　　　　D. 在输入数据的同时，建立图表

答案：A

5. 在 Excel 2010 中图表中的大多数图表项（　　　）。

　　A. 可被移动或调整大小　　　　B. 不能被移动或调整大小

　　C. 固定不动　　　　D. 可被移动、但不能调整大小

答案：A

6.【2010年11月软考真题】在 Excel 中，使用工作表中的数据建立图表后，改变工作表的内容时，（　　　）。

　　A. 图表也不会变化　　　　B. 图表将立刻随之改变

　　C. 图表将在下次打开工作表时改变　　　　D. 图表需要重新建立

答案：B

3.4 数据管理

Excel 通过命令按钮的简单操作就可以对数据表格数据进行整体操作，不用编程就能快速实现数据管理的常用应用要求，包括排序、筛选、分类汇总、透视表等。

本节内容结构如图 3-45 所示。

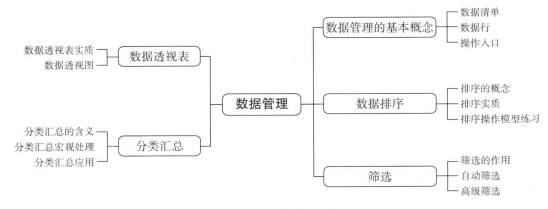

图 3-45　3.4 节内容结构

3.4.1 数据管理的基本概念

1. 数据清单

按照数据库观点，将以数据表纵向单数据列为基本操作单位、横向行中所有列数据为整体的特定数据表称为数据清单。数据清单要求：1个工作表只存1个数据表；数据表无标题；数据表中间无空数据行和列；数据表最后无运算结果附加行；Excel数据表一般第1行为列标题，表中不能有合并单元格。

本节所提数据管理指对 Excel 数据清单进行排序、筛选和分类汇总等操作，得到管理需要的数据显示结果。

2. 数据行

在数据管理操作中，列标题视为下面各行对应列数据名称（字段名）。第2行及其以下的多个数据行是数据管理的操作内容（数据行或记录）。

3. 操作入口

Excel 数据管理主要使用数据选项卡中"排序和筛选"和"分级显示"分组中分类汇总按钮完成操作任务，如图3-46所示。详见数据选项卡分组与按钮分布图。

图 3-46　数据选项卡分组与按钮分布图

3.4.2 数据排序

1. 排序的概念

（1）Excel 表格数据行顺序

就是从第1行开始下逐行向下输入数据的顺序，称为输入顺序。

（2）输入顺序存在问题

① 只反应输入时按"序号"登记顺序，序号列从上到下可能有从小到大规律。

② 用户关注某个列的数值，从上一行到下一行，数据时大时小，没有从小到大或从大到小规律。

2. 排序实质

① 重新调整：以用户关注列值为依据——关键字，比较各行的大小，根据比较结果重新调整每个数据行（为整体）在表格中行的先后顺序——排序。

② 达到效果：观察排序后表格数据区从第一行到最后一行在关键字值列，越来越大——升序，越来越小——降序。

③ 应用场合：根据排名顺序公平合理取用；快速找到最好前三名或最差的后三名；当关键字是字符文本时，达到分类的效果会因为关键字相同数据行，排序后会连续集中在一起。

3. 排序操作模型练习

（1）快速排序

信息技术

案例

① 图 3-47 所示为排序模型表，升、降序排序结果，左图仅给出三列四行简化数据表，测试 1、测试 2 列均无序。虽然关键字是列数据，为了观察行数据在排序中的整体调整情况、给每行填充不同背景颜色。

② 排序要求：对测试 1 字段分别进行升序排序和降序排序。

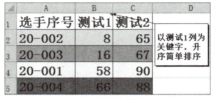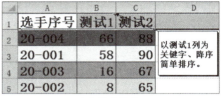

（a）模型表　　　　　　　　（b）升序排序　　　　　　　（c）降序排序

图 3-47　排序模型表，升、降序排序结果

操作步骤：

① 单击关键字数据列 1 所在列的任意一个单元格如 B2。

② 单击"数据"选项卡"排序与筛选"组中的升序按钮 ，完成升序排序，结果如图 3-50（b）所示。

③ 若单击的是降序排序按钮 ，完成降序排序，结果如图 3-47（c）所示。

（2）快速排名

① 问题引入：快速排序以单列值为依据进行排序，会重新调整原表数据行位置。如果不想改变原表行顺序，又能达到排序效果应如何操作？

③ 解决办法：可增设"名次"列、输入函数 =RANK(排序依据列名称数据单元格名称，排序依据数据列区域绝对名称，升序选用 0 降序选 1)，达到这一需求。

案例

下面还是选用数据模型表，以测试 2 为排序依据关键字，不改变原数据表数据行顺序情况下实现排序效果。

操作步骤：

① 选中 D1，输入"排名"，按【Enter】键；自动选中 D2 存储排名函数结果单元格。

② 在编辑栏，输入 =RANK(C2, C2:C5 ,0)。

③ 选中 C2:C5，按【F4】键，加绝对引用，显示 $C$2:$C$5。

④ 单击编辑栏中的"√"按钮，确定输入；指向 D2 填充柄、双击。

排名结果如图 3-48 所示。

结果说明：

① 观察发现：原数据表行并没有发生变化，排名次列下显示以测试 2 列值为依据的先后名次值。

② 试着故意改变测试 2 列数据，排名即刻自动重新计算出新的排名次的结果，达到动态排名功效。

③ 注意参数 2 必须绝对引用，因为排名区域向下填充才能保持不变。

④ 第三个参数用法：升序用 0，降序用 1 作参数；对比可见升降序 0 和 1 参数的选择效果。

第 3 章 Excel 电子表格处理

⑤ 在实际应用中,0 或 1 的选用还要结合具体情况确定。例如,测试 2 数据代表举重赛的公斤数,应该选择 0;如果是 2 000 米竞赛所用的时间,就应该选择 1。

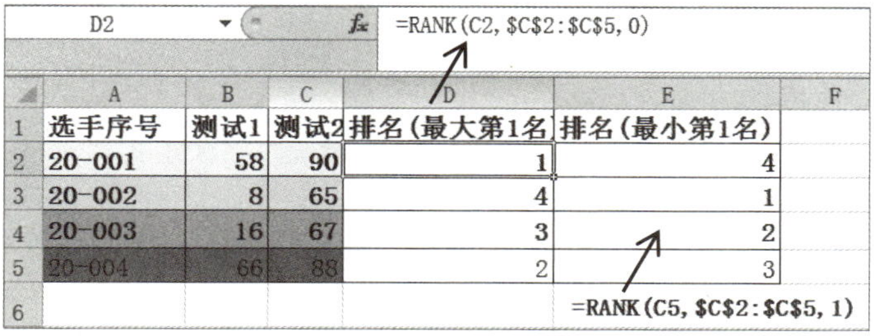

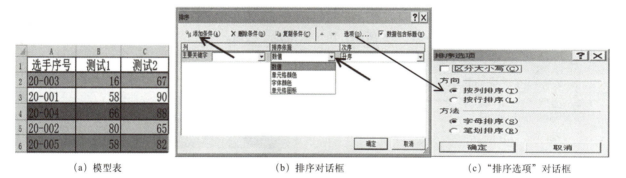

图 3-48 排名模型表排名结果

(3) 自定义排序

在实际应用中,排序不仅只按单列数据大小进行排序。自定义排序通过排序对话框,完成多种选项自由组合、实现复杂排序。包括单击"添加条件"增加关键字个数;单击排序依据下拉按钮,选择类型:数值、单元格颜色、字体颜色和单元格图标;单击"选项"按钮,选择方向和方法,如图 3-49 所示。

(a) 模型表　　　　(b) 排序对话框　　　　(c) "排序选项"对话框

图 3-49 数据模型表 1 与自定排序对话框

案 例

案例分析:

① 模型说明:自定义排序使用图 3-49 (a) 数据模型表。

② 排序要求:使用自定义排序,以测试 1 为主关键字,以测试 2 为次关键对数据表进行排序。

操作步骤:

① 测试 1 单列自定排序:为了对比单列和两列排序的不同,这里分两步实施和理解。

- 单击表内任一单元格,单击"数据"选项卡"排序和筛选"组中的"排序"按钮,弹出"排序"对话框如图 3-50 (a) 所示。

- 单击主要关键字右侧的下拉按钮,选择"测试 1",排序依据选择"数值",次序选"升序",单击"确定"按钮,结果如图 3-50 (b) 所示。

(a) 排序对话框

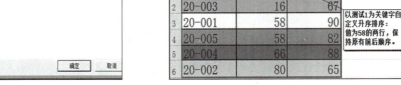

(b) 排序结果

图 3-50　自定义测试 1 单关键字排序结果

② 测试 1 和测试 2 两列自定排序：注意排序前 20-001 和 20-005 数据上下行顺序。

- 撤销第①步操作，回复原表；单击表内任意一个单元格，单击"数据"选项卡"排序和筛选"组中的"排序"按钮，弹出"排序"对话框。
- 单击主要关键字右侧的下拉按钮，选择"测试 1"、排序依据选择"数值"，次序选择"升序"。
- 单击左上角的"添加条件"按钮，显示次关键字选择栏。
- 单击次要关键字右侧的下拉按钮，选择测试 2"、排序依据选择"数值"，次序选择"升序"，如图 3-51 (a) 所示。单击"确定"按钮，排序结果如图 3-51 (b) 所示。

(a) 排序对话框　　　　　　　　　　　　(b) 排序结果

图 3-51　多重排序设置截图与自定义主次关键字排序结果

案例分析：

① 以主要关键字测试 1 进行自定义升序排序，结果中两个重复值 58，20-001、58 仍然在 20-005、58 的前面。

② 主要关键字测试 1、次要关键字测试 2 自定义排序结果，都是升序排序。在主要关键字排序基础上，接着只对主要关键字值相同的数据行，以次要关键字再排序。

③ 对比图 3-53 和图 3-54，20-005 数据行，因为次要关键字测试 2 值为 82 较小，被调换到次关键字测试 2 值为 90 行的前面。

3.4.3　筛选

1. 筛选的作用

筛选是查询的一种快捷方法。通过设置单列或多列筛选条件，从众多数据行只选出并显示满足条件的数据行数据。可分为自动筛选和高级筛选两大类，操作方法：单击“数据”选项卡“排序和筛选”组中的“筛选”按钮，如图 3-52 所示。

筛选操作可以让某些不需要的内容隐藏起来，以方便查看要观察的数据。在对工作表中的数据进行筛选操作前要确保数据区域的第一行要包含标题，不需要对表格进行排序。

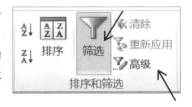

图 3-52　“排序和筛选”组

2. 自动筛选

在数据表列表头处添加“筛选按钮”，设置简单“条件”在原数据表只显示满足要求的数据行的一种筛选形式。有 3 种筛选方式，并配有简单排序和按颜色排序按钮。按颜色筛选和勾选指定筛选，操作简单，也易于理解；而数字筛选应用较多，也比较灵。

① 颜色筛选：若列中有文字颜色、填充颜色设置，可按项选定颜色种类和颜色，只显示指定“颜色”的数据行。

② 勾选值筛选：显示本列中不同的数据值，其前设有多选框；通过直接或搜索勾选，显示等于这些值的数据行。

③ 数字筛选：设置条件，完成筛选。

案 例

要求：选用图 3-53（a）图所示数据；只显示“测试 2”列中所有数值大于 80 的数据行。

	A	B	C
1	选手序号	测试1	测试2
2	20-001	58	90
3	20-002	8	65
4	20-003	16	67
5	20-004	66	88
6	20-005	58	82

（a）原始表

	A	B	C
1	选手序号	测试1	测试2
2	20-001	58	90
5	20-004	66	88
6	20-005	58	82

（b）筛选结果

图 3-53　筛选用表与数字筛选结果

操作步骤：

① 单击数据表任意一单元格，单击“数据”选项卡“排序和筛选”组中的筛选按钮，各列右侧都添加了筛选按钮。

② 单击需要设置条件的“测试 2”右侧的筛选按钮，选择“数字筛选”→“大于”命令，在弹出对话框的右侧文本中输入常量数值 80，单击“确定”按钮，如图 3-54 所示。

筛选结果参见图 3-53（b）。

数字筛选应用分析：

① 筛选结果显示形式：

- 将不满足筛选条件数据行隐藏，而不是删除；满足条件的数据行留下显示，作为筛选结果。
- 筛选结果在原数据区显示，如果需要单独使用，只能自行复制、粘贴到需要的位置。

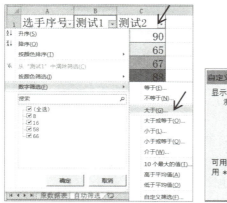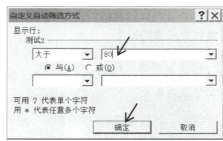

图 3-54　数据筛选与自定义筛选方式

② 筛选条件使用：
- 可对单列设置单条件，也可设置多条件：单击选择与、或后，继续选择比较符、名称和输入比较数据即可。
- 单列数据范围筛选条件设定："大于或等于下限值""与""小于或等于上限值"。
- 可对多个列数字筛选：其效果为在前面一列筛选的基础上，对另一列同法进行自动筛选操作。各列筛选条件实际上是都满足的与关系，但无法实现多列或关系。

③ 恢复与退出：
- 筛选恢复：单击"从"列名"中清除筛选"或勾选 (全选)，恢复本列隐藏数据行，保留筛选按钮。
- 所有列恢复：单击 清除 按钮，恢复所有隐藏数据行，保留筛选按钮；操作界面如图 3-55（a）所示。
- 退出：再次单击筛选 按钮，即可显示原数据表，取消各列名右侧筛选按钮，退出自动筛选操作。

自动筛选

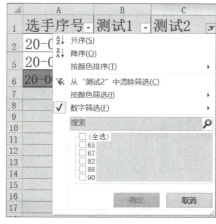

（a）筛选恢复操作界面　　　　　　（b）高级筛选模型表

图 3-55　筛选恢复操作界面与高级筛选模型表

3. 高级筛选

基于自动筛选存在的不足，Excel 提供了高级筛选。高级筛选首先需要自行另外选定筛选条件区域和筛选结果区域，并按筛选要求输入条件，然后进行高级筛选设置。

案 例

选用图 3-55（b）所示数据表，进行高级筛选，要求：
① 筛选出"技术职称"为"工程师"的数据行。
② 筛选出"技术职称"为"工程师"或者"性别"为"女"的数据行。

案例分析：

高级筛选要求单独建立条件区域和指定筛选结果复制到的区域。

① 条件区域：
- 第 1 行放筛选用列名称，建议复制、粘贴原表列名称，位置要与原数据表间留出至少一行间隔。
- 列名称下面数据行可填写多个条件，列名是条件（左中右构成）三量中的左量，在该列下填写中间比较符和右量值（常量）组合值，输入到对应列下同一个单元格中；
- 约定：单元格中若是等于"="比较符，不必输入。因为避免与公式"="号冲突，规定直接输入右量。
- 都要满足的多个条件，要在同一行的不同列中输入，构成都要满足的与关系。
- 多个条件只要满足 1 个的，就在同一列下的不同行中输入，构成只要满足 1 个的或关系。
- 条件区域中间不得有空条件行存在。
- 单列范围条件要增设一个同名列，在同行两同列名下分别输入">= 下限值 和 <= 上限值"。

本案例所设置条件区域，见图 3-56 左侧同行与、右侧不同行或条件设置。

8	条件区域1:				
9	姓名	性别	技术职称	考核分	
10			工程师	>85	（同行与）
11					（不同行或与）

8	条件区域2:				
9	姓名	性别	技术职称	考核分	
10			工程师	>85	（同行与）
11		女			（不同行或与）

图 3-56　左侧同行与、右侧不同行或条件设置

② 结果区域：高级筛选可将筛选结果放在另外位置，因此要指定结果区域。只要指定该区域左上角单元格即可。

操作步骤：
① 单击数据表任意单元格。
② 单击"数据"选项卡"排序和筛选"组中的高级按钮 ，弹出"高级筛选"对话框，自动选中了"列表区域"参数。
③ 选中"将筛选结果复制到其他位置"单选按钮。
④ 单击条件区域右侧的折叠按钮，在条件区域中从左上到右下拖动出需要构成条件区域，单击折叠按钮返回。
⑤ 单击复制到右侧折叠按钮，单击结果区左上角的单元格 A14，单击折叠按钮返回，如图 3-57 所示。
⑥ 单击"确定"按钮，结果如图 3-58 所示。

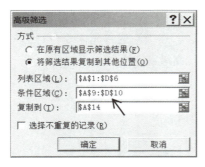 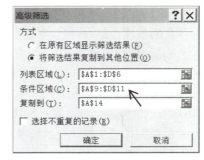

图 3-57 "高级筛选"对话框

8	条件区域：			
9	姓名	性别	技术职称	考核分
10			工程师	>85	（同行与）
11		女			（不同行或与）
12				
13	筛选结果复制到：			
14	姓名	性别	技术职称	考核分
15	张鹏	男	工程师	88

8	条件区域：			
9	姓名	性别	技术职称	考核分
10			工程师	>85
11		女		
12				
13	筛选结果复制到：			
14	姓名	性别	技术职称	考核分
15	张鹏	男	工程师	88
16	李伟	女	助理工程师	65
17	陈思期	女	工程师	82

图 3-58 高级筛选结果

微课视频

高级筛选

案例结果分析：

① 以技术职称 =" 工程师 " 并且考核分大于 85 为筛选条件；结果只有张鹏满足，被挑出显示。

② 以技术职称 =" 工程师 " 并且考核分大于 85，或者性别 =" 女 " 为筛选条件，结果有三人满足。

③ 条件区不同行输入条件，是或关系只要满一个即可；同行输入的条件是都要满足的与关系。

④ =" 工程师"和 =" 女"条件不能输入等于号，否则作为输入公式；文本的双引号不用输入。

3.4.4 分类汇总

1. 分类汇总的含义

数据行有相同类别（如部门、职称、产品型号等类别值）的多个数据行存在，需要按不同类别进行"独立核算"，就要启用分类汇总。

分类汇总要求将类别相同的数据行集中在一起；分类字段一般是文本类型，以对文本类型的字段为关键字进行排序依据是 ASCII 码的或汉字机内码，结果就是将关键字相同的数据行集中在一起。

2. 分类汇总宏观处理

① 准备工作：按类别排序，将类别相同分散数据行集中在一起。

② 分类汇总：启动汇总操作。

③ 选择方式：设置汇总计算方式（求和、平均数、计数、最大等），满足应用要求。

④ 收展处理：按汇总需要单击级别按钮，观看分类汇总结果。

3. 分类汇总应用

TF 工程有限责任公司要独立核算统计各部门的"基本工资""奖金""应发工资"的汇总，请使用表 3-7 中的工资表数据，完成此项任务。

表 3-7　TF 工程有限责任公司工资表

序号	A	B	C	D	E	F
1	姓名	部门	职称	基本工资	奖金	应发工资
2	王先圆	工程部	技术员	4 600	1 200	
3	吴建平	工程部	工程师	5 500	1 100	
4	张勇平	后勤部	技术员	5 680	1 800	
5	李文博	工程部	助理工程师	5 860	1 500	
6	司小霞	设计室	助理工程师	6 040	1 500	
7	王鹏强	工程部	助理工程师	6 220	1 500	
8	谭晓伟	设计室	工程师	6 400	2 000	
9	赵军霞	工程部	工程师	6 580	2 000	
10	周华明	设计室	工程师	5 760	1 200	
11	任敏至	工程部	工程师	5 940	1 300	
12	韩宇平	后勤部	技术员	5 120	1 000	
13	周杰红	设计室	助理工程师	4 300	1 250	

案例分析：

① 计算每位员工应发工资：使用加减公式或 SUM 函数完成计算。

注意：使用函数参数区域效果更好。当参与应发工资计算列数增减，或函数参数区域中间只要删除列或插入列、输入新数据时，函数能自动调整，计算出新结果；而使用公式，在插入空列和在空列中输入参与运算的数据，公式的计算结果不会改变；当删除中间计算列时，公式还将显示"#REF!"。

② 要统计各部门"基本工资""奖金""应发工资"，在 Excel 中分类汇总是解决此类各部门"独立核算"问题最简单的方法。

③ 由于"部门"列中的数据可能是分散的，分类汇总操作要求分类类别相同的数据行，要集中在一起成为一个核算的个体。否则，分散数据行即使分类类别相同，在分类汇总时也被视为不同的类别。因此，在汇总之前，必须先按分类列为关键字进行排序。

操作步骤：

① 双击打开"TF 工资工作簿 .xlsx"文件。

② 单击选中 F2、输入"=SUM(D2:E2)"、单击"√"按钮，鼠标指向 F2 填充柄、双击向下填充。

③ 单击"部门"列任一单元格、单击"数据"选项卡"排序和筛选"组中的升序按钮 或降序 按钮。

④ 单击"数据"选项卡"分级显示"组中的"分类汇总"按钮。

⑤ 单击"分类字段"下拉按钮，选定"部门"。

⑥ 单击"汇总方式"右侧的下拉按钮，选择"求和"，勾选汇总字段（基本工资、奖金和应发工资）。

⑦ 选中"替换当前分类汇总"和"汇总结果显示在数据下方"两个复选框，单击"确定"按钮，如图 3-59 所示。汇总如图 3-60 所示。

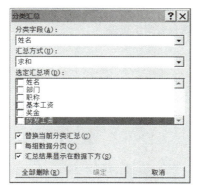 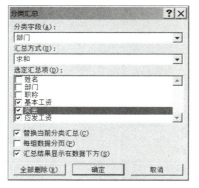

图 3-59　分类汇总设置

图 3-60　分类汇总结果

结果分析：

① 分类汇总完成了按部门单独核算基本工资、奖金和应发工资合计费用。

② 单击左上角 1~3 级按钮，可以展开或收拢分类汇总数据级别，方便观察不同级别的数据。

③ 分类汇总在原工作表数据区内进行；若要恢复原数据区，可以再次进入"分类汇总"对话框，单击最下方"全部删除"按钮。

4. 分类汇总案例扩展应用

案例

假设公司检查又提出，独立核算既要求合计又要计算它们平均值，该怎么处理？

解决方法：再进行第二次分类汇总。

操作步骤：

① 如前操作进入第 2 次汇总，如图 3-61 所示。

② 取消选择"替换当前分类汇总"复选框，否则只能显示第 2 次汇总结果。

③ 单击"汇总方式"右侧的下拉按钮，选择"平均值"。

④ 单击"确定"按钮。

结果分析：汇总结果保持第一次求和汇总结果；在其上一行显示第二次平均值的汇总结果。

结果问题：平均值计算出现无限循环小数。

改进实现：

① 单击计算结果单元格 D8。

② 在编辑栏中，对汇总公式"=SUMTOTAL(1,D2:D7)"外层再插入保留 2 位小数的四舍五入函数 ROUND(SUMTOTAL(1,D2:D7)_,2)，所输入内容见前面带下画线的字符内容。

③ 按【Enter】键。完成保留两位小数设置，并对第三位进行四舍五入处理。

改进结果：既求合计又计算平均值的分类汇总结果如图 3-62 所示。作为样式和便于对比，只对 D8 单元格数据进行了四舍五入处理，参见图 3-65 中编辑栏文本框中显示的函数。

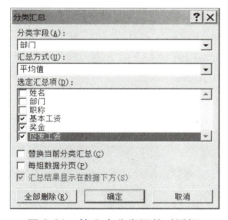

图 3-61　第 2 次分类汇总对话框　　　　图 3-62　既求合计又计算平均值的分类汇总结果

3.4.5　数据透视表

1. 数据透视表实质

Excel 数据透视表使用页面、行和列 3 个维度来观察、分析数据的"可变"汇总表。

 案　例

继续使用表 3-7 TF 工程有限责任公司工资表的数据，以"姓名"为报表页筛选字段，以"部门"为行标签，以"职称"为列标签，以"基本工资"、"奖金"和"应发工资"为合计，在新工作表中创建数据透视表。

操作步骤：

① 单击工作表数据区域中任一单元格。

② 单击"插入"选项卡"表格"组中的"数据透视表"按钮，选择"数据透视表"命令，自动框选数据区域 $A$1:$F$13、位置选中新工作表。操作界面如图 3-63 所示。

信 息 技 术

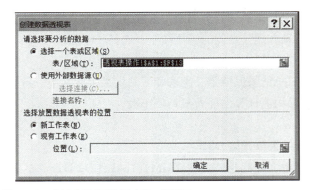

图 3-63 "创建数据透视表"对话框

③ 单击确定按钮，弹出创建透视表窗格，显示操作界面如图 3-64 所示。左侧为透视表位置分布；右侧为透视表报表字段、筛选、列标签、行标签和数值操作区。说明如下：

- 右上方"数据透视表字段列表"是数据表的全部列名，是创建透视表拖动起点位置。
- 左侧既是透视表布局位置指示和结果显示区域，也是字段数据拖动存放位置。
- 右下方 4 个区域是创建透视表的关键所在，对应左侧数据透视表 4 个显示区域，作用如其名称。
- 实际操作要根据具体要求，分别从右上方将需要字段，拖动到右下方"报表筛选""列标签""行标签"区域框内，形成透视表的结构。
- 将需要计算的字段拖动到右下方"数值"框内；默认计算方式求和；右击要计算字段，可更改或设置其汇总计算方式。

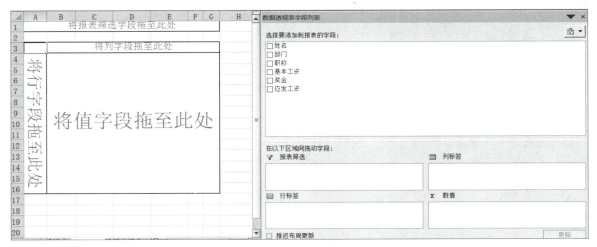

图 3-64 左侧工作区位置、右侧透视表报表筛选、行标签、列标签和字段说明图

④ 按案例要求分别将"姓名"拖动到右侧下方"报表筛选"框内，将"部门"拖动到"行标签"框内，将"职称"拖动到"列标签"框内，"基本工资""奖金"和"应发工资"分别拖动到右下角数值框内；上方拖动过的字段名前有"√"，还未处理的字段无"√"；建议不要往左侧的工作区拖动（不好操作，操作过程中界面会随之有变化）。

⑤ 在数值框内，分别单击"基本工资""奖金"，弹出设置快捷菜单，如图 3-65（a）所示；选择

第 3 章　Excel 电子表格处理

"值字段设置"命令，显示如图 3-65（b）所示。

 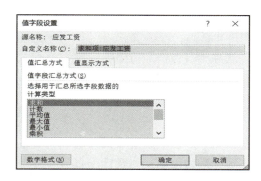

（a）快捷菜单　　　　　　　　　（b）值字段设置

图 3-65　数值字段计算方式设置界面

⑥ 在值汇总方式下，默认"求和"，完成创建操作。

透视表案例实现结果如图 3-66 所示。

	A	B	C	D	E	F	G
1	姓名	(全部)					
2							
3		职称	数据				
4		工程师			求和项:基本工资汇总	求和项:奖金汇总	求和项:应发工资汇总
5	部门	求和项:基本工资	求和项:奖金	求和项:应发工资			
6	工程部	18020	4400	22420	18020	4400	22420
7	设计室	12160	3200	15360	12160	3200	15360
8	总计	30180	7600	37780	30180	7600	37780

图 3-66　透视表案例实现结果

透视表是使用灵活、动态可变和操作方便的高级汇总分析表；操作前也不要求类别有序或排序数据、创建后可以根据需要更改；透视表可以再新工作表存储，不影响原工作表数据。

2. 数据透视图

Excel 可以用制作数据透视表的原数据表创建透视图，在插入透视图过程的同时，自动完成透视表的创建，也可以在建好的透视表上创建透视图。对数据作可变的可视化观察、比较和分析。

 案　例

继续使用表 3-7 TF 工程有限责任公司工资表数据,以"姓名"为报表页筛选,以"部门"为轴字段,以"职称"为图例字段,对"基本工资"、"奖金"和应发工资求和,创建透视图的同时自动创建数据透表。

操作步骤：

① 在已创建好透视表中直接插入数据透视图。

- 打开已创建好的透视表，选中表内单元格。
- 单击"数据透视表工具 - 选项"选项卡"工具"组中的"数据透视图"按钮。
- 在弹出的"插入图表"对话框中选择图表类型，单击"确定"按钮。

② 透视表透视图一并创建。
- 打开要创建数据透视表和图的数据源工作表，选中表内单元格。
- 单击"插入"选项卡"表格"组中的"数据透视表"按钮，选择"数据透视图"命令，弹出"创建数据透视表及数据透视图"对话框，如图 3-67 所示。
- 单击"确定"按钮，弹出"数据透视表字段列表"和"数据透视图筛选与及计算布局窗格"，如图 3-68 所示；左侧显示透视表与图样式，右侧上部为字段名，下部为与透视表界面的比对，行标签换为轴字段，列标签变为图例字段。

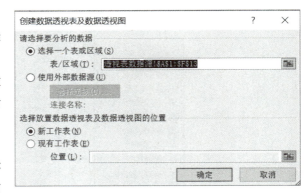

图 3-67　"创建数据透视表及数据透视图"对话框

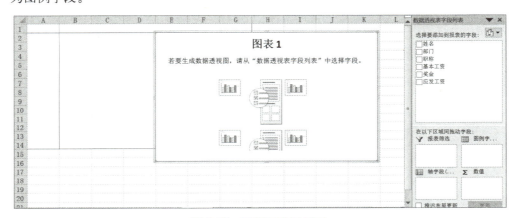

图 3-68　透视图设置界面

- 将"姓名"字段拖动到报表筛选框，将"部门"字段拖动到轴字段框、将"职称"字段拖动到图例字段框，将"基本工资""奖金""应发工资"字段分别拖到数值框，计算默认求和。完成数据透视图创建，默认为簇状柱形图，结果如图 3-69 所示。

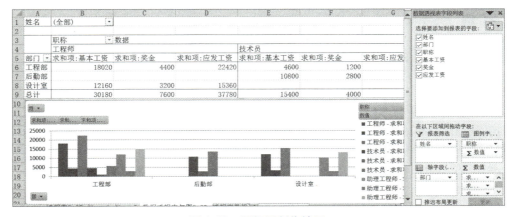

图 3-69　透视图制作结果

第 3 章 Excel 电子表格处理

③ 数据透视图观察与使用
- 建好透视图的同时伴随产生透视表；表与图同现易于观察对比。
- 透视图 3 个筛选按钮位置基本与透视表对应，作用类似。单击透视图或透视表上的筛选按钮，筛选相应值，可达到动态变化图与表的效果，且具有联动性；透视图可视化效果易于比较数据之间的大小差异关系。

④ 数据透视图修改方法。
- 右击透视图的空白处，在弹出的快捷菜单［见图 3-70（a）］中选择"选择数据"命令，弹出"选择数据源"对话框，如图 3-70（b）所示。

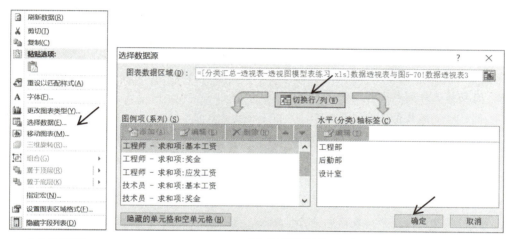

（a）快捷菜单　　　　　　　　　　（b）"选择数据源"对话框

图 3-70　透视图快捷菜单与"选择数据源"对话框

- 在图 3-70（b）中，可以切换图表的行列，即图例与水平轴标签互换。
- 若选择"更改图表类型"命令，可以变换展示图表的类型，如柱状图变为趋势图等。
- 选中透视图，单击"数据透视图工具 - 分析"选项卡"数据"组中的"刷新"按钮，及时反映数据源的变化。
- 选中透视图，单击"透视图工具 - 布局"选项卡"标签"组中的"数据标签"下拉按钮，选择数据在图形上的显示位置，即可在图表图形上显示出数据值；若要取消，再次同上法操作，选择无。
- 单击"数据透视图工具 - 布局"选项卡"标签"组中的"图表标题""坐标轴标题""图例"，完成标题取舍和图例位置的设置。

拓展练习

1. 在 Excel 中，进行分类汇总之前，必须对数据清单进行（　　　）。
   A. 排序　　　　B. 筛选　　　　C. 求和　　　　D. 计算
   答案：A

2. 在 Excel 中建立数据透视表时，默认的字段汇总方式是（　　）。
   A. 求和　　　　　　B. 求平均值　　　　C. 计数　　　　　D. 最大值
   答案：A

3. 在 Excel 中，当以中文文本字段为关键字进行排序时，系统不可以按（　　）顺序重排数据。
   A. 拼音字母　　　　B. 偏旁部首　　　　C. 自定义序列　　　D. 笔画
   答案：B

4. 在 Excel 2010 中，使用高级筛选前，必须为其指定一个条件区域，以便显示出符合条件的行；如果多个不同的条件要同时成立，则所有的条件应在条件区域的（　　）输入。
   A. 不同的行中　　　B. 不同的列中　　　C. 同一列中　　　　D. 同一行中
   答案：D

5. 关于 Excel 2010 的数据筛选，下列说法正确的是（　　）。
   A. 筛选是将满足条件的记录放在一张新表中，供用户查看
   B. 自动筛选每列只有两个条件
   C. 筛选将不满足条件的记录删除，只留下符合条件记录
   D. 自动筛选出满足条件前 10 条记录
   答案：B

6. 【2014年11月软考真题】以下关于 Excel 的叙述中，正确的是（　　）。
   A. 自动筛选需要先设置筛选条件　　　　B. 高级筛选不需要设置筛选条件
   C. 进行筛选前，无须对表格先进行排序　　D. 自动筛选前，必须先对表格进行排序
   答案：C

7. 【2010年11月软考真题】在 Excel 中，下列关于分类汇总的叙述，不正确的是（　　）。
   A. 分类汇总前必须按关键字排序数据
   B. 汇总方式只能是全部求和
   C. 分类汇总的关键字段只能是一个字段
   D. 分类汇总可以被删除，但删除汇总后排序操作不能撤销
   答案：B

小结

对基本概念要自行进行梳理，结合案例操作进行理解，概念清晰了才不会盲目操作。包括：工作簿、工作表、行列、单元格和区域名称、相对引用、绝对引用和混合引用；数据类型、选中与当前、条件、关键字、参数等。其中必须重点理解：选中是操作的前提，区域是数据操作实施生效的位置；单元格和区域名称与引用可以统一理解为：通过名称找到存储数据位置；而相对、绝对、混合引用，在公式函数复制、填充或移动时，单元格或区域名称"绝对不会变、混合带 $ 行或列不变（不带的另一半要变）、相对会变"，变化增量是目标位置与原位置编号的差值。

熟悉 Excel 工作界面：功能区、选项卡、分组、按钮、下拉按钮；编辑栏、名称框、填充柄、折叠按钮、

对话框、工作表标签栏等。这些是进行表格操作的位置或操作起步点，要记住大致位置、对话框的作用，操作实施细节；对重要常用按钮和对话框要多练习。

编辑工作表：包括表格数据、公式和函数的输入；数据处理和实施；图表创建与编辑四大类，分别进行实例操作练习。对不同要求题目，选用哪种处理方式、如何构建适合的函数和公式是重点，要多上机练习操作并体验。

函数使用格式：= 函数名(参数1,参数2,⋯,参数n)，先理解常用函数，再逐步学习其他函数的应用。

Excel 学习操作上机练习很重要，适当记忆也不可少。理解每节中的案例实现方法，多浏览 Excel 操作视频或网上学习资源；认真完成课后练习题。

习题

一、单选题

1. 【2020年10月软考真题】一个 Excel 中，用来存储并处理工作表数据的文件称为（　　）。
   A. 文档　　　　　B. 单元格　　　　　C. 工作簿　　　　　D. 工作区
   答案：C

2. 【2020年10月软考真题】在 Excel 中，若 A1 单元格中的值为 -1，B1 单元格中的值为 1，在 B2 单元格中输入 =SUM(SIGN(A1)+B1)，则 B2 单元格中的值为（　　）。
   A. 2　　　　　　B. 0　　　　　　　C. 1　　　　　　　D. -1
   答案：B

3. 【2020年10月软考真题】在 Excel 中，若要计算出 B3:E6 区域内的数据的最小值并保存在 B7 单元格中，应在 B7 单元格中输入（　　）。
   A. MAX(B3:E6)　B. MIN(B3:E6)　　C. SUM(B3:E6)　　D. COUNT(B3:E6)
   答案：B

4. 【2019年11月软考真题45】下列关于 Excel 2010 的叙述中，正确的是（　　）。
   A. Excel 将工作簿的每一张工作表分别作为一个文件来保存
   B. Excel 允许同时打开多个工作簿文件
   C. Excel 的图表必须与生成该图表的有关数据处于同一张工作表上
   D. Excel 工作表的名称由文件决定
   答案：B

5. 【2019年11月软考真题】在 Excel 2010 工作表中，（　　）不是单元格地址。
   A. B$3　　　　　B. $B3　　　　　　C. B3$3　　　　　D. $B$3
   答案：C

6. 【2019年11月软考真题】在 Excel 2010 中（　　）属于算术运算符。
   A. *　　　　　　B. =　　　　　　　C. &　　　　　　　D. <>
   答案：A

7. 【2019年11月软考真题】在 Excel 2010 的 A1 单元格中输入函数"=LEFT("CHINA"，1)"，按【Enter】键后，则 A1 单元格中的值为（   ）。

    A. C   B. H   C. N   D. A

    答案：A

8. 【2019年11月软考真题】在 Excel 中，若在单元格 A1 中输入函数"=MID("RUANKAO",1,4)"，按【Enter】键后，则 A1 单元格中的值为（   ）。

    A. R   B. RUAN   C. RKAO   D. NKAO

    答案：B

9. 【2019年11月软考真题】在 Excel 2010 中，若在单元格 A1 中输入函数"=AVERAGE(4,8,12)/ROUND(4.2,0)"，按【Enter】键后，则 A1 单元格中的值为（   ）。

    A. 1   B. 2   C. 3   D. 6

    答案：B

10. 【2019年11月软考真题】在 Excel 2010 中，设单元格 A1 中的值为 -100，B1 中的值为 100，A2 中的值为 0，B2 中的值为 1，若在 C1 单元格中输入函数"=IF(A1+B1<=0,A2,B2)"，按【Enter】键后，则 C1 单元格中的值为（   ）。

    A. -100   B. 0   C. 1   D. 100

    答案：B

11. 【2019年11月软考真题】在 Excel 2010 中，若 A1 单元格中的值为 50，B1 单元格中的值为 60，若在 A2 单元格中输入函数"=IF(AND(A1>=60,B1>=60),"合格","不合格")"，则 A2 单元格中的值为（   ）。

    A. 50   B. 60   C. 合格   D. 不合格

    答案：D

12. 【2019年11月软考真题】在 Excel 2010 中，若 A1、B1、C1、D1 单元格中的值分别为 22.38、-21.38、31.56、-30.56，在 E1 单元格中输入函数"=ABS(SUM(A1:B1))/AVERAGE(C1:D1)"，则 E1 单元格中的值为（   ）。

    A. -1   B. 1   C. -2   D. 2

    答案：D

13. 【2019年11月软考真题】在 Excel 2010 中，（   ）可以对 A1 单元格数值的小数部分进行四舍五入运算。

    A. =INT(A1)   B. =INTEGER(A1)   C. =ROUND(A1,0)   D. =ROUNDUP(A1,0)

    答案：C

14. 【2019年11月软考真题】在 Excel 2010 电子表格中，如果要将单元格中存储的 11 位手机号中第 4 到 7 位用"***"代替，应使用（   ）函数。

    A. MID   B. REPLACE   C. MATCH   D. FIND

    答案：B

15. 【2019年11月软考真题】在 Excel 2010 电子表格中，如果单元格 A2:A50 中存储了学生的成绩

(成绩取值在0~100之间)，若要统计小于60分学生的人数，正确的函数是（　　）。

　　A．=COUNT(A2:A50,<60)　　　　　　B．=COUNT(A2:A50,"<60")
　　C．=COUNTIF(A2:A50,<60)　　　　　D．=COUNTIF(A2:A50,"<60")
　　答案：D

16．【2019年6月软考真题】在Excel 2010中，设单元格A1、A2、A3、A4中的值分别为20、3、16、20，若在单元格B1中输入函数"=PRODUCT(A1,A2)/MAX(A3,A4)"，按【Enter】键后，则B1单元格中的值为（　　）。

　　A．3　　　　　B．30　　　　　C．48　　　　　D．59
　　答案：A

17．【2019年6月软考真题】Excel 2010表格中有一个数据非常多的报表，打印时需要每页顶部都显示表头，可设置（　　）。

　　A．打印范围　　B．打印标题行　　C．打印标题列　　D．打印区域
　　答案：B

18．【2019年6月软考真题】在Excel 2010中的A1单元格输入公式（　　），按【Enter】键后，该单元格值为0.25。

　　A．5/20　　　B．=5/20　　　C．"5/20"　　　D．="5/20
　　答案：B

19．【2018年11月软考真题】下列关于Excel 2010的叙述中，不正确的是（　　）。

　　A．Excel 2010是表格处理软件
　　B．Excel 2010不具有数据库管理能力
　　C．Excel 2010具有报表编辑、分析数据、图表处理、连接及合并等能力
　　D．在Excel 2010中可以利用宏功能简化操作
　　答案：B

20．【2018年11月软考真题】为在Excel 2010的A1单元格中生成一个60~100之间的随机数，则应在A1单元格中输入（　　）。

　　A．=RAND()*(100-60)+60　　　　　B．=RAND()*(100-60)+40
　　C．=RAND()*(100-60)　　　　　　　D．=RAND(100)
　　答案：A

21．【2018年11月软考真题】在Excel 2010中，若在A1单元格中的值为9，在A2单元格中输入"=SQRT(A1)"按【Enter】键后，则A2单元格中的值为（　　）。

　　A．0　　　　　B．3　　　　　C．9　　　　　D．81
　　答案：B

22．【2017年11月软考真题】在Excel中，删除工作表中与图表隐含连接的数据时，图表（　　）。

　　A．不会发生变化
　　B．将自动删除相应的数据点
　　C．必须用编辑操作手工删除相应的数据点

D. 将与连接的数据一起自动复制到一个新工作表中

答案：B

23．【2017年6月软考真题】在Excel中，若A1、B1、C1、D1单元格中的值分别为2、4、8、16，在E1单元格中输入函数"=MAX(C1:D1)^MIN(A1:B1)"，则E1单元格中的值为（　　）。

　　A．4　　　　　　B．16　　　　　　C．64　　　　　　D．256

答案：D

24．【2016年6月软考真题】常用的统计表有柱形图、条形图、折线图、饼图等。右图所示的统计图表类型为(　　)。

　　A．饼图　　　　B．条形图

　　C．柱形图　　　D．折线图

答案：A

25．【2016年11月软考真题】在Excel中，单元格A1、A2、B1、B2、C1、C2、D1、D2单元格中的值分别为10、10、20、20、30、30、40、40，若在E1单元格中输入函数"=SUMIF(A1:D2,">30",A2:D2)"，按【Enter】键后，则E1单元格中的值为（　　）。

　　A．10　　　　　　B．20　　　　　　C．30　　　　　　D．40

答案：D

26．【2016年11月软考真题】在Excel中，若在单元格A1中输入函数"=WEEKDAY("2016-11-19",2)"，按【Enter】键后，则A1单元格中的值为（　　）。

　　A．2　　　　　　B．6　　　　　　C．11　　　　　　D．9

27．【2015年11月软考真题】在右图所示Excel工作表中，若要在比赛成绩大于或等于90对应的"备注"单元格中显示"进入决赛"，否则不显示任何内容，则应在D3单元格中输入函数（　　），按【Enter】键后再往下自动填充。

　　A．=IF(#REF!>=90,"进入决赛")

　　B．=IF(C3>=90,IF("进入决赛",""）

　　C．=IF(C3>=90,"进入决赛","")

　　D．=IF(C3:C12)>=90,"进入决赛"))

答案：C

28．【2015年6月软考真题】Excel中，为了直观地比较各种产品的销售额，在插入图表时，宜选择（　　）。

　　A．雷达图　　　　B．折线图　　　　C．饼图　　　　D．柱形图

答案：D

29．【2015年6月软考真题】在Excel中，单元格A1、A2、A3、B1、B2、B3、C1、C2、C3中的值分别为12、33、98、33、76、56、44、78、87，若在单元格D1中输入按条件计算最大值函数"=LARGE(A1:C3,3)"，按【Enter】键后，则D1单元格中的值为（　　）。

　　A．12　　　　　　B．33　　　　　　C．78　　　　　　D．98

答案：C

30. 【2015年11月软考真题】有27题Excel工作表，在A13单元格中输入函数" =COUNTA(B3:B12)"，按【Enter】键后，则A13单元格中的信息为（   ）。

   A. 4 B. 6
   C. 8 D. 10
   答案：D

31. 【2015年6月软考真题】有如下Excel工作表，在A8单元格中输入函数"=COUNTA(B4:D7)"，按【Enter】键后，A8单元格中的值为（   ）。

   A. 4 B. 6
   C. 8 D. 12
   答案：C

32. 【2015年6月软考真题】有如下Excel工作表，要计算张丹的销售业绩，应在E4单元格中输入函数（   ）。

   A. =SUM(B2:B4, D2:D4)
   B. =SUM(B2:D4)*(SUM（B4:D4）)
   C. =SUM(2:D2)*（SUM(B4:D4)
   D. =SUMPRODUCS($B$2:$D$2, $B$4:$D$4)
   答案：D

33. 单击Excel工作表（   ），则整个工作表被选中。
   A. 右上角方块 B. 右下角方块 C. 左上角方块 D. 左下角方块
   答案：C

34. Excel创建的一个图表工作表在默认状态下该图表的名字是（   ）。
   A. 无标题 B. Sheet1 C. Chart1 D. 图表1
   答案：C

35. Excel图表是（   ）。
   A. 单独图片
   B. 工作表数据的图展示
   C. 依据工作表数据作画图工具绘制
   D. 可用画图工具进行编辑
   答案：B

36. 下面对Excel 2010数据筛选功能描述正确的是（   ）。
   A. 只显示满足条件的数据行，不满足条件的隐藏起来
   B. 将满足条件的数据用红色突出显示
   C. 不满足条件的数据填充灰色
   D. 满足条件记录显示出来，不满足条件数据删除掉
   答案：A

37. 某企业要统计职工工资情况，用Excel工作表按工资从低到高排序，工资相同的以年龄升序排列决定相同数据的顺序，则以下关于关键字和次关键字描述正确的是（   ）。

A. 关键字"年龄"，次关键字为"工资"　　B. 关键字为"年龄+工资"

C. 关键字为"工资+年龄"　　　　　　　D. 关键字为"工资"，次关键字为"年龄"

答案：D

38. Excel中，查看满足部分条件的数据内容，最有效的方法是（　　）。

A. 数据筛选　　　B. 排序　　　C. 数据透视表　　　D. 宏编程

答案：A

二、操作题

1.【2020下半年真题试题】在 Excel 的 Sheet1 工作表的A1:D19区域内，创建如下图所示学生成绩表。按题目要求完成后，用Excel的保存功能直接存盘。(表格没有创建在指定区域将不得分)要求：

（1）表格要有可视的边框，并将文字设置为宋体、16磅、居中。

（2）在相应单元格内用 RANK 函数计算每个学生的成绩名次。

（3）在相应单元格内用 AVERAGEIF 函数计算男生的平均成绩，计算结果保留一位小数。

（4）在相应单元格内用 AVERAGEIF 函数计算女生的平均成绩，计算结果保留一位小数。

（5）在相应单元格内用 COUNTIF、COUNT 函数计算及格率（大于等于60分为及格），计算结果用百分比形式表示，保留1位小数。

【下面左图是原始数据表，右图为操作结果】

2.【2020下半年真题试题】在Excel的Sheet1工作表的A1:D19区域内创建"期末考试计算机成绩表"(内容如下图所示)，按题目要求完成后，用Excel的保存功能直接存盘。(表格没创建在指定区域将不得分)。要求：

（1）表格要有可视的边框，并将文字设置为宋体、16磅、居中。

（2）成绩≥90为优秀，90＞成绩≥80为良好，80＞成绩≥70为中等，70＞成绩≥60为合格，成绩＜60为不及格，在等级列相应单元格内用 IF 函数计算每个学生的等级。

（3）在排名列相应单元格内用 RANK 函数计算学生的排名。

（4）在相应单元格内用 AVERAGE 函数计算平均分，保留2位小数。

（5）在相应单元格内用 SUM、COUNTIF、COUNT 函数计算及格率(大于等于60分为及格)，计算结果用百分比形式表示，保留2位小数。

【下面左图是原始数据表，右图为操作结果】

第 3 章 Excel 电子表格处理

学号	成绩	等级	排名
期末考试计算机成绩表			
202001	88		
202002	90		
202003	58		
202004	60		
202005	90		
202006	75		
202007	77		
202008	82		
202009	96		
202010	51		
202011	72		
202012	98		
202013	69		
202014	86		
202015	81		
平均分			
及格率			

学号	成绩	等级	排名
期末考试计算机成绩表			
202001	88	良好	5
202002	90	优秀	3
202003	58	不及格	14
202004	60	及格	13
202005	90	优秀	3
202006	75	中等	10
202007	77	中等	9
202008	82	良好	7
202009	96	优秀	2
202010	51	不及格	15
202011	72	中等	11
202012	98	优秀	1
202013	69	及格	12
202014	86	良好	6
202015	81	良好	8
平均分	78.20		
及格率	86.67%		

3.【2018 下半年真题试题】用 Excel 创建"销售明细表"(内容如下表所示),按照题目要求完成后,用 Excel 的保存功能直接存盘。

序号	4月			5月			6月		
	工号	商品	销售量	工号	商品	销售量	工号	商品	销售量
1	A001	索爱手机	11	A001	MOTOROLA手机	10	A002	MOTOROLA手机	19
2	B001	NOKIA手机	12	B001	NOKIA手机	11	A002	索爱手机	20
3	A002	NOKIA手机	13	B002	MOTOROLA手机	12	A001	NOKIA手机	21
4	B001	MOTOROLA手机	14	B001	索爱手机	13	B001	NOKIA手机	22
5	B002	MOTOROLA手机	15	B002	三星手机	14	B002	MOTOROLA手机	23
6	A002	三星手机	16	A002	索爱手机	15	B001	索爱手机	24
7	A003	三星手机	17	A001	NOKIA手机	16	B002	三星手机	25
8	A001	三星手机	18	A002	三星手机	17	A002	三星手机	26
9	A002	MOTOROLA手机	19	A003	三星手机	18	A003	三星手机	27
	4月销售量			5月销售量			6月销售量		
	统计销售明细表中所有"三星手机"的销售量汇总								
	统计销售明细表中所有工号为B开头的销售量汇总								

要求:
(1)表格要有可视的边框,并将表中的内容均设置为宋体、12 磅、居中。
(2)将表中的月标题单元格填充为灰色 -25%,列标题单元格填充为茶色,序号列填充为浅色。
(3)用函数计算 4 月、5 月和 6 月销售总量,填入相应的单元格中。
(4)用函数统计销售明细表中所有"三星手机"的销售量汇总。
(5)用函数统计销售明细表中所有工号为 B 开头的销售量汇总。

4.【2015 上半年真题试题】Excel 的 Sheet1 工作表的 C2:K8 单元格和 C10:F12 单元格区域内分别创建"2015 年 4 月销售情况统计表"和"产品单价表"。按题目要求完成后,用 Excel 的保存功能直接存盘。要求:

(1)表格要有可视的边框,并将文字设置为宋体、16 磅、居中。

(2)用 SUMPRODUCT 函数计算每名员工的总销售额,将计算结果填入对应单元格中。

(3)用 CEILING 函数计算每名员工的销售提成,销售提成=销售总额 ×0.85%,将计算结果填入对应单元格中。

员工编号	产品1	产品2	产品3	销售总额	基本工资	应发工资	实发工资
2015年4月销售情况统计表							
X1301	45	70	68		800		
X1302	85	120	87		1000		
X1303	65	87	45		650		
X1304	49	68	43		800		
X1305	58	74	35		850		
产品单价表							
名称	产品1	产品2	产品3				
单价(元)	1500	1450	2630				

(4)用 SUM 函数计算应发工资,应发工资=基本工资+销售提成,将计算结果填入对应单元格中。

(5)用 ROUND 和 MAX 函数计算实发工资,实发工资=应发工资−个人所得税。
(按新税法,计算个人所得税=应发工资 × 级距对应的税率−速算扣除数;级距的计算方法是:

信息技术

应发工资 −5 000 元，计算结果小于 0，税率为 0，计算结果大于 0，按现利率表计算），将计算结果填入对应单元格，结果保留两位小数。

5.【2014 上半年真题试题】用 Excel 创建"学生成绩表"和"成绩统计表"。按题目要求完成后，用 Excel 的保存功能直接存盘。要求：

（1）表格要有可视的边框，并将表中的文字设置为宋体、12 磅、黑色、居中。

（2）用函数计算总分，将计算结果填入对应的单元格中。

（3）用函数统计各科、各班实考人数，无成绩空白单元格为缺考者，将统计结果填入对应的单元格中。

（4）用函数计算各科、各班的最高分，将计算结果填入对应的单元格中。

（5）用函数计算各科、各班的最低分，将计算结果填入对应的单元格中。

6.【2014 上半年真题试题】用 Excel 创建"学生成绩表"（内容如下图所示）。按题目要求完成之后，用 Excel 的保存功能直接存盘。要求：

（1）表格要有可视的边框，并将表中的文字设置为宋体、12 磅、黑色、居中。

（2）用函数计算每名学生的平均分，计算结果保留 2 位小数。

（3）用函数计算数学、英语、计算机科目的最高分。

（4）用函数计算数学、英语、计算机科目的最低分。

（5）用平均分函数计算等级评定。评定方法：85~100 优秀，70~84 良好，60~69 及格，0~59 不及格。

7.【2013 下半年真题试题】用 Excel 创建"学生成绩统计表"（内容如下图所示）。按题目要求完成之后，用 Excel 的保存功能直接存盘。要求：

	A	B	C	D	E	F	G	H	I
1		学生成绩统计表							
2		学号	姓名	平时成绩	期中成绩	期末成绩	总分	平均分	等级
3		60101	夏小东	56	64	74			
4		60102	谢红	74	29	31			
5		60103	刘敏	96	68	96			
6		60104	卢可仁	95	29	54			
7		60105	孙水松	98	85	88			
8		60106	丁国瑞	57	64	67			
9		60107	王少洲	85	89	98			
10		60108	李继霈	70	56	65			
11		60109	李肖杰	58	62	70			

（1）表格要有可视的边框，并将表中的文字设置为宋体、12 磅、黑色、居中。

（2）将表格标题设置为华文琥珀、18磅、浅蓝；为行标题填充水绿色底纹。
（3）用函数计算总分。
（4）用函数计算平均分，计算结果保留一位小数。
（5）用函数计算等级。等级的计算方法是平均分大于等于85为优，大于等于70且小于85为良，大于等于60且小于70为及格，否则为不及格。

结果样图：

	A	B	C	D	E	F	G	H	I
1		学生成绩统计表							
2		学号	姓名	平时成绩	期中成绩	期末成绩	总分	平均分	等级
3		60101	夏小东	56	64	74	194	64.7	及格
4		60102	谢红	74	29	31	134	44.7	不及格
5		60103	刘敏	96	68	96	260	86.7	优
6		60104	卢可仁	95	29	54	178	59.3	不及格
7		60105	孙水松	98	85	88	271	90.3	优
8		60106	丁国瑞	57	64	67	188	62.7	及格
9		60107	王少洲	85	89	98	272	90.7	优
10		60108	李继儒	70	56	65	191	63.7	及格
11		60109	李肖杰	58	62	70	190	63.3	及格

8.【2013上半年真题试题】用Excel创建"汽车销售完成情况表"（内容如下图所示）。按题目要求完成后，用Excel的保存功能直接存盘。要求：

	A	B	C	D	E	F
1	12年2月汽车销售完成情		2013年2月汽车销售完成情况			
2	类型	2月销量	2月销量	1月销量	环比	同比
3	轿车	729677	694305	1175746		
4	MPV	43893	79051	56175		
5	SUV	124851	146517	235684		
6	总计					

（1）为表格绘制蓝色、双线型边框，并将底纹填充为浅黄色。
（2）将表中的文字设置为华文仿宋、黑色、16磅、居中。
（3）根据表中数据，用函数计算"总计"，并填入对应的单元格中。
（4）根据表中数据，用公式计算"环比"增减量，计算结果保留一位小数，并用百分比表示。
（5）根据表中数据，用公式计算"同比"增减量，计算结果保留一位小数，并用百分比表示。

【提示】同比增长计算公式：同比增长率 =（本期数 – 同期数）÷ 同期数 ×100%（同期数对应去年这个月的数）；2.环比增长计算公式：环比增长率 =(本期数 - 上期数) / 上期数 ×100%（上期数对应本年上个月的数）。

结果样图：

	A	B	C	D	E	F
1	2012年2月汽车销售完成情况		2013年2月汽车销售完成情况			
2	类型	2月销量	2月销量	1月销量	环比	同比
3	轿车	729677	694305	1175746	-40.9%	-4.8%
4	MPV	43893	79051	56175	40.7%	80.1%
5	SUV	124851	146517	235684	-37.8%	17.4%
6	总计	898421	919873	1467605	-37.3%	2.4%

信 息 技 术

9.【2012上半年真题试题】用Excel创建"期中成绩统计表"（内容如下表所示）。按照题目要求完成后，用Excel的保存功能直接存盘。要求：

	A	B	C	D	E	F	G	H
1	期中成绩统计表							
2	序号	姓名	语文	数学	外语	物理	化学	总分
3	1	丁杰	60	55	75	72	68	
4	2	丁喜莲	88	92	91	90	96	
5	3	公夏	73	66	92	86	76	
6	4	郭德杰	90	84	82	77	84	
7	5	李冬梅	82	84	77	84	90	
8	6	李静	72	81	88	69	82	

（1）表格有可视边框，将表中列标题设置为宋体、14磅、居中；其他内容设置宋体、12磅、居中。
（2）用函数计算总分。
（3）用RANK函数计算出名次。
（4）用函数计算出每门课程的平均分。
（5）将每门课程低于平均分的成绩以红色显示。

10.【2011下半年真题试题】用Excel创建"进货销货存货统计表"（内容如下表所示），按照题目要求完成后，用Excel的保存功能直接存盘。要求：

	A	B	C	D	E	F	G	H	I	J	K	L	M	N
1	进货销货存货统计表													
2	序号	商品名称	品牌	单价	上月存货		本月存货		本月进货		本月销货		本月末存货	
3					数量	金额	数量	金额	数量	金额	数量	金额	数量	金额
4	1	CPU	Interl	500	3	1500	45		42					
5	2	硬盘	日立	700	5	3500	55		30					
6	3	内存	三星	300	3	900	36		35					
7	4	主板	华硕	1600	8	12800	52		50					
8	5	显卡	映泰	850	4	3400	33		33					
9	6	笔记本	联想	10800	1	10800	16		15					

（1）表格要有可视的边框，并将表中的内容全部设置为宋体、12磅、居中。
（2）计算本月进货金额。
（3）计算本月销货金额。
（4）计算本月末存货数量。
（5）计算本月末存货金额。

11.【2011上半年真题试题】用Excel创建"第二学期月考成绩表"（内容如下表所示），按照题目要求完成后，用Excel的保存功能直接存盘。要求：

	A	B	C	D	E	F	G	H	I	J	K	L	M	N	O	P	Q
1	第二学期月考核成绩										统计各科成绩大于平均分的人数						
2	学号	姓名	性别	语文	数学	英语	综合	体育	总分		性别	语文	数学	英语	综合	体育	总分
3	144	A	女	126	121	107	195	96			男						
4	147	B	男	125	137	92	190	97			女						
5	158	C	男	129	135	98	191	87									
6	145	D	女	117	134	102	189	95									
7	121	E	女	116	134	100	186	88									
8	138	F	女	119	114	110	182	91									
9	111	G	男	109	133	110	172	90									
10	142	H	女	130	113	96	177	83									
11		及格率															
12		优秀率															

（1）表格要有可视的边框，并将表中的内容全部设置为宋体、12磅、居中。

（2）将第二学期月考成绩表中的列标题单元格填充为浅青绿色，统计各科成绩大于平均分的人数，列标题和行标题单元格填充为浅绿色。

（3）用函数计算总分。

（4）用函数计算及格率和优秀率，并用百分比表示，保留两位小数，其中语文、数学、英语成绩大于等于90，综合成绩大于等于180，体育成绩大于等于60为及格；语文、数学、英语成绩大于等于135，综合成绩大于等于270，体育成绩大于等于90为优秀。

（5）用函数统计男、女学生各科成绩大于平均分的人数，并填入相应单元格中。

结果样图：

	A	B	C	D	E	F	G	H	I	J	K	L	M	N	O	P	Q
1				第二学期月考核成绩								统计各科成绩大于平均分的人数					
2	学号	姓名	性别	语文	数学	英语	综合	体育	总分		性别	语文	数学	英语	综合	体育	总分
3	144	A	女	126	121	107	195	96	645		男	2	3	1	2	1	2
4	147	B	男	125	137	92	190	97	641		女	2	2	3	3	3	2
5	158	C	男	129	135	98	191	87	640								
6	145	D	女	117	134	102	189	95	637								
7	121	E	女	116	134	100	186	88	624								
8	138	F	女	119	114	110	182	91	616								
9	111	G	男	109	133	110	172	90	614								
10	142	H	女	130	113	96	177	83	599								
11	及格率			100.00%	100.00%	100.00%	75.00%	100.00%									
12	优秀率			0.00%	25.00%	0.00%	0.00%	62.50%									

第 4 章 PowerPoint 演示文稿制作

引 言

PowerPoint 演示文稿可以制作精美的动画幻灯片，容易操作，适合于非专业人员制作。它的特点是形象生动、图文并茂、主次分明，多用于演讲、汇报、产品展示和发布，以及多媒体教学等场景。

内容结构图

本章内容思维导图如图 4-1 所示。

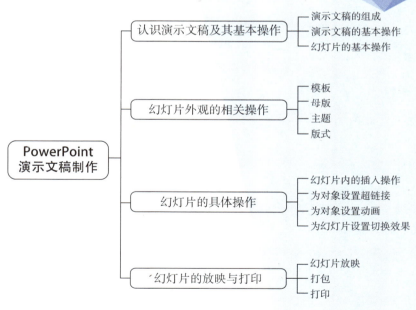

图 4-1　演示文稿制作思维导图

学习目标

- 了解模板、母版、主题、版式的具体概念。了解幻灯片布局规则。

第 4 章　PowerPoint 演示文稿制作

- 掌握演示文稿的创建、打开、保存及关闭等操作。
- 掌握常用的幻灯片选择、插入、移动和删除的方法。
- 会引用别人的模板、编辑母版、更改版式，为对象设置超链接及动画效果。
- 会放映幻灯片、打印幻灯片制作讲义等。

4.1　认识演示文稿及其基本操作

本节内容结构如图 4-2 所示。

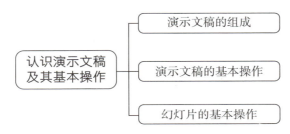

图 4-2　4.1 节内容结构

本节先介绍 PPT 文件的组成以及创建和保存等基本操作。在制作幻灯片的过程中，有时并不会一帆风顺，有可能多加了一张幻灯片，或者幻灯片效果不好，想删除一张幻灯片，还可能想移动幻灯片的位置。所以，本节将对幻灯片的基本操作进行讲解。

4.1.1　演示文稿的组成

一个演示文稿对应一个文件，文件扩展名默认为 .pptx。

一个演示文稿是由若干张幻灯片组成的，既可以不包含任何幻灯片，也可以包含一张或多张幻灯片。一张幻灯片对应演示文稿中的一页。

每一张幻灯片由若干个对象组成，如文字、图形、图片、图表、音频、视频等。

演示文稿的组成

4.1.2　演示文稿的基本操作

1. 演示文稿的创建方法

可以使用以下任何一种方法创建演示文稿：

① 在计算机的某个文件夹的空白处右击，选择"新建"→"Microsoft PowerPoint 演示文稿"命令，即可创建一个 PPT 文件。

② 双击 PPT 软件的快捷方式图标，即可创建一个带有一张空白幻灯片的 PPT 文件。

③ 通过"开始"菜单，找到 PPT 软件选项，打开即可创建一个带有一张空白幻灯片的 PPT 文件。

④ 双击一个已经存在的 PPT 文件，选择"文件"→"新建"命令，可以选择"空白演示文稿""最近打开的模板""样本模板""主题"，如图 4-3 所示。

创建演示文稿

信 息 技 术

图 4-3 新建演示文稿界面

打开演示文稿

2. 演示文稿的打开方法

可以使用以下任何一种方法：

① 创建 PPT 文件时，即是打开状态。

② 在计算机的资源管理器中找到 PPT 文件，双击即可打开。

③ 打开 PPT 程序后，选择"文件"→"打开"命令，弹出"打开"对话框，找到 PPT 文件，选中后，单击"打开"按钮。

④ 打开 PPT 程序后，选择"文件"→"最近所用文件"命令，在显示的近期文件中找到待打开的 PPT 文件。

打开 PPT 程序的常用方法有以下 3 种：

① 双击一个 PPT 文件，即可打开此文件及 PPT 程序。

② 双击 PPT 软件的快捷方式图标，即可打开 PPT 程序。

③ 通过"开始"菜单找到 PPT 软件选项，打开 PPT 程序。

保存演示文稿

3. 演示文稿的保存方法

可以使用以下任何一种方法：

① 对于从未保存过的 PPT 文件，单击"保存"按钮后，需要确认一下 PPT 文件的保存位置。以后更改，只需要单击"保存"按钮即可。

② 若想保存为 .ppt 扩展名或其他格式的文件，可选择"文件"→"另存为"命令，可以保存多达十几种的文件格式，如图 4-4 所示。

第 4 章 PowerPoint 演示文稿制作

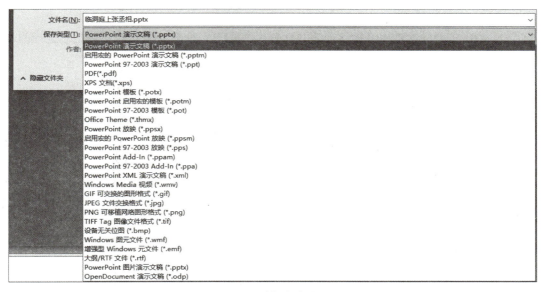

图 4-4 选择保存类型

4. 演示文稿的关闭方法

可以使用以下任何一种方法：

① 单击 PPT 软件窗口右上角的"×"按钮，即可关闭本 PPT 文件，并退出 PPT 程序。

② 双击 PPT 软件窗口左上角的控制菜单图标，选择"关闭"命令可关闭本 PPT 文件，并退出 PPT 程序，如图 4-5 所示。

图 4-5 控制菜单图标

③ 按【Alt+F4】组合键，可关闭 PPT 文件，并退出 PPT 程序。

④ 选择"文件"→"退出"命令，关闭 PPT 文件，并退出 PPT 程序。

4.1.3 幻灯片的基本操作

1. 幻灯片的选择

插入幻灯片要先确定要插入的位置，要删除或移动幻灯片需要先选择幻灯片，所以对于以上三项操作，前提是先选择幻灯片。

"普通视图"和"幻灯片浏览视图"状态下，幻灯片的选择方法有以下几种：

① 若想选择单张幻灯片，单击某张幻灯片的缩略图，即选中了此张幻灯片。

② 若想一次选中所有的幻灯片，可以按下【Ctrl+A】组合键。

③ 若想一次选中多张连续的幻灯片，可以按下【Shift】键，再单击想选择的开头和结

信 息 技 术

幻灯片的插入（一）

幻灯片的插入（二）

幻灯片的移动

幻灯片的删除

尾的幻灯片缩略图。

④ 若想一次选中多张不连续的幻灯片，可以按下【Ctrl】键，再单击想选择的幻灯片缩略图。

2. 幻灯片的插入

制作演示文稿的过程中，在"普通视图"和"幻灯片浏览视图"状态下，插入幻灯片的方法如下：

① 若当前幻灯片是空白的，需要在显示幻灯片缩略图的位置右击，选择"新建幻灯片"命令；或者单击"开始"选项卡"幻灯片"组中的"新建幻灯片"按钮；或者在"普通视图"状态下，按【Enter】键，这3种方法都可以新增一张标题幻灯片。

② 若已经有幻灯片了，可选择将要插入位置的前一个幻灯片的缩略图，按照上述3种方法，都可以在当前选中的幻灯片后面新增一张与选中幻灯片具有一样版式的幻灯片。

③ 单击"开始"选项卡"幻灯片"组中的"新建幻灯片"下拉按钮，可以在新增幻灯片的同时，选择想要的版式。

3. 幻灯片的移动

"普通视图"和"幻灯片浏览视图"状态下，幻灯片的移动方法如下：

① 选中待移动的幻灯片缩略图，按下鼠标左键，拖动到想要的位置，松开鼠标左键即可。

② 选中待移动的幻灯片缩略图，先剪切到剪贴板，再粘贴到想要的位置。

4. 幻灯片的删除

"普通视图"和"幻灯片浏览视图"状态下，幻灯片的删除方法有以下几种：

① 选中待删除的幻灯片缩略图，按【Delete】键即可删除。

② 选中待删除的幻灯片缩略图，右击，选择"删除幻灯片"命令。

③ 选中待删除的幻灯片缩略图，按【Ctrl+X】组合键，或者在"开始"选项卡中，单击"剪贴板"中的"剪切"按钮。

小知识：

关于PPT文件扩展名，在Microsoft Office 2007及以后的版本中是.pptx；在Microsoft Office 2003及以前的版本中，PPT文件默认扩展名是.ppt。

.ppt文件可以在任意版本的Microsoft Office中运行；但是.pptx文件只能在Microsoft Office 2007及以后的版本中运行。Microsoft Office 2007以后版本制作的PPT文件可以保存为.ppt的格式。

5. PPT视图

PPT程序一共有三大类视图，分别是演示文稿视图、母版视图、幻灯片放映视图。"演示文稿视图"和"母版视图"在"视图"选项卡的左侧功能组中，如图4-6所示。幻灯片放映视图及3个常用的视图在窗口的右下角列出了图标，依次是"普通视图"、"幻灯片浏览"、"阅读视图"和"幻灯片放映"，如图4-7所示。

同一时刻，PPT程序只能处于一个具体的视图状态，演示文稿打开时默认在普通视图状态下。

普通视图是在编辑幻灯片时使用的视图，编辑某张幻灯片中的文字内容，只能在普通视图状态下完成。对于幻灯片的所有编辑操作，都可以在普通视图下进行。

图 4-6 "视图"选项卡

幻灯片浏览视图可使所有幻灯片缩略图显示在窗口中，可在一屏内观看多张幻灯片的大致效果，方便快速调整幻灯片的顺序。

图 4-7 PowerPoint 2010 窗口右下角的视图图标

对于整张幻灯片进行的操作，可以在幻灯片浏览视图下进行，如幻灯片的新增、移动、删除等；还可以设置幻灯片在"设计"和"切换"选项卡中的功能，如更改主题、颜色、切换模式等，但不能编辑幻灯片中的具体内容。图4-8所示为幻灯片浏览视图的示例。

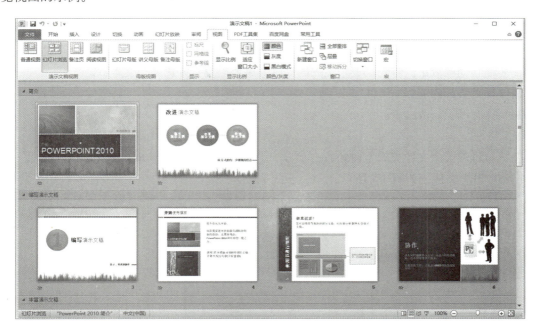

图 4-8 幻灯片浏览视图的示例

幻灯片母版视图是显示和编辑幻灯片母版的视图，编辑母版只能在幻灯片母版视图状态下进行。

幻灯片放映视图是正式演示时使用的视图模式。要退出幻灯片放映视图，可以按【Esc】键，或右击，选择"结束放映"命令。

 案 例

利用下面提供的资料，用 PowerPoint 创意制作演示文稿。按照题目要求完成后，用 PowerPoint 的保存功能直接存盘。

信 息 技 术

资料：

临洞庭上张丞相

孟浩然

八月湖水平，涵虚混太清。

气蒸云梦泽，波撼岳阳城。

欲济无舟楫，端居耻圣明。

坐观垂钓者，徒有羡鱼情。

要求：

① 标题和作者名字设置为 32 磅，宋体；正文内容设置为 24 磅、宋体。

② 为标题、作者和正文每句设置飞入动画效果进入。

③ 在页脚插入备注，内容为"临洞庭上张丞相"。

案例分析：

① 需要有一个 PPT 文件，来展示资料中的内容。

② 需要按照要求把资料中的文字放置到 PPT 文件中。

③ 让页面好看一些，可以套用某个主题。

④ 需要调整文字的字体和字号（大小）。

⑤ 需要设置动画效果。每句都要求飞入的动画效果，需要拆开成多个文本框。

⑥ 需要插入页脚内容。

⑦ 需要保存以上修改结果。

操作步骤：

① 在计算机的某个文件夹的空白处右击，选择"新建"→"Microsoft PowerPoint 演示文稿"命令，创建一个新的 PPT 文件，如图 4-9 所示。

图 4-9 新建 PPT 文件

② 重新命名文件例如改成"临洞庭上张丞相"，如图 4-10 所示。

第 4 章　PowerPoint 演示文稿制作

③ 双击 PPT 文件将其打开。目前是一个空白的演示文稿，如图 4-11 所示。

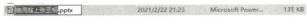

图 4-10　更改文件名称

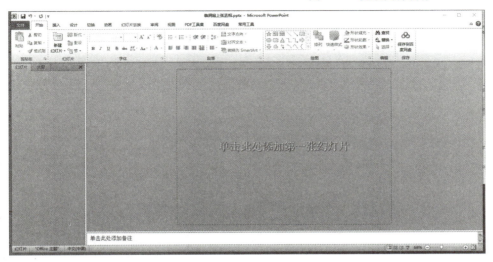

图 4-11　空白的演示文稿

④ 单击"开始"选项卡"幻灯片"组中的"新建幻灯片"按钮，添加一张幻灯片，默认版式是标题幻灯片，如图 4-12 所示。

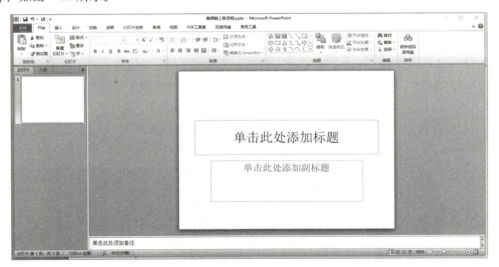

图 4-12　标题幻灯片

⑤ 将诗的标题放入标题文本框中；将诗的作者放入副标题文本框中。复制、粘贴副标题文本框 4 次，将每句诗句各放入一个文本框中。

⑥ 为了美化页面，这里套用一个主题，如"流畅"主题。方法：单击左侧的幻灯片缩略图，在"设计"选项卡的"主题"组中选择"流畅"主题，效果如图 4-13 所示。

注意：对于内容简单的演示文稿，一般是在文字添加到幻灯片之后，在设置字体之前，考虑选择

信 息 技 术

哪种主题。因为主题会自动调整文字的字体、颜色和字号。

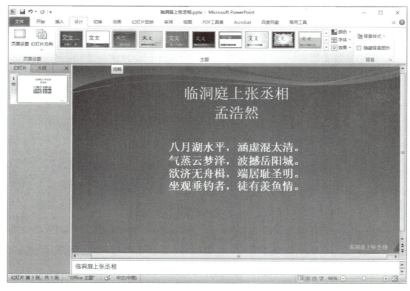

图 4-13　设置主题

⑦ 调整每个文本框中文字的字体和字号。方法：选中文本框，在"开始"选项卡的"字体"组中修改字体、字号。

⑧ 调整每个文本框的位置。单击"开始"选项卡"段落"组中的"居中"按钮，使文本框中的内容居中，如图 4-14 所示。在"开始"选项卡"绘图"组的"排列"功能中，可设置多个文本框的对齐方式，如图 4-15 所示。有时，需要手动拖动文本框的位置，或者按键盘上的方向键进行操作。

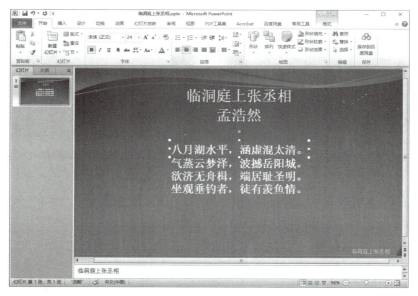

图 4-14　文本框内容居中

第 4 章 PowerPoint 演示文稿制作

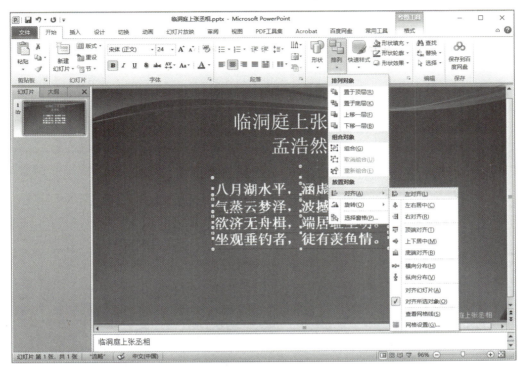

图 4-15　多文本框的"对齐"操作

⑨ 为每个文本框添加飞入动画。方法：选中某个文本框，"动画"选项卡的"动画"组中选择"飞入"，如图 4-16 所示。

图 4-16　设置"飞入"动画效果

⑩ 添加页脚，写入"临洞庭上张丞相"。单击"插入"选项卡"文本"组中的"页眉和页脚"按钮，如图 4-17 所示。在弹出的"页眉和页脚"对话框中，选中"页脚"复选框，并填入"临洞庭上张丞相"，如图 4-18 所示。完成后，总体效果如图 4-19 所示。

图 4-17　"页面和页脚"按钮

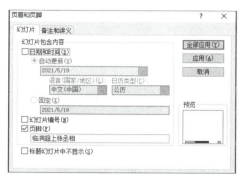

图 4-18 设置页脚内容

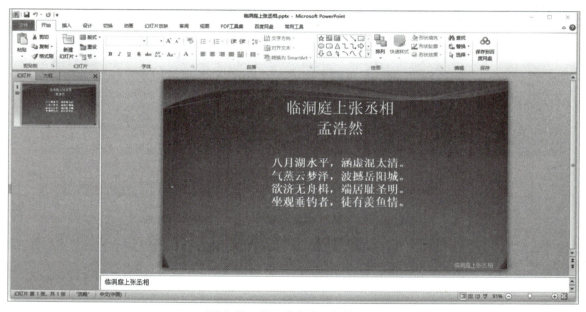

图 4-19 临洞庭上张丞相效果图

⑪ 单击左上角的"保存"按钮进行保存,单击右上角的"关闭"按钮,关闭文件。

拓展练习

1. 【2017 年 6 月软考真题】演示文稿中的每一张演示的单页称为(　　),它是演示文稿的核心。
   A. 板式　　　　　B. 模板　　　　　C. 母版　　　　　D. 幻灯片
   答案:D

2. 【2016 年 11 月软考真题】下列关于演示文稿与幻灯片的叙述中,不正确的是(　　)。
   A. 一个演示文稿对应一个文件　　　B. 一张幻灯片由若干个演示文稿组成
   C. 一张幻灯片对应演示文稿中的一页　D. 每一张幻灯片由若干个对象组成
   答案:B

3. 【2013 年 6 月软考真题】下列关于演示文稿和幻灯片的叙述中,不正确的是(　　)。

A. 一个演示文稿对应一个文件，文件的扩展名为 ppt
B. 每一张幻灯片只能由一个对象组成
C. 一个演示文稿由若干张幻灯片组成
D. 一张幻灯片对应演示文稿中的一页

答案：B

4.【2014 年 6 月软考真题】在 PowerPoint 中，执行插入新幻灯片的操作后，被插入的幻灯片将出现在（   ）。

A. 当前幻灯片之前　B. 当前幻灯片之后　　C. 最前　　　　D. 最后

答案：B

5.【2018 年 5 月软考真题】在 Powerpoint 2007 中，若想在一屏内观看多张幻灯片的大致效果，可采用的方法是（   ）。

A. 切换到幻灯片放映视图　　　　　　B. 缩小幻灯片
C. 切换到幻灯片浏览视图　　　　　　D. 切换到幻灯片大纲视图

答案：C

4.2 幻灯片外观的相关操作

本节内容结构如图 4-20 所示。

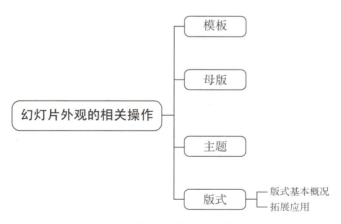

图 4-20　4.2 节内容结构

对于初学者而言，独自制作很好的演示文稿不太容易，所以要借助他人的力量，例如，引用系统提供的模板或网络中下载的模板。在使用过程中，需要了解模板、母版、主题、版式的具体概念。

4.2.1 模板

模板是一个具备一定内容的 PPT 演示文稿，其中包含了配色方案、母版和字体样式，甚至包含了建议性的文稿内容，如具体文字和图片。幻灯片中使用某种模板后，可以修改

微课视频

模板

信 息 技 术

或调整为其他模板，还可以清除模板。

模板的使用方法参见 4.1.2 节。

微课视频
母版

4.2.2 母版

母版是一张特殊的幻灯片，不包含具体的文稿内容，只包含已设置格式的占位符。这些占位符是为标题、副标题、主要文本和所有幻灯中出现的背景项目而设置的预留位置。母版中存储的信息包括颜色、主题、效果和动画、文本和对象占位符的大小、文本和对象在幻灯片上的放置位置。图 4-21 所示为单一母版情况下，幻灯片母版的编辑状态。

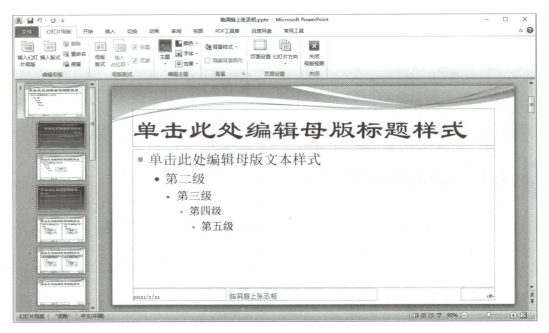

图 4-21 "幻灯片母版"选项卡——单母版

母版只能在"母版视图"状态下进行编辑。每个 PPT 文件，哪怕是一张幻灯片也没有的情况下，也一定至少有一个母版存在。一个母版下面有若干个版式，且第一个版式"标题幻灯片版式"默认为用作 PPT 文件的第一页。可以试着将鼠标悬停在左侧的缩略图上，系统会显示具体信息。第一个缩略图是母版，比它下面的各种版式的缩略图大。修改母版，如添加一张图片，那么这个图片就会在下面的各种版式中都有了。这张母版就是用来编辑在各种版式中都会出现的内容，如背景、图片、logo 等。实际选择版式时，不会出现母版，只会出现母版下面的各种版式。

在对母版进行一次修改后，使用了此母版的每一页幻灯片全部都与母版的版式一致，使整个演示文稿看起来统一、美观。一份 PPT 文件，可以使用一个或多个母版，每个母版都有自己的配色方案，即"颜色"，所以一份 PPT 文件中，可以有不同的配色方案。

假如在 PPT 文件中使用了 2 个母版，那么可以看到，第二个母版也是由一张母版配上十几个版式组成的，如图 4-22 所示。

第 4 章　PowerPoint 演示文稿制作

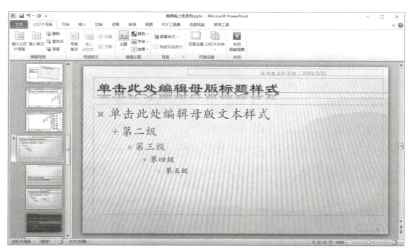

图 4-22 "幻灯片母版"选项卡——多母版

4.2.3 主题

微课视频

主题

　　主题是一套风格，可以定义版式、背景样式、文字格式，只有占位符，没有具体内容。主题包括主题颜色、主题字体和主题效果，但不包括主题动画。幻灯片中使用一个主题，会自动添加这个主题对应的母版。

　　可以只更改某一张幻灯片的主题、颜色、字体和效果。例如，只想更改一张幻灯片的主题，方法是，选中要更改的幻灯片缩略图，在"设计"选项卡的"主题"组中右击想要的主题，选择"应用于选定幻灯片"命令。如果不是选择"应用于选定幻灯片"，就会将演示文稿中的所有幻灯片都更改为新主题。

　　图 4-23 所示为幻灯片更改主题之前，鼠标悬停在"设计"选项卡中"主题"组的第三个主题上的状态。可以看到，"主题"区的第一个主题是当前的主题，第三个主题是即将使用的主题，单击后，就会更改为这个主题。

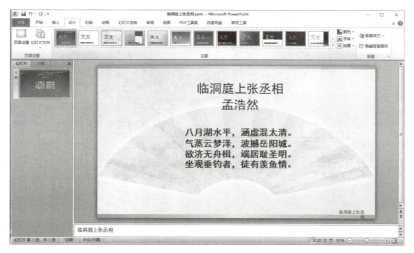

图 4-23 更改幻灯片主题的示例

4.2.4 版式

1. 版式基本概况

版式是一张幻灯片中的文本、图像等的排列情况。版式可以修改，但不能删除。可以修改为空白版式，还可以自己手动调整幻灯片中的文本、图像的排列位置。

在新增幻灯片时，如果不指定版式，系统会指定为默认的版式。新增幻灯片后，如果想更改幻灯片的版式，方法有以下 2 种：

① 在普通视图状态下，选中幻灯片后，右击，选择"版式"命令，再选择相应的版式。图 4-24、图 4-25 所示为单一母版、多母版情况下的版式选择项。

图 4-24　快捷更改版式的示例——单母版

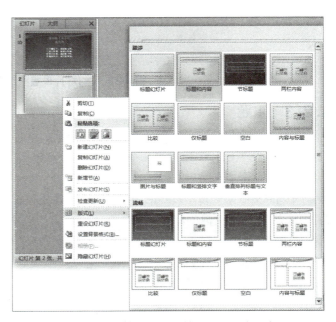

图 4-25　快捷更改版式的示例——多母版

② 在"普通视图"状态下，可选中幻灯片，单击"开始"选项卡"幻灯片"组中的"版式"按钮更改版式，如图 4-26 所示。

注意：更改版式时，是选择某个母版下面的某个版式。

图 4-26　功能区中的"版式"按钮

2. 拓展应用

背景是为了幻灯片显示效果而添加的，母版中出现的内容，也是一种背景。另外，还可以单独设置幻灯片的背景。

手动更改背景的方法如下：

① 选中幻灯片，右击，选择"设置背景格式"命令，弹出"设计背景格式"对话框，如图 4-27 所示。

② 选中幻灯片，单击"设计"选项卡"背景"组中的"背景样式"下拉按钮，选择"设置背景格式"命令弹出"设置背景格式"对话框。

这2种背景会重叠，如果想去掉母版带来的背景，可以选中对话框中的"隐藏背景图形"复选框。还可以在"设计"选项卡的"背景"组中，选中"隐藏背景图形"复选框。

在关闭"设置背景格式"对话框时，若单击"关闭"按钮，或单击右上角的"×"按钮，则只更改选中的幻灯片，不改动其他幻灯片的背景。若单击"全部应用"按钮，则所有幻灯片背景都会被更改，即更改幻灯片的背景，可以只改一张幻灯片，也可以一次更改所有幻灯片的背景。

图 4-27 "设置背景格式"对话框

案 例

利用系统提供的资料，用 PowerPoint 创意制作演示文稿。

资料一：群众路线是我们党的生命线和根本工作路线。

资料二：党在自己的工作中实行群众路线，一切为了群众，一切依靠群众，从群众中来，到群众中去，把党的正确主张变为群众的自觉行动。群众路线是党的生命线，保持党同人民群众的血肉联系，是我们党永远立于不败之地的根本保证。

要求：

① 第一页演示文稿：用资料一内容。

② 第二页演示文稿：用资料二内容。

③ 演示文稿的模板、版式、图片、配色方案、动画方案等自行选择。

④ 为第一页演示文稿在页脚插入自动更新的日期。

⑤ 制作完成的演示文稿美观、大方。

案例分析：

① 需要有一个 PPT 文件，来展示资料中的内容。

② 需要按照要求把资料中的文字放置到 PPT 文件中。

③ 让页面好看一些，可以套用某个主题，自行选用版式、动画。

④ 需要插入页脚，页脚内容为可以自动更新的日期。

⑤ 要整体把握演示文稿的布局，达到美观、大方。

⑥ 要保存以上修改结果。

操作步骤：

① 先创建一个新的 PPT 文件。在计算机的某个文件夹的空白处右击，选择"新建"→"Microsoft PowerPoint 演示文稿"命令，参见图 4-9。

② 此时文件已经产生，且文件名是被选中的状态，可以顺便改一下 PPT 文件名称，例如改成"群众路线"，如图 4-28 所示。

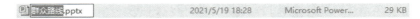

图 4-28 更改 PPT 文件名称

③ 双击这个 PPT 文件将其打开，目前是一个空白的演示文稿，参见图 4-11。

④ 单击编辑区的"单击此处添加第一张幻灯片"，就添加一张幻灯片了，默认版式是标题幻灯片，参见图 4-12。

⑤ 分析提供的资料，第一页放入一段类似文件标题的文字；第二页是正文内容。于是，在左侧的缩略图区域，选中第一张幻灯片的缩略图，按【Enter】键，即添加第二页幻灯片。

⑥ 根据内容，选用一个主题，如"新闻纸"主题。方法：单击左侧的幻灯片缩略图，在"设计"选项卡的"主题"组中找到"新闻纸"主题，单击即可，如图 4-29 所示。

图 4-29 "新闻纸"主题的图标

⑦ 编辑第一页幻灯片，将资料一的内容放入"单击此处添加标题"占位符中。删除"单击此处添加副标题"的空文本框。由于题目要求中并没有明确要求字体和字号，所以自动调整字号大小，让文本框的文字居中显示，还可以拖动标题位置，使页面美观。更改字号的方法：选中文本框，在"开始"选项卡的"字体"组中修改字号。文字居中的方法：选中文本框，在"开始"选项卡的"段落"组中，单击"居中"按钮，如图 4-30 所示。

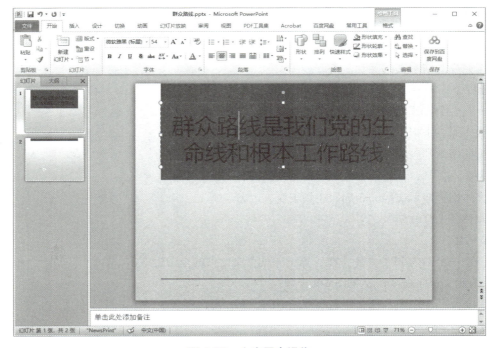

图 4-30 文字居中操作

⑧ 编辑第二页幻灯片，将资料二的内容放入页面中间的文本框占位符，删除多余的空白文本框。设置段落首行缩进2字符。观察页面，进行美化，将字体调大，加粗。

⑨ 为第一页幻灯片加入页脚，页脚内容为可以自动更新的日期。方法：在左侧缩略图区域选中第一页幻灯片的缩略图；单击"插入"选项卡（"文本"组中的"页眉和页脚"按钮见图4-31），弹出"页眉和页脚"对话框，选中"日期和时间"复选框，如图4-32所示。然后单击"应用"按钮，只应用到第一页幻灯片中。

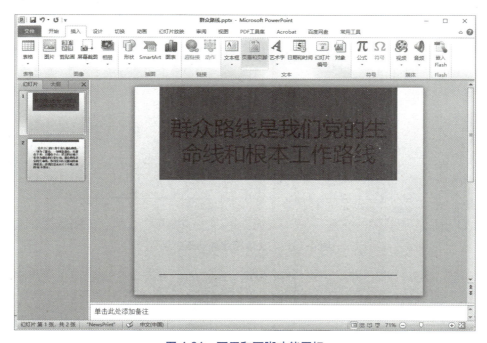

图4-31　页眉和页脚功能图标

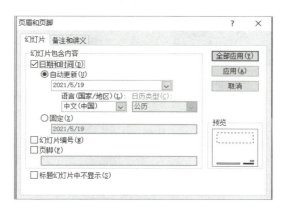

图4-32　在页眉和页脚中添加自动更新的日期

⑩ 整体观察一下两页幻灯片，为第一页和第二页中的文本框都添加"飞入"动画效果。方法：选中一个文本框，单击"动画"选项卡"动画"组中的"飞入"按钮，如图4-33所示。完成后，效果如图4-34所示。

信 息 技 术

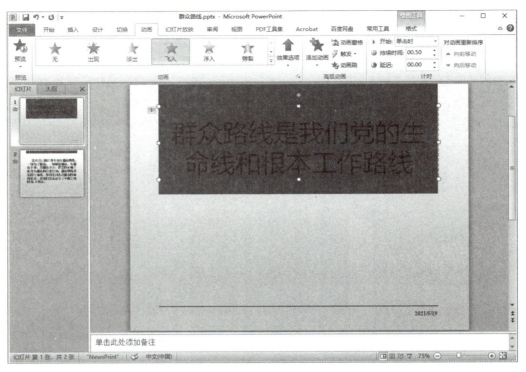

图 4-33　为文本框添加动画效果

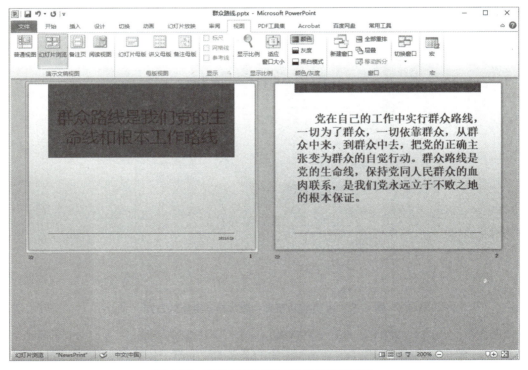

图 4-34　浏览视图下观看的幻灯片效果图

⑪保存文件，关闭文件。单击左上角的"保存"按钮进行保存，单击右上角的"关闭"按钮，关闭文件。

拓展练习

1. 【2019年6月软考真题】在PPT 2010中，应用版式后，版式（　　）。
   A. 不能修改，也不能删除　　　　　　B. 可以修改，也可以删除
   C. 可以修改，但不能删除　　　　　　D. 不能修改，也可以删除
   答案：C

2. 【2018年11月软考真题】在PowerPoint 2010中，幻灯片（　　）是一张特殊的幻灯片，包含已设定格式的占位符。这些占位符是为标题、主要文本和所有幻灯中出现的背景项目而设置的。
   A. 模板　　　　B. 母版　　　　C. 版式　　　　D. 样式
   答案：B

3. 【2017年11月软考真题】下列关于PowerPoint 2010内置主题的描述中，正确的是（　　）。
   A. 可以定义版式、背景样式、文字格式
   B. 可以定义版式，但不可以定义背景样式、文字格式
   C. 不可以定义版式，但可以定义背景样式、文字格式
   D. 可以定义版式和背景样式，但不可以定义文字格式
   答案：A

4. 【2017年6月软考真题】PowerPoint 2010提供了多种（　　），它包含了相应的配色方案、母版和字体样式等，可供用户快速生成风格统一的演示文稿。
   A. 板式　　　　B. 模板　　　　C. 背景　　　　D. 幻灯片
   答案：B

5. 【2015年11月软考真题】幻灯片的主题不包括（　　）。
   A. 主题动画　　B. 主题颜色　　C. 主题字体　　D. 主题效果
   答案：A

6. 【2015年6月软考真题】幻灯片母版是模板的一部分，它存储的信息不包括（　　）。
   A. 文稿内容
   B. 颜色、主题、效果和动画
   C. 文本和对象占位符的大小
   D. 文本和对象在幻灯片上的放置位置
   答案：A

7. 【2014年6月软考真题】在PowerPoint中，不属于文本占位符的是（　　）。
   A. 标题　　　　B. 副标题　　　C. 图表　　　　D. 普通文本框
   答案：C

8. 【2012年11月软考真题】在PowerPoint中，幻灯片中占位符的作用是（　　）。
   A. 表示文本长度　　　　　　　　　　B. 为文本、图形预留位置

C. 表示图形大小　　　　　　　　　　D. 限制插入对象的数量

答案：B

9.【2012年6月软考真题】下列关于PowerPoint幻灯片母版的叙述中，不正确的是（　　）。

A. 通过对母版的设置可以统一幻灯片的风格

B. 通过对母版的设置可以预定义幻灯片的前景颜色、背景颜色和字体大小

C. 修改母版不会对演示文稿中任何一张幻灯片带来影响

D. 标题母版为使用标题版式的幻灯片设置了默认格式

答案：C

10.【2011年11月软考真题】下列关于幻灯片页面版式的叙述中，不正确的是（　　）。

A. 幻灯片的大小可以根据实际情况进行改变

B. 同一演示文稿中允许使用多种模板格式

C. 幻灯片应用模板一旦确定就不可以改变

D. 同一演示文稿中不同幻灯片的配色方案可以不同

答案：C

11.【2010年6月软考真题】在美化演示文稿版面时，下列叙述不正确的是（　　）。

A. 套用模板后将使整套演示文稿有统一的风格

B. 可以对某张幻灯片的背景进行设置

C. 可以对某张幻灯片修改配色方法

D. 套用模板、修改配色方案、设置背景，都只能使各张幻灯片风格统一

答案：D

12.【2010年6月软考真题】幻灯片中使用了某种模板以后，需要进行调整，幻灯片（　　）。

A. 确定了某种模板后就不能进行调整了

B. 确定了某种模板后只能进行清除，而不能调整模板

C. 只能调整为其他形式的模板，不能清除模板

D. 既可调整为其他形式的模板，又能清除模板

答案：D

13.【2014年11月软考真题】以下关于PowerPoint背景命令叙述中，正确的是（　　）。

A. 背景命令只能为一张幻灯片添加背景

B. 背景命令只能为所有幻灯片添加背景

C. 背景命令可为一张或所有幻灯片添加背景

D. 背景命令只能对首末幻灯片添加

答案：C

14.【2013年6月软考真题】某PowerPoint文档共有10张幻灯片，先选中第6张幻灯片，再改变背景设置，单击"全部应用"按钮后，则第（　　）张幻灯片的背景被改变。

A. 6　　　　　　B. 1~6　　　　　　C. 6~10　　　　　　D. 1~10

答案：D

15.【2012 年 11 月软考真题】某 PPT 文件共有 8 张幻灯片，现选中第 6 张幻灯片，对其设置新的背景颜色，单击"应用"按钮后，则（　　）。

A. 只有第六张幻灯片的背景颜色被改变
B. 第六张幻灯片到第八张幻灯片的背景颜色被改变
C. 第一张幻灯片到第六张幻灯片的背景颜色被改变
D. 除第六张幻灯片外的其他幻灯片背景颜色被改变

答案：A

4.3 幻灯片的具体操作

本节内容结构如图 4-35 所示。

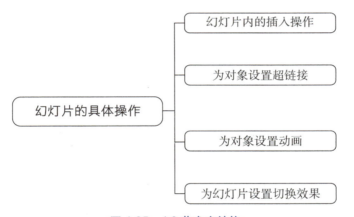

图 4-35　4.3 节内容结构

制作演示文稿，模板、母版、主题、版式那都是为内容服务的，文字、图片、图表等，如何整理到幻灯片中呢？这些功能基本都在"插入"选项卡中。

4.3.1 幻灯片内的插入操作

在一张空白的幻灯片中，可以插入的对象有文本、图形、图片、图表、表格、音频和视频等，见"插入"选项卡中的功能，如图 4-36 所示。

对于幻灯片中的对象，可以添加动画，见"动画"选项卡中的功能，如图 4-37 所示。

对于幻灯片，可以添加切换模式，见"切换"选项卡中的功能，如图 4-38 所示。

对于幻灯片，可以插入批注，见"审阅"选项卡"批注"组中的"批注"功能，如图 4-39 所示。

如图 4-40（a）所示，在幻灯片中只能插入页脚，不能插入页眉，因为幻灯片上方一般是标题或者背景及 logo 图标。如图 4-40（b）所示，可在备注或讲义中插入页眉和页脚，备注和讲义的样式类似于 Word。备注是幻灯片及备注内容的打印件，如图 4-41 所示。讲义是幻灯片缩小之后的打印件，可供观众观看演示文稿放映时参考。

信 息 技 术

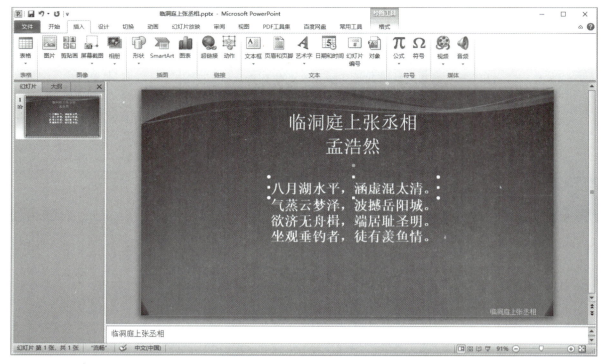

图 4-36 "插入"选项卡

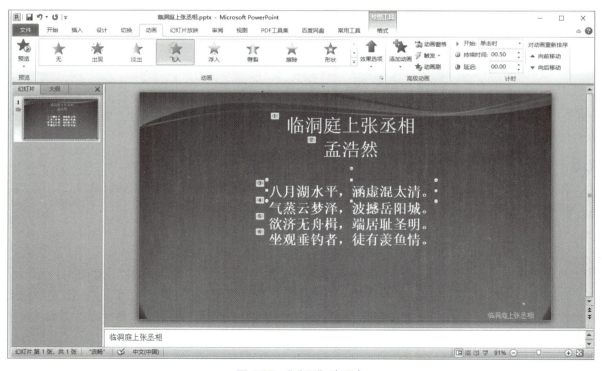

图 4-37 "动画"选项卡

第 4 章 PowerPoint 演示文稿制作

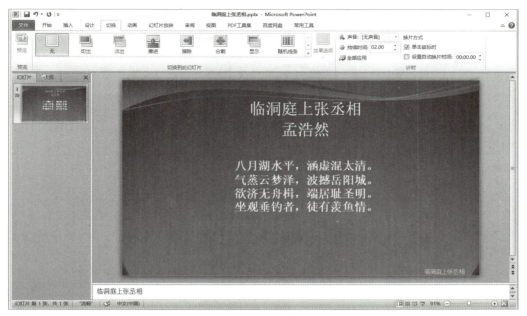

图 4-38　切换选项卡

图 4-39　审阅选项卡

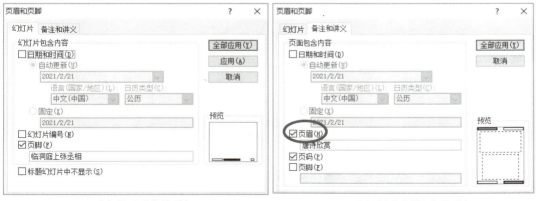

(a)"幻灯片"选项卡　　　　　　　　　　　(b)"备注和讲义"选项卡

图 4-40　"页眉和页脚"对话框

信 息 技 术

图 4-41　打印备注页的示例

插入文本框的方法有以下几种：

① 在文本占位符中直接输入文字。

② 从别的地方，如 Word 中复制文字，直接粘贴到幻灯片中，就创建了文本框和文字内容。

③ 在"开始"选项卡的"绘图"组中，有竖排文本框和横排文本框可供选择。

④ 在"插入"选项卡，单击"文本"组中的"文本框"，可以添加文本框。

设置文本格式的方法有以下几种：

① 选中文字，自然就会浮现出设置字体、字号、颜色的功能框。

② 选中文字，在"开始"选项卡的"字体"组中，设置字体、字号和颜色。

③ 选中文字，右击，会弹出设置字体、字号、颜色的快捷菜单。

PowerPoint 可以通过插入 Excel 表格来完成统计、计算等功能。

插入的图片、音频、视频可以是 PPT 剪辑库中的文件，也可以是本机的其他素材文件。

微课视频
幻灯片的插入操作

4.3.2　为对象设置超链接

超链接的设置方法：

① 选择需要创建超链接的对象，右击，选择"超链接"命令，弹出"插入超链接"对话框。

② 单击幻灯片中的某个对象，单击"插入"选项卡中"链接"组中的"超链接"按钮（见图 4-42），弹出"插入超链接"对话框，如图 4-43、图 4-44 所示。

图 4-42　"插入"选项卡中的"超链接"按钮

第 4 章　PowerPoint 演示文稿制作

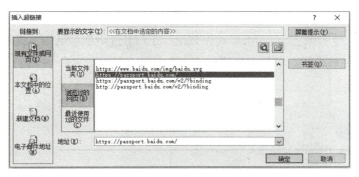

图 4-43　"插入超链接"对话框——链接到文件或网页

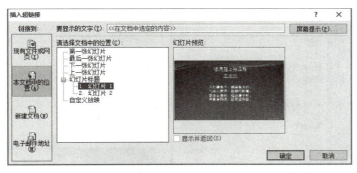

图 4-44　"插入超链接"对话框——链接到本文档中的位置

③ 单击幻灯片中的某个对象，在"插入"选项卡中，单击"链接"组中的"动作"按钮，如图 4-45 所示，弹出"动作设置"对话框，可以对"鼠标单击"或"鼠标移过"进行超链接设置，如图 4-46 所示。

图 4-45　"插入"选项卡中的"动作"按钮

(a)"单击鼠标"选项卡　　　　　　　　　(b)"鼠标移过"选项卡

图 4-46　动作设置对话框

信 息 技 术

④ 添加动作按钮并创建超链接。选中幻灯片，在"插入"选项卡中，单击"插图"组中的"形状"按钮，如图4-47所示。单击最下面显示的"动作按钮"，在幻灯片中拖动鼠标左键确定动作按钮的大小，自动弹出"动作设置"对话框，如图4-48所示。

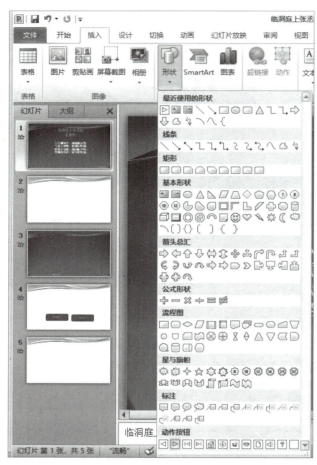

图4-47 "形状"下拉列表

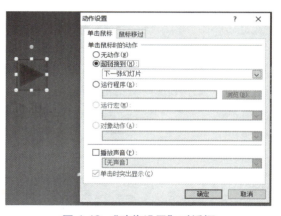

图4-48 "动作设置"对话框

微课视频

为对象设置超链接

通过超链接可以链接到来自本机或者因特网中的文件、网页、电子邮件地址，以及本文档中的某张幻灯片，但是不能超链接到文档中的某一行文字，或者幻灯片中的某个对象。

超链接只能在幻灯片的对象中进行操作，不能对背景进行操作，原因是单击背景，系统不确定是切换幻灯片，还是进行超链接。

若超链接到另外一个演示文稿，不会将其他演示文稿的内容复制到本演示文稿中。在单击超链接后，将直接跳转到指定位置播放，而不是顺序播放两个演示文稿，更不会同时播放两个演示文稿。

设置超链接后，若想更改或删除，可以右击具有超链接的对象，选择"编辑超链接"或"取消超链接"命令。

第 4 章　PowerPoint 演示文稿制作

4.3.3　为对象设置动画

为了使幻灯片有动感，可以为幻灯片中的对象设置动画。可设置动画的对象包括文本框、图片等，但是幻灯片背景不能设置动画，原因和背景不能设置超链接一样。

将一张幻灯片中的图片及文本框设置成一致的动画显示效果后，图片有动画效果，文本框也有动画效果，即多个对象的动画效果可以一样。

若想添加动画效果，先选择具体的对象，然后在"动画"选项卡的"动画"组中单击想要的动画即可，这里选择"浮入"动画，如图 4-49 所示。

图 4-49　"动画"选项卡

若想更改对象的动画效果，只要再次设置一个新的动画即可。

若想对一个对象设置多个动画效果，可以单击"动画"选项卡"高级动画"组中的"添加动画"按钮，再选择一个动画效果。

若想删除对象的动画效果，可以单击"动画"选项卡"动画"组中的"无"按钮，如图 4-50 所示。还可以在"动画窗格"中选择对应的动画，并单击右侧下拉按钮，在弹出的下拉列表中选择"删除"命令。"动画窗格"的打开方法是：单击"动画"选项卡"高级动画"组中的"动画窗格"按钮，如图 4-51 所示。

图 4-50　删除动画的示例

图 4-51　"动画窗格"按钮

微课视频

为对象设置动画

4.3.4 为幻灯片设置切换效果

为了在幻灯片放映时有动感，可以给幻灯片添加切换样式、切换效果、切换声音及声音持续时间、换片方式是手动还是自动，以及自动换片的时间。

如果单击"全部应用"按钮，则刚才设置的切换动作会设置到所有的幻灯片中，如图4-52所示。

图 4-52 "切换"选项卡

"效果选项"是为某些切换动作选择具体的动作方向而设置的，如图4-53所示。

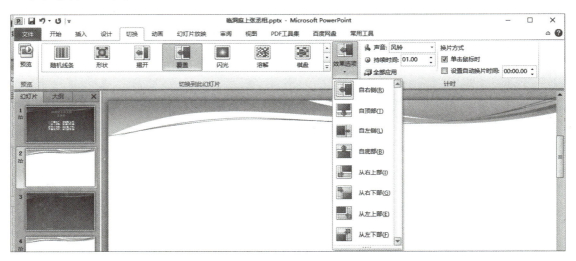

图 4-53 "效果选项"下拉列表

若想删除某张幻灯片的切换效果，可选中该幻灯片，单击"切换"选项卡"切换到此幻灯片"组中的"无"按钮即可，如图4-54所示。

微课视频

为幻灯片设置切换效果

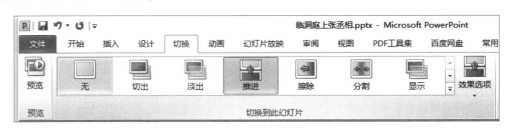

图 4-54 删除切换效果

幻灯片的内容都添加好之后，要看一下显示效果，幻灯片布局要根据演讲的内容进行设计与调整，需要精心构思、合理布局，不宜构思平淡、一马平川。可通过背景设置和动画效果等技巧来达到演示

第 4 章　PowerPoint 演示文稿制作

文稿布局的起伏变化，但是也不要大量使用绚丽的色彩和炫目的动画效果。另外，建议全文字体不要超过 3 种，不然会显得杂乱不专业。

当幻灯片的文字内容较多时，可以采用项目列表突出讲解的重点。

如果幻灯片上所插入的图片盖住了先前输入的文字，可以调整剪贴画的叠放次序，将被遮挡的对象提前。方法是，右击某个对象，在弹出的快捷菜单中通过叠放次序命令来调整，如图 4-55 所示。

如果每张幻灯片中的表格和数据太多，放映时会给人非常凌乱的视觉感受，为使其能给人优美的视觉感受，可以用动画分批展示表格和数据。

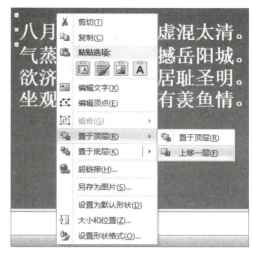

图 4-55　设置层叠次序的示例

 案 例

利用提供的资料，用 PowerPoint 创意制作演示文稿。按照题目要求完成后，用 PowerPoint 的保存功能直接存盘。

资料：

庆祝中华人民共和国成立 70 周年阅兵式　庆祝中华人民共和国成立 70 周年阅兵式的全体受阅官兵由人民解放军、武警部队和民兵预备役部队约 15 000 名官兵、580 台（套）装备组成的 15 个徒步方队、32 个装备方队；陆、海、空航空兵 160 余架战机，组成 12 个空中梯队。庆祝中华人民共和国成立 70 周年阅兵式是中国特色社会主义进入新时代的首次国庆阅兵，彰显了中华民族从站起来、富起来迈向强起来的雄心壮志。人民军队以改革重塑后的全新面貌接受习主席检阅，接受党和人民检阅，彰显了维护核心听从指挥的坚定决心，展示了履行新时代使命任务的强大实力。

要求：

① 标题设置为 44 磅，华文行楷、蓝色；正文内容设置为 24 磅、楷体、黑色、1.5 倍行间距。
② 为标题和正文设置随机线条动画效果进入。
③ 背景格式采用渐变填充方式。
④ 为演示文稿页脚插入"日期和时间（自动更新）"。

案例分析：

① 素材中的第一句"庆祝中华人民共和国成立 70 周年阅兵式"是标题的内容。其余文字为正文内容。
② 标题和文字的字体、字号、颜色要分别设置。
③ 标题和正文都需要设置随机线条动画效果。
④ 背景格式要改成渐变填充方式，意思是不用选择模板或主题。
⑤ 添加页脚，内容为"日期和时间（自动更新）"。

信 息 技 术

操作步骤：

① 先创建一个新的 PPT 文件。在计算机的某个文件夹的空白处右击，选择"新建"→"Microsoft PowerPoint 演示文稿"命令，参见图 4-10。

② 此时文件已经产生，且文件名是被选中的状态，可以顺便改一下 PPT 文件名称，例如改成"70 周年国庆"，如图 4-56 所示。

图 4-56　更改 PPT 文件名称

③ 双击这个 PPT 文件将打开，目前是一个空白的演示文稿，一页幻灯片都没有，参见图 4-12。

④ 单击编辑区的"单击此处添加第一张幻灯片"，添加一张幻灯片，默认版式是标题幻灯片，参见图 4-13。

⑤ 将"庆祝中华人民共和国成立 70 周年阅兵式"放入"单击此处添加标题"的占位符中。将其余文字放入"单击此处添加副标题"的占位符中。

⑥ 设置标题的字体、字号和颜色。方法:选中文本框,在"开始"选项卡中的"字体"组中设置字体、字号、颜色。这里字体选择"华文行楷"如图 4-57 所示。

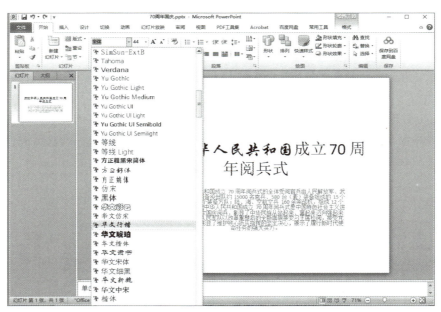

图 4-57　设置字体

注意：更改字体颜色时，把鼠标放在颜色的小方块上，会浮出对应的颜色，单击"蓝色"即可，如图 4-58 所示。

⑦ 设置正文的字体、字号、颜色、行间距。在设置过程中，会发现正文部分的字体、段落、行间距会自动变化，不是设置的值。这是因为，正文的内容会根据文本框占位的大小自动调整字体大小和行间距，保证文本框放得下。因此，先要手动拖动正文文本框的大小，让文本框尽量大。再设置正文

文本的字体、字号、行间距。设置完成后,在正文文本框上右击,选择"段落"命令,在弹出的"段落"对话框中查看,行间距是 1.5 倍行距,并在"开始"选项卡的"字体"组中设置字体为楷体、24 磅,如图 4-59 所示。

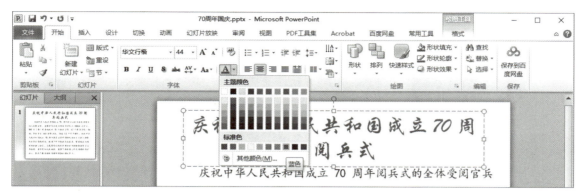

图 4-58　设置字体颜色为"蓝色"

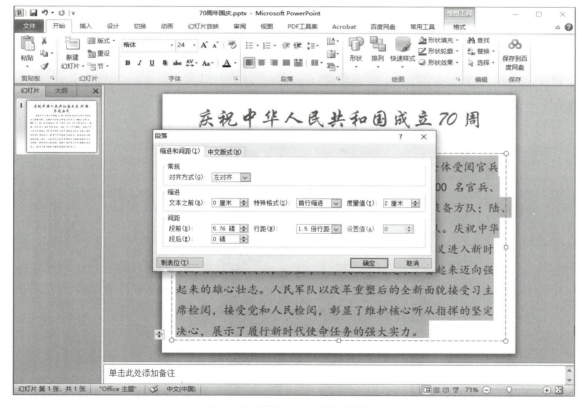

图 4-59　检查正文文本框的样式

⑧ 为标题和正文的文本框添加"随机线条"动画效果。方法:选中文本框,选择"动画"选项卡"高级动画"组中的"添加动画"按钮,在弹出的下拉列表中单击"随机线条"按钮,如图 4-60 所示。

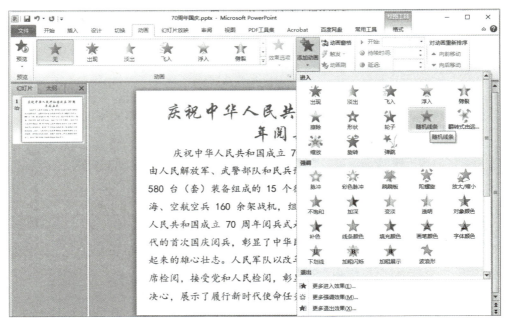

图 4-60 "添加动画"下拉列表

⑨ 在幻灯片编辑区的空白区域右击,选择"设置背景格式"命令(见图 4-61),弹出"设置背景格式"对话框,选中"渐变填充"单选按钮,其他保持不变,如图 4-62 所示。单击"关闭"按钮,关闭此对话框。

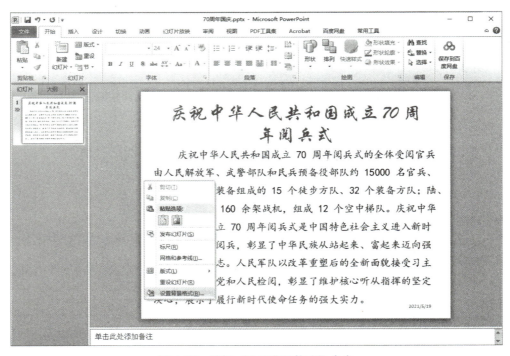

图 4-61 选择"设置背景格式"命令

第 4 章　PowerPoint 演示文稿制作

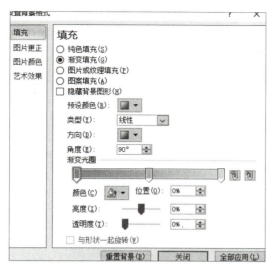

图 4-62　设置"渐变填充"

⑩ 为幻灯片加入页脚，页脚内容为可以自动更新的日期。方法：在左侧缩略图区域选中幻灯片的缩略图；单击"插入"选项卡"文本"组中的"页眉和页脚"按钮（见图 4-63），弹出"页眉和页脚"对话框，选中"日期和时间"复选框，单击"应用"按钮，如图 4-64 所示。由于正文内容比较多，页面左下角显得很满，所以手动把页脚拖动到右下角的位置，最终效果图如图 4-65 所示。

图 4-63　页眉和页脚功能图标

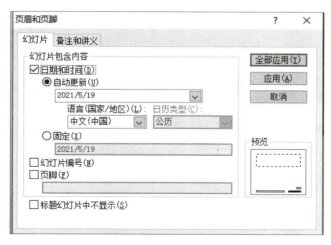

图 4-64　"页眉和页脚"对话框

⑪ 单击左上角的"保存"按钮保存文件，单击右上角的"关闭"按钮，关闭文件。

信 息 技 术

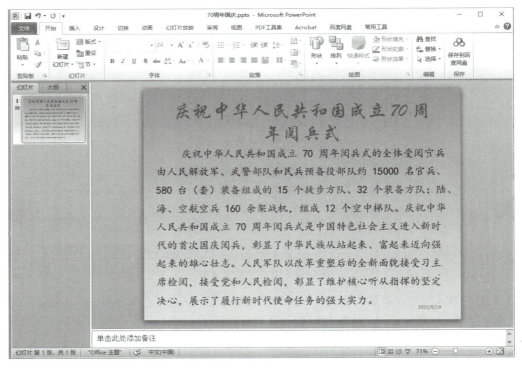

图 4-65　幻灯片效果图

拓展练习

1.【2015 年 11 月软考真题】在空白幻灯片中，不可以直接插入（　　）。

   A. 文本框　　　　B. 数据库　　　　C. 艺术字　　　　D. 表格

   答案：B

2.【2014 年 6 月软考真题】在 PowerPoint 中，执行插入新幻灯片的操作后，被插入的幻灯片将出现在（　　）。

   A. 当前幻灯片之前　B. 当前幻灯片之后　C. 最前　　　　D. 最后

   答案：B

3.【2014 年 6 月软考真题】PowerPoint 可以通过插入（　　）来完成统计、计算等功能。

   A. 图表　　　　B. Excel 表格　　　C. 所绘制的表格　　D. Smart 图形

   答案：B

4.【2012 年 11 月软考真题】下列关于 PowerPoint 的叙述中，正确的是（　　）。

   A. 自绘的图形不能插入到幻灯片中

   B. 幻灯片的剪辑库中不包括视频媒体

   C. 在幻灯片中可以播放 CD 乐曲

   D. 在幻灯片中插入的图片，只能从 PowerPoint 的图片剪辑库中选取

   答案：C

第 4 章 PowerPoint 演示文稿制作

5.【2011年6月软考真题】在 PowerPoint 中，下列不能利用幻灯片"插入"选项卡完成的操作是（   ）。
   A. 将声音文件插入到幻灯片中
   B. 将另一演示文稿中的幻灯片插入到当前演示文稿中
   C. 在当前幻灯片中插入"批注"
   D. 在当前幻灯片中插入"页眉"
   答案：D

6.【2016年11月软考真题】演示文稿在演示时，需要从第二张幻灯片链接到其他文件。为此，应在第二张幻灯片中（   ）。
   A. 插入动作按钮，并进行超链接设置
   B. 自定义动画，并进行超链接设置
   C. 自定义幻灯片切换方式，并设置切换效果
   D. 自定义幻灯片放映，并设置放映选项
   答案：A

7.【2016年6月软考真题】在 PowerPoint 中，超链接一般不可以链接到（   ）。
   A. 某文本文件的某一行   B. 某幻灯片
   C. 因特网上的某个文件   D. 某图像文件
   答案：A

8.【2015年11月软考真题】演示文稿中，不可以在（   ）上设置超链接。
   A. 文本   B. 背景   C. 艺术字   D. 剪贴画
   答案：B

9.【2013年11月软考真题】在 PowerPoint 中，要使幻灯片在放映时，从第三张直接跳转到第五张，应使用（   ）命令进行设置。
   A. 动作设置   B. 幻灯片放映   C. 动画效果   D. 幻灯片设计
   答案：A

10.【2012年6月软考真题】下列对演示文稿中"超链接"的理解，正确的是（   ）。
   A. 将其他演示文稿的内容复制到本演示文稿中
   B. 单击超链接后将同时播放两个演示文稿
   C. 单击超链接后将直接跳转到指定位置播放
   D. 单击超链接后将顺序播放两个演示文稿
   答案：C

11.【2011年11月软考真题】在 PPT 中，超链接不能链接的目标是（   ）。
   A. 另一个演示文稿   B. 同一演示文稿中的某一张幻灯片
   C. 其他应用程序的文档   D. 幻灯片中的某个对象
   答案：D

12. 【2011年11月软考真题】在 PPT 中，下列对象不可以设置动画播放效果的是（　　）。
    A. 动作按钮　　　　B. 标题　　　　　　C. 背景　　　　　　D. 自绘图片
    答案：C

13. 【2010年6月软考真题】在一张幻灯片中，若对一幅图片及文本框设置成一致的动画显示效果时，则（　　）。
    A. 图片有动画效果，文本框没有动画效果　　B. 图片没有动画效果，文本框有动画效果
    C. 图片有动画效果，文本框也有动画效果　　D. 图片没有动画效果，文本框也没有动画效果
    答案：C

14. 【2016年11月软考真题】下列关于演示文稿布局的看法中，不正确的是（　　）。
    A. 演示文稿需要精心构思，合理布局　　B. 演示文稿不宜构思平淡、一马平川
    C. 可以采用项目列表突出讲解的重点　　D. 大量使用绚丽的色彩和眩目的动画效果
    答案：D

15. 【2013年11月软考真题】下列关于演示文稿布局的叙述中，不正确的是（　　）。
    A. 一张幻灯片中的数据较多又不能减少时，可用动画分批展示
    B. 幻灯片布局要根据演讲的内容进行设计与调整
    C. 演示文稿的制作要构思平淡，一马平川
    D. 可通过背景设置和动画效果等技巧来达到演示文稿布局的起伏变化
    答案：C

16. 【2013年6月软考真题】如果某张幻灯片中叠合多个数据图表,比较好的处理方法是（　　）。
    A. 用动画分批展示数据图表
    B. 缩小图表，以便在一张幻灯片中显示
    C. 采用不同颜色区分图表
    D. 改变幻灯片的视图方式
    答案：A

4.4 幻灯片的放映与打印

本节内容结构如图 4-66 所示。

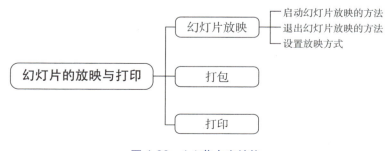

图 4-66　4.4 节内容结构

写好的演示文稿，需要在需要的时候进行放映或打印出来，才发挥它的作用。本节将介绍演示文稿的放映和打印功能。

4.4.1 幻灯片放映

1. 启动幻灯片放映的方法

① 在窗口界面，单击右下角的"幻灯片放映"按钮，从当前幻灯片开始放映。

② 在"幻灯片放映"选项卡，单击"开始放映幻灯片"组中的"从头开始"按钮，则从头开始放映，如图 4-67 所示。

③ 在"幻灯片放映"选项卡，单击"开始放映幻灯片"组中的"从当前幻灯片开始"按钮，则从当前幻灯片开始放映，如图 4-67 所示。

④ 按【F5】键，则从头开始放映。

微课视频

启动幻灯片放映

图 4-67 "幻灯片放映"选项卡

2. 退出幻灯片放映的方法

① 按【Esc】键，结束幻灯片放映。

② 未设置循环放映的情况下，当最后一张幻灯片播放完毕后，单击鼠标左键、按键盘上的向右或向下的方向键，都会退出放映。

3. 设置放映方式

若想设置循环放映、放映类型或者放映范围等，可以单击"幻灯片放映"选项卡"设置"组中的"设置幻灯片放映"按钮（见图 4-68），弹出"设置放映方式"对话框，如图 4-69 所示。

图 4-68 "设置幻灯片放映"按钮

"放映类型"选项中，可以选择 3 种放映类型，"演讲者放映（全屏幕）""观众自行浏览（窗口）""在展台浏览（全屏幕）"。若选择"演讲者放映（全屏幕）"且有多显示器，则可以选中"显示演讲者视图"复选框，演讲者的屏幕上就可以看到备注内容及计时。幻灯片放映时是全屏幕的，按照屏幕的大小自动调整放映大小，而不能设置放映幻灯片大小的比例。

"放映选项"中，可以选中"循环放映，按 Esc 键终止""放映时不加旁白""放映时不加动画"复选框。

信 息 技 术

"放映幻灯片"中可以选择放映的幻灯片范围，不一定全部都放映。

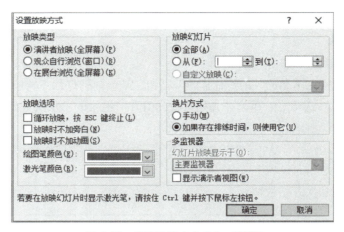

图 4-69 "设置放映方式"对话框

可以设置"换片方式"，选择"手动"或"如果存在排练时间，则使用它"。

在"设置放映方式"对话框中不能设置幻灯片切换的声音效果，因为幻灯片的切换声音效果在"切换"选项卡"计时"组中的"声音"下拉列表中进行设置。

4.4.2 打包

为将演示文稿置于另一台不带 PowerPoint 系统的计算机上放映，在放映前应对演示文稿进行打包，操作方法如图 4-70 所示。

微课视频

打包

图 4-70 演示文稿打包

第 4 章　PowerPoint 演示文稿制作

4.4.3　打印

在"文件"选项卡的"打印"功能中，可以选择各种打印选项，如图 4-71 所示。

单击"打印全部幻灯片"可以设置具体的打印范围，如图 4-72 所示。若选择"自定义范围"（见图 4-72），则在"幻灯片"的输入框中输入幻灯片的序号，如"4-9, 16, 21-"就表示打印第 4 到第 9 页，第 16 页，第 21 页到最后一页，如图 4-73 所示。

微课视频·

打印
·

图 4-71　打印操作

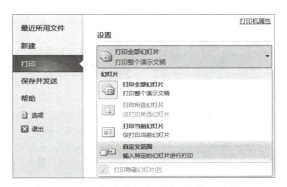

图 4-72　自定义幻灯片打印范围功能

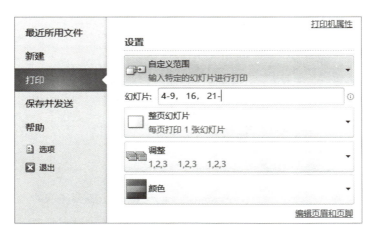

图 4-73　自定义幻灯片打印范围

单击"幻灯片"下面的选项，可以选择打印的格式，如打印幻灯片的"整页幻灯片""备注页""大纲"，或者打印某种布局的讲义，如图 4-74、图 4-75 所示。

信 息 技 术

图 4-74　打印备注页

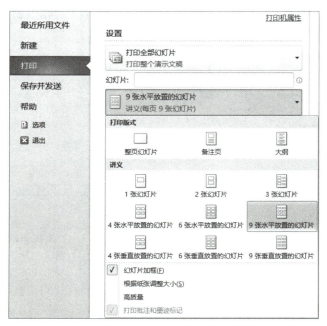

图 4-75　打印讲义

第 4 章 PowerPoint 演示文稿制作

小知识：

可以使用排练计时功能，对幻灯片的播放过程进行精确计时，还可以实现幻灯片自动播放。

通过排练计时实现自动播放的操作步骤如下：

① 在"幻灯片放映"选项卡，单击"设置"组中的"排列计时"按钮，会立刻进入幻灯片放映模式。

② 模拟正式演讲的情景，操作鼠标或方向键，切换幻灯片，直到幻灯片播放结束。系统会把整个过程记录下来，询问"是否保留新的幻灯片排练时间"，选择"是"。

③ 在"设置放映方式"对话框中，"换片方式"选择"如果存在排练时间，则使用它"。

④ 再次启动幻灯片放映时，幻灯片会按照刚才的模拟过程的时间进行自动播放。

案 例

利用系统提供的资料，用 PowerPoint 创意制作演示文稿。按照题目要求完成后，用 PowerPoint 的保存功能直接存盘。

资料一：九寨沟简介。

资料二：九寨沟位于四川省西北部岷山山脉南段的阿坝藏族羌族自治州九寨沟县漳扎镇境内，地处岷山南段弓杆岭的东北侧。距离成都市 400 多千米，系长江水系嘉陵江上游白水江源头的一条大支沟。九寨沟自然保护区地势南高北低，山谷深切，高差悬殊。北缘九寨沟口海拔仅 2000 米，中部峰岭均在 4000 米以上，南缘达 4500 米以上，主沟长 30 多千米。

要求：

① 第一页演示文稿：用资料一的内容。

② 第二页演示文稿：用资料二的内容。

③ 演示文稿的模板、版式、图片、配色方案、动画方案等自行选择。

④ 为演示文稿设置每 5 s 环自动切换幻灯片放映方式。

⑤ 制作完成的演示文稿美观、大方。

案例分析：

① 有 2 页幻灯片，第一页只有标题，第二页只有正文。

② 需要设置幻灯片自动播放，每 5 s 切换一次，且要求循环播放。

③ 自行设置字体、字号、颜色，以及自行选择模板、版式、动画效果，使幻灯片整体美观大方。

操作步骤：

① 先创建一个新的 PPT 文件。在计算机的某个文件夹的空白处右击，选择"新建"→"Microsoft PowerPoint 演示文稿"命令，参见图 4-9。

② 此时文件已经产生，且文件名是被选中的状态，可以顺便改一下 PPT 文件名称，例如改成"九寨沟简介"，如图 4-76 所示。

图 4-76 更改 PPT 文件名称

③ 双击这个 PPT 文件将其打开，目前是一个空白的演示文稿，参见图 4-11。

④ 单击编辑区中的"单击此处添加第一张幻灯片",即可添加一页幻灯片,默认版式是标题幻灯片。再选中左侧的第一张幻灯片的缩略图,按【Enter】键,新建第二页幻灯片。

⑤ 选中第一页幻灯片,将资料一的内容放入第一页幻灯片的"单击此处添加标题"占位符中,删除其余空白文本框。

⑥ 选中第二页幻灯片,将资料二的内容放入第二页幻灯片的"单击此处添加副标题"占位符中,删除其余空白文本框。

⑦ 更改主题。选中任意一张幻灯片,选择"设计"选项卡"主题"组中"聚合"主题,如图 4-77 所示。设置后,效果如图 4-78 所示。

图 4-77 设置"聚合"主题

图 4-78 设置主题后的效果

⑧ 设置主题后,需要手动调整一下文本框的大小,设置正文的字体、字号、颜色、行间距,使页面整体美观。

⑨ 为标题和正文的文本框添加"飞入"动画效果。方法:选中文本框,单击"动画"选项卡"动画"组中的"飞入"按钮,如图 4-79 所示。

⑩ 为所有幻灯片设置"形状"切换效果,设置自动换片时间为 5 s。方法:选中幻灯片,单击"切换"选项卡"切换到此幻灯片"组中的"形状"按钮。在"计时"组中,选中"设置自动换片时间"复选框,

手动输入 00:05.00，即表示 5 s。单击"计时"组中的"全部应用"按钮，即可将此效果应用到本文件的全部幻灯片中，如图 4-80 所示。

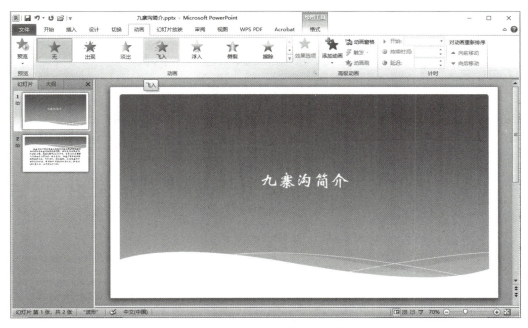

图 4-79 添加"飞入"动画效果

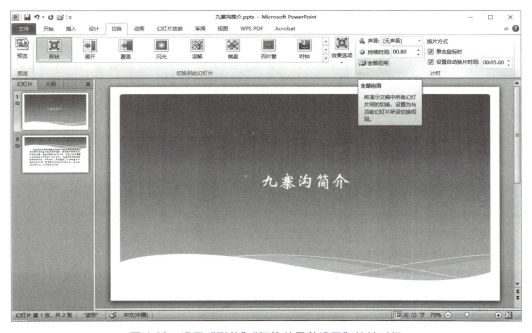

图 4-80 设置"形状""切换效果并设置"持续时间

⑪ 单击"幻灯片放映"选项卡"设置"组中的"设置幻灯片放映"按钮（见图 4-81），弹出"设置

信 息 技 术

放映方式"对话框,选中"循环放映,按 Esc 键终止"复选框,如图 4-82 所示。

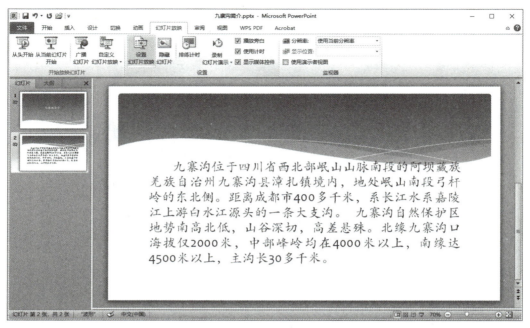

图 4-81 "设置幻灯片放映"按钮

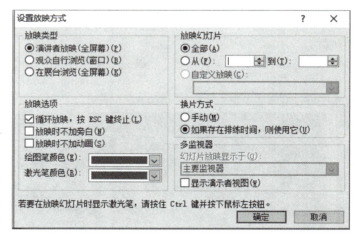

图 4-82 "设置放映方式"对话框

⑫ 按【F5】键,查看幻灯片自动切换的效果,以及幻灯片的整体效果。
⑬ 单击左上角的"保存"按钮保存文件,单击右上角的"关闭"按钮,关闭文件。

拓展练习

1.【2018年5月软考真题】为了查看幻灯片能否在20分钟内完成自动播放,需要为其设置( )。
   A. 超级链接   B. 动作按钮   C. 排练计时   D. 录制旁白

第4章　PowerPoint 演示文稿制作

答案：C

2. 【2017年6月软考真题】在 PowerPoint 中,为精确控制幻灯片的放映时间,可使用(　　)功能。
   A. 幻灯片效果切换　　B. 自定义动画　　C. 排练计时　　D. 录制旁白
   答案：C

3. 【2012年6月软考真题】为了精确控制幻灯片的放映时间,一般使用(　　)操作。
   A. 设置切换效果　　　　　　　　　　B. 设置换页方式
   C. 排练计时　　　　　　　　　　　　D. 设置动画效果
   答案：C

4. 【2016年6月软考真题】下列关于 PowerPoint 幻灯片放映的叙述中,不正确的是(　　)。
   A. 可以进行循环放映
   B. 可以自定义幻灯片放映
   C. 只能从头开始放映
   D. 可以使用排练及时功能,实行幻灯片自动切换
   答案：C

5. 【2015年6月软考真题】用户设置幻灯片放映时,不能做到的是(　　)。
   A. 设置幻灯片的放映范围　　　　　　B. 选择观众自行浏览方式放映
   C. 设置放映幻灯片大小的比例　　　　D. 选择以演讲者放映方式放映
   答案：C

6. 【2014年11月软考真题】为将演示文稿置于另一台不带 PowerPoint 系统的计算机上放映,在放映前应对演示文稿进行(　　)。
   A. 复制　　　　B. 打包　　　　C. 压缩　　　　D. 打印
   答案：B

7. 【2012年11月软考真题】PowerPoint 的"设置放映方式"不能设置(　　)。
   A. 演示文稿循环放映　　　　　　　　B. 演示文稿的放映类型
   C. 幻灯片的换片方式　　　　　　　　D. 幻灯片切换的声音效果
   答案：D

8. 【2016年6月软考真题】下列关于 PowerPoint 幻灯片打印的叙述中,正确的是(　　)。
   A. 只能从第一张幻灯片开始打印　　　B. 可以选择部分幻灯片打印
   C. 只能打印全部幻灯片　　　　　　　D. 只能打印当前幻灯片
   答案：B

9. 【2011年11月软考真题】在 PPT 中,打印幻灯片范围"4-9, 16, 21-"表示打印的范围是(　　)。
   A. 第4到第9,第16,第21页　　　　　B. 第4到第9,第16,第21页到最后一页
   C. 第4,第9,第16,第21页　　　　　　D. 第4到第9,第16,第21页到当前幻灯片
   答案：B

10. 【2019年6月软考真题】(　　)是幻灯片缩小之后的打印件,可供观众观看演示文稿放映时参考。

A. 图片　　　　　　B. 讲义　　　　　　C. 演示文稿大纲　　D. 演讲者
答案：B

小结

本章以 Microsoft Office 2010 的 PowerPoint 演示文稿为例，讲解了演示文稿的组成，演示文稿的基本操作、幻灯片的基本操作；幻灯片外观的相关概念和操作，如模板、母版、主题、版式、背景的概念和操作；幻灯片的具体操作，如插入对象、超链接、动画、切换效果等操作；幻灯片的放映与打印等输出操作。

习题

1. 下列关于幻灯片和演示文稿的叙述，不正确的是（　　）。
    A. 一个演示文稿文件可以不包含任何幻灯片
    B. 一个演示文稿文件可以包含一张或多张幻灯片
    C. 幻灯片中的文字可以直接单独以文本文件的形式存盘
    D. 幻灯片中可以包含文字、图形、图表、声音等
    答案：C

2. 下列关于演示文稿和幻灯片的叙述中，不正确的是（　　）。
    A. 一张幻灯片对应演示文稿中的一页
    B. 每个对象由若干张幻灯片组成
    C. 一个演示文稿对应一个文件
    D. 一个演示文稿由若干张幻灯片组成
    答案：B

3. 某一个 PPT 文档共有 8 张幻灯片，现选中第四张幻灯片，改变幻灯片背景设置后，单击"应用"按钮，则（　　）。
    A. 第四张幻灯片的背景被改变
    B. 从第四张到第八张的幻灯片背景都被改变
    C. 从第一张到第四张的幻灯片背景都被改变
    D. 除第四张外的其他七张幻灯片背景都被改变
    答案：A

4. 某一个 PPTX 文档，共有 8 张幻灯片，现选中第四张幻灯片，进行改变幻灯片背景设置后，单击"应用"按钮，则（　　）。
    A. 第四张幻灯片的背景被改变
    B. 从第四张到第八张的幻灯片背景都被改变

C. 从第一张到第四张的幻灯片背景都被改变

D. 除第四张外的其他七张幻灯片背景都被改变

答案：A

5. 有时 PowerPoint 中幻灯片内容充实，但是每张幻灯片中的表格和数据太多，放映时会给人非常凌乱的视觉感受，为使其能给人优美的视觉感受，合理的做法是（　　）。

　　A. 用动画分批展示表格和数据

　　B. 减小字号，重新排版，以容纳所有表格和数据

　　C. 制作统一的模板，保持风格一致

　　D. 以多种颜色和不同的背影图案展示不同的表格

　　答案：A

6. 在 PowerPoint 2010 中，将一张幻灯片中的图片及文本框设置成一致的动画显示效果后，（　　）。

　　A. 图片有动画效果，文本框没有动画效果

　　B. 图片没有动画效果，文本框有动画效果

　　C. 图片有动画效果，文本框也有动画效果

　　D. 图片没有动画效果，文本框也没有动画效果

　　答案：C

7. 在演示文稿中，插入超链接时，所链接的目标不能是（　　）。

　　A. 另一个演示文稿　　　　　　B. 同一演示文稿的某一张幻灯片

　　C. 其他应用程序的文档　　　　D. 某张幻灯片中的某个对象

　　答案：D

8. 在 PowerPoint 2010 中，超链接一般不可以链接到（　　）。

　　A. 文本文件的某一行　　　　　B. 某个幻灯片

　　C. 因特网上的某个文件　　　　D. 某个图像文件

　　答案：A

9. 为使 PPT 文件在放映时具有定时播放效果，可在放映前预先用（　　）命令进行设置。

　　A. 幻灯片切换　　B. 动画方案　　C. 排练计时　　D. 自定义动画

　　答案：C

10. 下面关于幻灯片打印的叙述中，正确的是（　　）。

　　A. 只能从第一张幻灯片开始打印

　　B. 不仅可以打印幻灯片，还可以打印讲义（每页上打印多达6张幻灯片）

　　C. 只能打印所有幻灯片

　　D. 只能打印当前幻灯片

　　答案：B

第 5 章 信息检索

引 言

信息检索是人们进行信息查询和获取的主要方式,是查找信息的方法和手段。掌握网络信息的高效检索方法,是现代信息社会对高素质技术技能人才的基本要求。本章中主要讲述了信息检索基础知识、搜索引擎使用技巧、专用平台信息检索等内容。通过本章的学习,可使学生能够对信息检索的基本概念有整体的理解,并掌握几种常用的信息检索方法。

内容结构图

本章内容思维导图如图 5-1 所示。

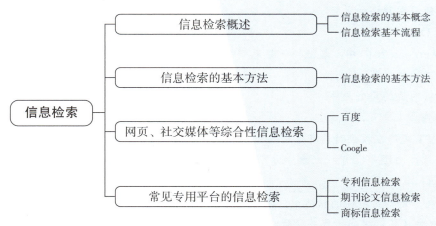

图 5-1 信息检索内容思维导图

学习目标

- 了解信息检索的基本概念。
- 理解信息检索的基本流程。
- 掌握常用搜索引擎的自定义搜索方法。
- 能够从实训中更深入了解信息检索。

5.1 信息检索概述

本节内容结构图如图 5-2 所示。

图 5-2　5.1 节内容结构图

5.1.1 信息检索的基本概念

在了解信息检索的基本概念之前，我们一起分享一个案例，以便更全面地了解信息检索的重要性。

李明同学在期末结束之前，需要完成创新创业的实践课程结课作业，如图 5-3 所示。作业要求包含以下信息资料：

① 目前我国在校高职学生在校创业的现状分析。
② 高职院校学生创新创业中存在的问题分析。
③ 提高高职学生在校创业成功率的主要措施。
④ 提交一篇 2 000 字以上高职学生创新创业分析报告。

在日常的学习实践中，往往需要查询各种信息和知识资料。在过去互联网信息检索未普及之前，解决查询信息的问题，需要花费大量的时间和精力跑遍各个图书馆搜寻文献图书资料。随着搜索引擎的出现，尤其是互联网技术的快速发展，信息检索成为互联网信息查询和搜索的重要手段。

图 5-3　如何查询大学生创新创业报告

1. 信息检索的含义

作为一种实践活动，信息检索经历了一段时期的发展。然而作为一个比较规范的标准化术语，1950 年信息检索（Information Retrieval，IR）这个概念是由美国信息科学家 Calvin Northrup Mooers 第一次提出，1978 年他也因此获得了美国信息科学协会荣誉奖。

广义上讲，信息检索是指将信息按一定的方式组织和存储起来，并根据信息用户的需要找出有关

信 息 技 术

信息的过程，因此又称为信息存储与检索，也就是它涵盖了信息的"存"与"取"两个主要环节。此外，还有其他的关于信息检索的表述：信息检索是对信息项进行表示、存储、组织和存取。

狭义上讲，信息检索是从信息集合中找出所需信息的过程，相当于"信息的查找"或"信息查询"，它只是表示信息检索的后续环节。信息检索的含义很广，但作为本书中的知识点概念，这里基本界定为：信息检索是从通常存储在计算机中的文档集合查找满足某种信息需求的具有非结构化性质的资料。可见，一般来讲，关于信息检索的概念是从狭义的角度界定的。信息检索的含义如图 5-4 所示。

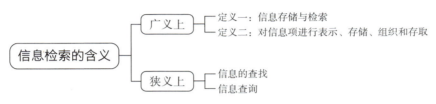

图 5-4 信息检索的含义

与此同时，这里需要厘清一个概念，信息检索与文献检索的区别是：文献检索的目的是获取文献信息；信息检索则是为了收集、组织、存储一定范畴的信息，以此提供给使用者根据个人需求查询文献中的信息内容或知识资源，比文献检索更加具体和深入。

2. 信息检索的原理

信息检索的基本原理是将庞杂的、混乱冗余的资源信息进行搜集、加工、组织、存储，经过以上归纳整合，创建多种形式的检索系统，运用一些方法使存储与检索的过程所采用的特征标识相匹配，从而有效地获取和使用信息源。其中，存储是检索的基础，检索是存储的目的。

信息检索的基本原理如图 5-5 所示。

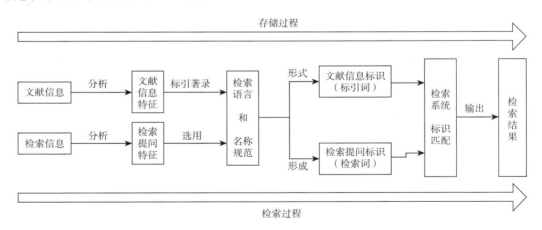

图 5-5 信息检索的基本原理

要完成这种匹配与选择，需做好三方面的工作：

① 文献替代：将表示文献资源特征的元数据替代它指代的资源，文献替代过程实际上是对原始文献的外部特征（包括题名、著者、出处等）和内容特征（包括分类号、主题词、摘要等）进行描述的过程，这项工作通常称为著录，著录的结果是将原始文献制作成它的替代文献——"次文献"。

② 文献整序：就是对替代文献进行标引，给出文献标识（如分类号、主题词等），将所有替代文献按其标识进行有规律的组织排列，形成可检索的信息资源集合。

③ 文献特征标识与检索提问标识的匹配：检索者在查找所需文献时，只要以该系统所用的标识作为提问标识，与系统中的文献特征标识进行比较，并将文献特征标识为与提问标识一致的文献。

微课视频

信息检索的基本概念和基本流程

5.1.2 信息检索的基本流程

检索一段内容是阶段性、逐步进行的，合理、科学地安排检索步骤称为检索策略。检索策略是为实现检索目标而制订的全盘计划或方案，是就一个问题检索一个或多个数据库所输入的全部检索式的集合，要掌握信息检索的技巧，有必要了解信息检索的流程，如图 5-6 所示。下面介绍每个检索步骤中要注意的问题。

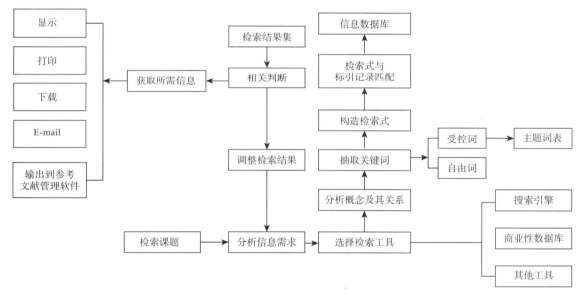

图 5-6　信息检索的流程

1. 分析信息需求

首先，需要明确地了解所要查询信息的目的和要求，确定检索问题的关键词及其涉及的学科或主题范围、地域范围、语种范围、资源的时间范围、需要的信息类型、查询方式（浏览、分类检索、关键词检索）、资源的性质（学术信息资源还是大众化的资源）等。

2. 选择合适的检索工具

检索问题对需要使用的检索工具具有直接影响，检索工具选择的正确与否对检索效率起着十分重要的作用。选择合适的检索工具主要从检索工具的类型、收录范围、检索问题的类型、检索问题的具体要求等方面综合考虑。然而，由于搜索引擎的普及和用户对其他信息检索工具的不熟悉，许多网络信息检索的用户只使用搜索引擎或以搜索引擎为主，而忽视各种专业数据库的作用。例如，查找期刊论文首选的是中国期刊网和 Elsevier 等中外文期刊数据库；查找背景与概况信息、不清楚或模糊的词、术语时可选用百科全书、各种汉语词典、外语词典、各学科词典、英汉等双语词典、搜索引擎等；要

信息技术

查找图书的出版信息，可利用各图书馆的馆藏目录、联合目录、网上书店、出版社书目、在版书目、搜索引擎等。

目前，用户检索时使用最多的工具是数据库。只要确认了检索工具，后面如何选择数据库，要遵循数据库选择的 4C 原则，即 Content（数据库的内容）、Coverage（数据库收录资源的范围）、Currency（数据库更新的及时性、更新的频率）和 Cost（数据库的费用，如今搜索引擎的检索是免费的，而商业数据库检索的收费标准不尽相同）。另一个重要的因素就是数据库的检索功能，如是否提供初级检索、高级检索和专家检索等不同的检索选择，支持哪些检索技术，是否提供帮助功能、容错功能、检索过程中的建议等。

3. 确定检索词

检索点对应数据库中的字段，如题名、著者、关键词等（常用字段及其含义见前文的字段限制检索），其基本构成单位是检索词，恰当地选择检索词对于整个检索结果至关重要。

检索词是用户或检索人员检索时输入的字、词、字符或短语，用于查找含有它的记录，学会从复杂的检索课题中提炼出最具代表性和指示性的检索词对提高检索效率至关重要。检索词包括关键词和各种符号，后者如分类号、专利号和出版年等，但人们更多的是从学科（主题）的角度搜索所需资源，因而关键词是使用较多的检索词。

关键词是指那些出现在文献的标题（篇名、章节名）、摘要或正文中，对表达文献主题内容具有实质意义的词语。

5.2 信息检索的基本方法

信息检索的基本方法

本节内容结构如图 5-7 所示。

信息检索的基本方法
├─ 布尔逻辑检索
├─ 截词检索
├─ 限制检索
└─ 位置检索/邻近检索

图 5-7　5.2 内容结构

信息检索的主要目的是在最短的时间内获得最满意的检索结果，而要达到这一目的，必须掌握信息检索的方法与技术。

信息检索技术经过先组式索引检索、穿孔卡片检索、缩微胶卷检索、脱机批处理检索，发展到了今天的联机检索、光盘检索与网络信息检索并存，检索方法也不断丰富。下面介绍网络信息检索的基本方法。

1. 布尔逻辑检索

逻辑检索是一种比较成熟、较为流行的检索技术，逻辑检索的基础是逻辑运算，绝大部分计算机信息检索系统都支持布尔逻辑检索。

常用的布尔逻辑运算符如下：

（1）逻辑"与"

逻辑"与"用 AND（或 *）表示。检索词 A、B 若用逻辑"与"相连，即 A AND B（A*B），则表示同时含有这两个检索词才能被命中。用文氏图（Venn Diagram）表示如图 5-8（a）所示。

例如，要检索"图书馆与教育"的文献，检索逻辑式可表示为：library AND education。

(2) 逻辑"或"

逻辑"或"用 OR（或 +，或 1）表示。检索词 A、B 若用逻辑"或"相连，即 A OR B(A+B)，则表示只要含有其中一个检索词或同时含有这两个检索词的文献都将被命中，如图 5-8（b）所示。

例如，要检索"计算机"或"机器人"方面的文献，检索逻辑式可表示为：computer OR robot。

(3) 逻辑"非"

逻辑"非"用 NOT(AND NOT, BUT NOT)（或 -）表示。检索词 A、B 若用逻辑"非"相连，即 A NOT B(A-B)，则表示被检索文献在含有检索词 A 而不含有检索词 B 时才能被命中，如图 5-8（c）所示。布尔逻辑运算符的运算次序为：逻辑"非"→逻辑"与"→逻辑"或"；若有括号，则括号优先，这同算术运算中的四则运算相似。

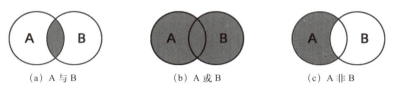

(a) A 与 B　　　　(b) A 或 B　　　　(c) A 非 B

图 5-8　布尔逻辑：A 与 B、A 或 B、A 非 B

2. 截词检索

对于词干相同而词尾不同的词，如 library, libraries，librarian, librarianship 和一些英美不同拼法的词，如 defence, defense，如果检索时将这类词全部输进去，会增加检索时间，采用截词法可解决这一问题。截词检索，是指在检索标识中保留相同的部分，用相应的截词符代替可变化部分。检索中，计算机会将所有含有相同部分标识的记录全部检索出来。截词符大多用"?"或"*"表示，在一般情况下，"?"代表 0 至 1 个字符，"*"代表 1 至多个字符。但有的检索系统用其他的符号或刚好与此相反，如著名的法律检索系统 Westlaw 用"!"代表任意多个字符，用"*"代表 1 个字符。

根据截词符在检索词中的位置，可分为前截词、中间截词和后截词。

(1) 前截词

前截词即截词符在检索词的开头，如输入"*ible"，可检索出 possible, feasible, compatible，flexible 等所有的以 ible 结尾的单词及其构成的短语。

(2) 中间截词

中间截词符空格索词的中间，如 d?g，其中"?"只代表一个字符，由此可检索出 dog, dig 和 dug。

(3) 后截词

①词尾的有限截词。此类用法特定用于 Dialog Solutions 系统中，一般不常见。在截词符"*"后面加一个数字，限定可以有几个字符的变化，如 logic[*2] 表示后面可以有 2 个字符的变化，即可以检索出 logics 和 logicor，但不能检索出 logicism。

②词尾的无限截词。 绝大多数检索工具用"*"表示词尾的无限截词，如 pre* 允许 pre 后面有 1 至任意个字符的变化，可检索出 predict, precise, precept， preamble, preclude 等词语。

信息技术

再如，输入 com *，可检索出 combine, commend, compact, comfort, component 和 compress 等所有以 com 这 3 个字母开头的单词及其构成的短语。

但是，对于同一种检索运算、检索工具之间采用不同符号的情况确实存在，有的检索工具用"$"表示词尾的无限截词，而不是使用"*"。

数据库检索中常用的截词法有前截词、中间截词和后截词这 3 种截词方式。

中文检索在扩大检索范围时也可采用截断技术，如在只知作者姓而其名不详时，可在表示其姓的字后加问号做姓氏截断，如"李?"表示检索所有李姓作者的文献。

3. 限制检索

如前所述，组成数据库的最小单位是记录，一条完整记录中的每一个著录事项为字段。

在信息检索过程中，为了提高查全率或查准率，需要将检索范围限制在特定的字段中，即字段限制检索。

一般而言，一篇记录中主要用来表达文献内容特征的字段称为基本索引字段，如篇名、文摘、叙词、自由词，叙词和自由词都是代表文献主题内容的词语，但前者选自各个数据库的专用词表，属于规范用语；后者则选自原始文献，属于不规范的自然语言。在数据库基本索引字段中，叙词和自由词包括单词和词组，联机检索主要就是通过基本索引字段中的单词和词组来检索有关文献记录。常用的基本索引字段及其代码如表 5-1 所示。

表 5-1 常用的基本索引字段及其代码

字段名	字段代码	中文译名
Abstract	AB	文摘
Descriptor	DE	叙词
Identifier	ID	自由词
Keyword	KW	关键词
Title	TI	篇名
Author Affiliation	AA	著者单位
Application Country	AC	专利申请国
Application Date	AD	专利申请日
Abstract Number, Accession Number	AN	文摘号，登记号或存取号
Application Number	—	专利申请号
Author, Inventor	AU	著者，发明者
Class Code, Country Code	CC	分类号，国别代码
Conferencel Location, Patent Classification	CL	会议地点，专利分类号
Contract Number, Country Name	CN	合同号，国别

续表

字段名	字段代码	中文译名
Company Name	CO	公司名称
Country of Publications	CP	出版国
Corporate Author	CA	团体著作
Conference Title	CT	会议名称
Conference Year	CY	会议年份
Designated Country	DC	指定国
Document Type	DT	文献类型
International Patent Classification	IPC	国际专利分类号
Journal Title	JN	期刊名
Language	LA	语种
Patent Assignee	PA	专利代理人
Patent Country，Product Code	PC	专利国别，产品代码
Patent Date，Publication Date	PD	专利公平，出产日期
Patent Number，Product Name	PN	专利号，产品名称
Publisher	PU	出版者
Publication Year	PY	出版年

在进行计算机检索时，一般将基本索引字段代码附于所选定的检索词之后，计算机系统即在指定的字段中进行检索，如果检索词前后未指定字段，则系统将自动检索所有基本索引字段。但是，不同的计算机检索系统所用的字段标识符和标识符放置位置不尽相同。表达文献外部特征的字段称为辅助索引字段，如著者、机构名称、语种、刊名、来源、出版年等。

不同的联机检索系统，对基本索引字段与辅助索引字段采取不同的限定检索方法。Dialog Solutions 系统基本索引字段的限定由"/"与一个基本索引字段符组成，又称后缀限定；辅助索引字段由字段符"="组成，一般将辅助索引字段代码置于检索词前，称为前缀，常与基本索引字段配合使用，起着进一步限定检索范围的作用。

4. 位置检索（邻近检索）

邻近检索有时又称为位置限制检索，是用一些特定的算符（位置算符）来表达检索词与检索词之间的顺序和词间距的检索。其依据是：文献记录中词语的相对次序或位置不同，所表达的意思可能也不同，而同样一个检索表达式中词语的相对次序不同，其表达的检索意图也不一样。布尔逻辑运算符有时难以表达某些检索课题确切的提问要求，如检索词之间的位置关系。字段限制检索虽能通过限定检索词所处的字段使检索结果在一定程度上进一步满足提问要求，但无法对检索词之间的相对位置进行限制。

信息技术

不同检索系统支持的位置限制检索不同,如 Science Direct Online 用 W/mm 表示两个单词之间最多可插入 mm 个单词,顺序不限;而用 PRE/nn 表示两个单词之间最多可插入 nn 个单词,顺序不能改变。Westlaw 用 /p 表示两个检索词须在同一个段落中,用 /s 表示两个检索词须在同一个句子中,用 +s 表示两词必须在同一句出现,且第一个词须在第二词之前,用 +p 表示两词必须在同一段出现,且第一个词须在第二词之前;用 /n 表示两词相距不超过 n 个字词,用 +n 表示两词相距不超过 n 个字词,且第一个词须在第二个词之前。

同一种检索运算在不同系统默认的值不同,(N) 在有的系统中允许其连接的两个词之间可以插入 10 个词。

有时候,可用英文单词表示位置限制的语法。例如,用 BEFORE 指定该运算符左边的词必须出现在右边的词之前,AFTER 指定该运算符左边的词必须出现在右边的词之后。不过,只有少数检索工具支持 BEFORE、AFTER 运算。

5.3 网页、社交媒体等综合性信息检索

本节内容结构如图 5-9 所示。

图 5-9 5.3 节内容结构

• 微课视频
网页社交媒体等综合信息检索

搜索引擎(Search Engine)是一种 Web 上应用的软件系统,它以一定的策略在 Web 上搜集和发现信息,在对信息进行处理和组织后,为用户提供 Web 信息查询服务。从使用者的角度看,这种软件系统提供一个网页界面,让它通过浏览器提交一个词语或者短语,然后很快返回一个可能和用户输入内容相关的信息列表。随着搜索引擎技术的发展,系统可以处理的范围从单一的文本向语音、图片甚至视频等转变。随着互联网的普及和网络技术的飞速发展,网上信息资源的数量和种类激增,搜索引擎成为人们在茫茫网海中快捷、准确地找出所需信息的重要工具。

5.3.1 百度

2000 年 1 月,李彦宏和徐勇在北京中关村创立了如今家喻户晓的百度搜索。百度搜索是目前全球最大的中文搜索引擎和重要的中文信息检索与传递技术供应商。它的产品与服务项目涵盖搜索服务、导航服务、社区服务、移动服务、游戏娱乐,并提供搜索开放平台、百度人工智能开放平台等平台,百度云等开发者服务,同时提供百度输入法等多种软件工具等。百度以中文搜索服务为基础,并将搜索引擎应用到互联网,推出了百度人工智能服务,并在人工智能领域不断深入。图 5-10 所示为百度产品与服务项目。

关于搜索服务,百度支持布尔逻辑检索、短语检索、字段限制检索、在检索结果中精炼检索、相

关搜索、拼音提示、繁简中文查询等；提供丰富的专项搜索，包括百度学术搜索、百度网页搜索、百度文库搜索；其中百度的搜索形式已不局限于单纯的网页资源关键词搜索，目前已有百度识图搜索、MP3 搜索等多类型资源检索。

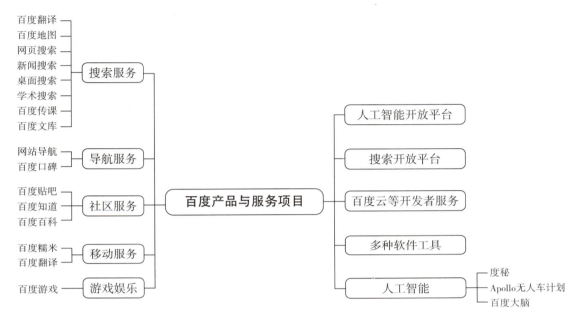

图 5-10　百度产品与服务项目

1. 下载网页上的文本资源

确定想要搜索的文本内容，然后打开百度搜索引擎，输入关键词，单击"百度一下"按钮，如图 5-11 所示。搜索到文本资源后，进行保存即可。

图 5-11　百度搜索引擎

2. 下载图片资源

（1）搜索图片资源

确定想要搜索的图片内容，输入关键词，显示搜索结果后，选择图片类目，进入图片搜索结果页面，选择想要的图片内容，右击，选择"图片另存为"命令，将该图片保存到目标文件夹。

（2）百度图片识图

百度识图是百度图片的一个高效的搜图功能。将图片上传到百度图片搜索引擎（见图 5-12）中，选择识图上传图片功能，就能从互联网上查询到与该图片相似的其他图片资源，同时也能查询到该图片的详情信息。

信息技术

图 5-12　百度识图

检索结果依据相关度进行排序。通过超链接分析技术、词频统计和竞价排名相结合的方式对网页进行相关度评价。

5.3.2　Google

1998 年 9 月，斯坦福大学博士生 Larry Page 与 Sergey Brin 共同创建了 Google。它是目前全球使用最广泛的搜索引擎之一，其产品众多、服务内容丰富，如图 5-13 所示。Google 支持布尔逻辑检索、字段限制检索、短语检索、文件类型限定检索、容错检索、拼音自动转换、模糊拼音搜索、简繁中文转换功能等。

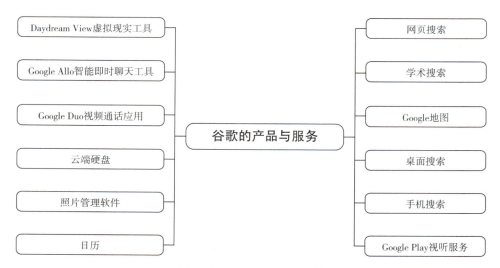

图 5-13　谷歌的产品与服务

Google 的检索结果按相关性排序，相关性的评判以网页评级为基础，在全面考察检索词的频率、位置、网页内容（以及该网页所链接的内容）的基础上，评定该网页与用户需求的匹配程度，并确定排序优先级，将其独创的网页评级系统（Page Rank）作为网络搜索的基础。

5.4 常见专用平台的信息检索

本节内容结构如图 5-14 所示。

常见专用平台的信息检索

图 5-14 5.4 节内容结构

5.4.1 专利信息检索

专利信息是指以专利文献作为主要内容或以专利文献为依据，经分解、加工、标引、统计、分析、整合和转化等信息化手段处理，并通过各种信息化方式传播而形成的与专利有关的各种信息的总称。专利信息可分为 5 种信息：技术信息、法律信息、经济信息、著录信息和战略信息。

1. 我国的专利文献编号系统

（1）申请号

申请号是申请人提交专利申请时专利行政部门给予的编号。我国的专利申请号绝大部分由 8 位（如 99101337.0，不包括计算机校验码）或 12 位（如 200320104529.5，不包括计算机校验码）数字符和倒数第一位前的一个圆点符组成。专利申请号编号示意图如图 5-15 所示。

图 5-15 专利申请号编号示意图

（2）专利号

在授予专利权时给予专利的号码，与申请号一致。

（3）公开号

申请专利的发明在公开时给予的号码，即为《发明专利申请公开说明书》的编号。

（4）授权公告号

申请专利的发明在授予专利权并公告时给予的号码，即对《发明专利说明书》《实用新型说明书》的编号以及对公告的外观设计专利的编号。

2. 专利信息资源的检索

知识产权管理机构建立的网站，包括国际或地区性专利组织和各国知识产权管理机构及其下属单位建立的网站。提供的专利信息全面、权威、新颖。通常提供国内外知识产权的要闻动态、法律法规、

信息技术

知识产权的专题信息，并且提供专利申请、专利审查、专利保护、专利代理、文献服务、图书期刊、知识讲座等服务及知识产权相关网站的链接。大多提供专利信息数据库检索系统，供公众免费检索专利信息，有的网站还提供多种语言的检索页面，可浏览下载专利说明书。

5.4.2 期刊论文信息检索

学位论文、会议论文和科技报告都是重要的学术信息资源，但作为"灰色文献"，它们大多没有出版，给用户的查找带来不便。灰色文献是相对于白色文献和黑色文献而言的。白色文献通常是指公开出版发行的具有国际标准刊号（ISSN）或国际标准书号（ISBN）的正式出版物。黑色文献是指不对外公开、具有完全保密性质的文献。

第四届灰色文献国际会议（The Fourth International Conference on Grey Literature）对灰色文献的定义为：灰色文献通常指不经营利性出版商控制，而由各级政府、科研院所、学术机构、工商业界等发布的各类印刷版与电子版文献资料。灰色文献类目丰富，如图5-16所示。

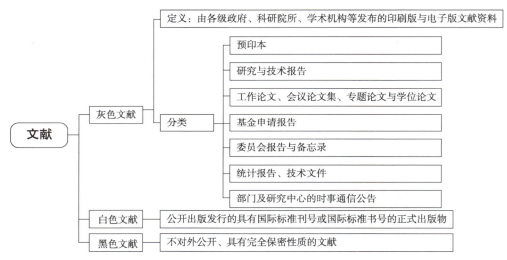

图 5-16 文献类型

5.4.3 商标信息检索

商标是区别商品或服务来源的一种标志，每一个注册商标都是指定用于某一商品或服务上的。商标信息检索指商标注册申请人亲自或委托商标代理人到商标注册机关查询有关商标登记注册情况，以了解自己准备申请注册的商标是否与他人已经注册或正在注册的商标相同或近似的程序。商标信息的检索入口有：商标权所有者姓名、商标名称、商标注册用商品和服务描述词、国际分类、商标图形要素国际分类等。

随着我国信息化建设逐步实施推进，信息素养已经被提升到国家乃至全球的发展战略高度。将有力推进我国国民的互联网信息能力水平，提升信息素养最直接有效的途径就是学习信息检索相关的课程。由于篇幅等原因未能详尽描述的相关知识内容请读者参考相关专业书籍与资料。

拓展练习

【2015年5月软考真题】信息处理技术员的网络信息检索能力不包括（　　）。
A．了解各种信息来源，判断其可靠性、时效性、适用性
B．了解有关信息的存储位置，估算检索所需的时间
C．掌握检索语言和检索方法，熟练使用检索工具
D．能对检索效果进行判断和评价
答案：B

小结

本章讲述了信息检索、信息检索的基本概念、信息检索的基本流程、信息检索的基本方法，以及多种专用平台的信息检索。通过本章的学习，可了解相关信息搜索引擎，较好地掌握搜索引擎使用技巧，提高信息检索能力。

习题

1. 布尔逻辑表达式：在职人员 NOT（中年 AND 教师）的检索结果是（　　）。
    A. 检索出除了中年教师以外的在职人员的数据
    B. 中年教师的数据
    C. 中年和教师的数据
    D. 在职人员的数据
    答案：A

2. 布尔逻辑检索中检索符号 OR 的主要作用在于（　　）。
    A. 提高查重率　　　　　　　　　　B. 提高查全率
    C. 排除不必要的信息　　　　　　　D. 减少文献输出量
    答案：C

3. 利用截词技术检索 "?ake"，以下检索结果正确的是（　　）。
    A. stake　　　　B. snake　　　　C. slake　　　　D. take
    答案：D

4. 将存储于数据库中的整本书、整篇文章中的任意内容查找出来的检索是（　　）。
    A. 全文检索　　　B. 文献检索　　　C. 超文本检索　　　D. 超媒体检索
    答案：A

5. 下列属于出版周期最短的定期连续出版物的是（　　）。
    A. 期刊　　　　B. 学位论文　　　C. 报纸　　　　D. 图书
    答案：C

6. ( )是高校或科研机构的毕业生为获取学位而撰写的。
   A. 学位论文　　　B. 科技报告　　　C. 会议文献　　　D. 档案文献
   答案：A

7. 截词检索中，"?"和"*"的主要区别在于（　）。
   A. 字符数量的不同　　　　　　　B. 字符位置的不同
   C. 字符大小写的不同　　　　　　D. 字符缩写的不同
   答案：A

8. 尽管不同的检索系统对截词符的定义不尽相同，一般而言，多数用（　）表示无限检索。
   A. +　　　　　　B. 1　　　　　　C. *　　　　　　D. ?
   答案：C

9. 尽管不同的检索系统对截词符的定义不尽相同，一般而言，多数用（　）表示有限检索。
   A. ?　　　　　　B. |　　　　　　C. *　　　　　　D. -
   答案：A

10. 位置运算符号（W）和（N）的主要区别在于（　）。
    A. 检索词之间间隔的字符数量的差异　　B. 检索词是否出现在同一字段中
    C. 检索词出现的位置是否可以颠倒　　　D. 检索词是否出现在同一文献中
    答案：C

11. 图书全文信息的获取可以通过（　）等渠道。（多选）
    A. 从网上购买图书　　　　　　　　　B. 从图书馆借书
    C. 通过电子图书数据库下载图书全文　D. 通过搜索引擎查找免费的电子书全文
    答案：ABCD

12. 了解各个国家政治、经济、科技发展政策的重要信息源是（　）。
    A. 科技报告　　　B. 政府出版物　　　C. 标准文献　　　D. 档案文献
    答案：C

第 6 章 新一代信息技术概述

引 言

随着信息技术的发展，高科技越来越多地参与到人类的生活中，例如公共场合通过人脸识别发现通缉的逃犯、手机银行通过人脸识别进行登录验证、汽车上能选择最优道路的自动驾驶系统、机器人担任客服、回答客户咨询的问题等。本章将介绍新一代的信息技术——云计算、大数据和人工智能基础知识。

内容结构图

本章内容结构思维导图如图 6-1 所示。

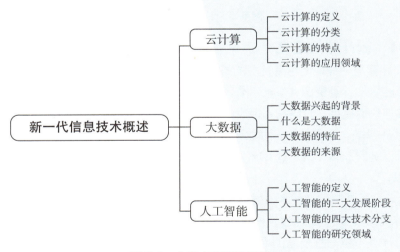

图 6-1 本章内容思维导图

学习目标

- 理解云计算、大数据和人工智能的概念。
- 了解云计算和大数据的基本特点。
- 了解云计算、大数据和人工智能的应用领域。

信息技术

6.1 云计算

本节内容结构如图 6-2 所示。

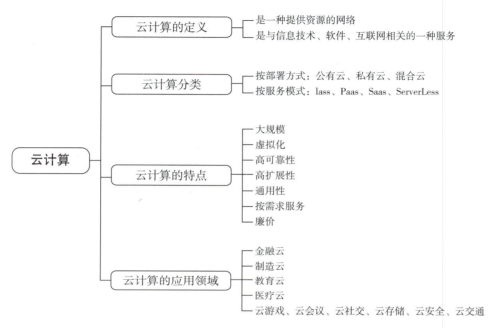

图 6-2　6.1 节内容结构

6.1.1　云计算的定义

云计算的定义

云计算是一种按使用量付费的模式，这种模式提供可用的、便捷的、按需的网络访问，进入可配置的计算资源共享池（资源包括网络、服务器、存储、应用软件、服务），这些资源能够被快速提供，只需投入很少的管理工作，或与服务供应商进行很少的交互。

云是网络、互联网的一种比喻说法。狭义上讲，云计算就是一种提供资源的网络，使用者可以随时获取"云"上的资源，按需求量使用，并且可以看成是无限扩展的，只要按使用量付费就可以。

从广义上说，云计算是与信息技术、软件、互联网相关的一种服务，这种计算资源共享池叫作"云"。云计算把许多计算资源集合起来，通过软件实现自动化管理，只需要很少的人参与，就能快速提供资源。

云计算不是一种全新的网络技术，而是一种全新的网络应用概念，云计算的核心概念就是以互联网为中心，在网站上提供快速且安全的云计算服务与数据存储，让每一个使用互联网的人都可以使用网络上的庞大计算资源与数据中心。

6.1.2　云计算的分类

云计算的分类如图 6-3 所示。

246

第 6 章 新一代信息技术概述

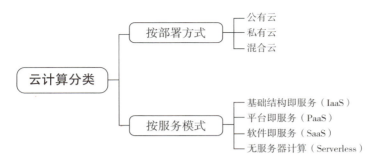

图 6-3 云计算的分类

从部署方式上看，分为公有云、私有云和混合云。

许多企业和个人用户共同使用的云环境叫作公有云，公有云是为大众建的，所有入驻用户都称为租户，不仅同时有很多租户，而且一个租户离开，其资源可以马上释放给下一个租户。在这种模式中用户无须拥有和管理基础设施，它提供的是广泛的外部用户的资源共享模式。在公有云中所有用户共享一个公共资源，由第三方提供。亚马逊、谷歌、阿里云、腾讯云是主流的公有云模式的服务机构。

私有云是为云所有企业或机构内部使用的云，确保用户数据安全所形成的服务模式。私有云重点要求的不只是计算能力方面的提高，更加侧重于其关键的安全性和可靠性。

混合云是包括私有云与公有云的完善的云环境。用户可以根据自己的需求选择适合自己的规则和策略的不同模式。因为混合云主要适合金融机构、政府机构、大型企业等，所以对混合云的技术和功能的要求相对完备。公有云、私有云和混合云的特点关系分别如图 6-4 所示。

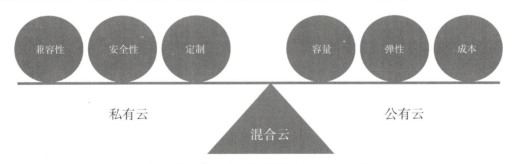

图 6-4 公有云、私有云和混合云的特点

从服务模式上看，大多数云计算服务都可归为四大类：基础结构即服务（IaaS）、平台即服务（PaaS）、软件即服务（SaaS）和无服务器计算（Serverless）。云计算服务模式分层如图 6-5 所示。

1. 基础结构即服务（IaaS）

IaaS 是云计算服务的最基本类别。使用 IaaS 时，用户以即用即付的方式从服务提供商处租用 IT 基础结构，如服务器和虚拟机（VM）、存储空间、网络和操作系统。

2. 平台即服务（PaaS）

PaaS 是指云计算服务，它可以按需提供开发、测试、交付和管理软件应用程序所需的环境。PaaS 旨在让开发人员能够更轻松地快速创建 Web 或移动应用，而无须考虑对开发所必需的服务器、存储空间、网络和数据库基础结构进行设置或管理。

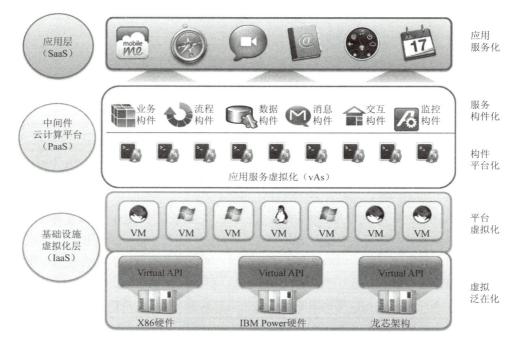

图 6-5 云计算服务模式分层

3. 软件即服务（SaaS）

软件即服务（SaaS）是通过 Internet 交付软件应用程序的方法，通常以订阅为基础按需提供。使用 SaaS 时，云提供商托管并管理软件应用程序和基础结构，并负责软件升级和安全修补等维护工作。用户（通常使用电话、平板计算机或 PC 上的 Web 浏览器）通过 Internet 连接到应用程序。

4. 无服务器计算（Serverless）

Serverless 使用 PaaS 进行重叠，侧重于构建应用功能，无须花费时间继续管理要求管理的服务器和基础结构。云厂商可为用户处理设置、容量规划和服务器管理。Serverless 体系结构具有高度可缩放和事件驱动特点，且仅在出现特定函数或事件时才使用资源。

Serverless 是当前领先的一种云服务方式，按需计费等特性都比传统服务更加灵活。

6.1.3 云计算的特点

微课视频
云计算的特点

云计算是基于 Internet 的规模分布式的并行运算，也是超级运算，它摆脱了传统的计算、存储的物理节点的限制，代表着下一代 IT 技术发展的方向。在云计算里，不用怕丢失没有备份的存储数据，软件不用下载也可以使用，何时都能获得强大的计算能力。云计算具有非常多的优势：超大规模、虚拟化、高可靠性、可扩展性、通用性、按需服务、廉价。

1. 大规模

"云"是由数以亿计的计算机移动终端组成的，提供前所未有的计算、存储能力等。例如，Google 云就已拥有了超过 100 万台的服务器，企业私有云一般拥有数百上千台服务器。

2. 虚拟化

云计算支持用户在任意位置、使用各种终端获取应用服务。所请求的资源来自"云"，而不是固定的有形的实体。应用在"云"中某处运行,但实际上用户无须了解、也不用担心应用运行的具体位置。

3. 高可靠性

云计算中使用数据多副本容错和计算节点同构可互换等技术来保障服务的高可靠性,使用云计算比使用本地计算机可靠。

4. 高扩展性

"云"中的计算机、服务器可以随着用户的需求进行增长和减少动态调整,具有很强的扩展性。

5. 通用性

云计算不针对特定的用户和应用,可以同时支持多个不同应用的运行和满足多用户的需求。

6. 按需求服务

"云"是一个庞大的资源池,用户可以根据自己的需求购买使用云计算资源;"云"可以像自来水、电、煤气那样计费。

7. 廉价

"云"的特殊容错机制可以采用极其廉价的节点来构成云,"云"的自动化集中式管理使大量企业无须负担日益高昂的数据中心管理成本,"云"的通用性使资源的利用率较之传统系统大幅提升,因此用户可以充分享受"云"的低成本优势,且经常只要花费几天时间就能完成以前需要数月时间才能完成的任务。

6.1.4 云计算的应用领域

较为简单的云计算技术已经普遍服务于互联网服务中,最为常见的就是网络搜索引擎和网络邮箱。云计算理念正在迅速普及,结合云计算发展态势来看,主要应用在以下几个领域。

微课视频

云计算的应用领域

1. 金融云

金融云利用云计算的模型,将金融产品、信息和服务等功能分散到庞大分支机构构成的互联网"云"中,旨在为银行、保险和基金等金融机构提供互联网处理和运行服务,同时共享互联网资源,从而解决现有问题并且达到高效、低成本的目标,提高金融机构发现并解决问题的能力。

2. 制造云

制造云是基于网络并且借助新兴的制造科学技术、信息通信科学技术、智能科学技术及制造应用领域技术等四类技术深度融合的产物,它是可以构成以用户为中心的、统一经营的、智慧制造资源与能力的服务云,使用户通过智慧终端及智慧云制造服务平台便能随时随地按需获取智慧制造资源与能力。例如,在制造企业供应链信息化建设方面,通过对各类业务系统的有机整合,形成企业云供应链信息平台,加速企业内部"研发—采购—生产—库存—销售"信息一体化进程,进而提升制造企业的竞争能力。

3. 教育云

教育云实质上是教育信息化的一种发展,它可以将所需要的任何教育硬件资源虚拟化,然后将其传入互联网中,以向教育机构和学生老师提供一个方便快捷的平台。通过教育走向信息化,使教育的不同参与者——教师、学生、家长、教育部门等在云技术平台上进行教育、教学、娱乐、沟通等功能。同时可以通过视频云计算的应用对学校特色教育课程进行直播和录播,便于长时间和多渠道享受教育成果。现在流行的慕课就是教育云的一种应用。

4. 医疗云

在医疗卫生领域采用云计算、移动技术、多媒体、5G 通信、大数据以及物联网等新技术的基础上，结合医疗技术，使用"云计算"来创建医疗健康服务云平台，实现了医疗资源的共享和医疗范围的扩大。像现在医院的预约挂号、电子病历、医保等都是云计算与医疗领域结合的产物，医疗云还具有数据安全、信息共享、动态扩展、布局全国的优势。

5. 云游戏

云游戏是指借助云计算强大的数据处理能力，将大型游戏或者需要高端配置的游戏，在云计算服务器上处理，服务器再将游戏处理结果反送到客户端，用户只需要借助基本的视频解压，就可以在配置低的设备上运行游戏。

6. 云会议

云会议是基于云计算技术的一种高效、便捷、低成本的会议形式。只通过互联网界面进行简单易用的操作，便可快速、高效地同步分享语音及视频等。

7. 云社交

云社交是一种虚拟社交应用。它以资源分享作为主要目标，将物联网、云计算和移动互联网相结合，通过其交互作用创造新型社交方式。云社交把社会资源进行测试、分类和集成，并向有需求的用户提供相应的服务。用户流量越大，资源集成越多，云社交的价值就越大。

8. 云存储

云存储是一个以数据存储和管理为核心的云计算系统。用户可以将本地的资源上传至云端，可以在任何地方连入互联网来获取云上的资源。人们所熟知的谷歌、微软等大型网络公司均有云存储的服务，在国内，百度云和微云则是市场占有量最大的存储云。存储云向用户提供了存储容器服务、备份服务、归档服务和记录管理服务等，大大方便了用户对资源的管理。

9. 云安全

云安全是云计算在互联网安全领域的应用。云安全融合了并行处理、网络技术、未知病毒等新兴技术，通过分布在各领域的客户端对互联网中存在异常的情况进行监测，获取最新病毒程序信息，将信息发送至服务端进行处理并推送最便捷的解决建议。通过云计算技术使整个互联网变成了终极安全卫士。

10. 云交通

在云计算之中整合现有资源，并能够针对未来的交通行业发展整合将来所需求的各种硬件、软件、数据。例如，兰州铁路营业线安全管控平台开展基于视频分析的安全风险预警新智能化应用，为用户提供了人机互控一体化安全综合管理平台。

6.2 大数据

本节内容结构如图 6-6 所示。

大数据时代的悄然来临，让信息技术的发展发生了巨大变化，并深刻影响着社会生产和人们生活的方方面面。本节主要介绍大数据兴起的背景、定义、特征，以及大数据的来源和应用。

第 6 章 新一代信息技术概述

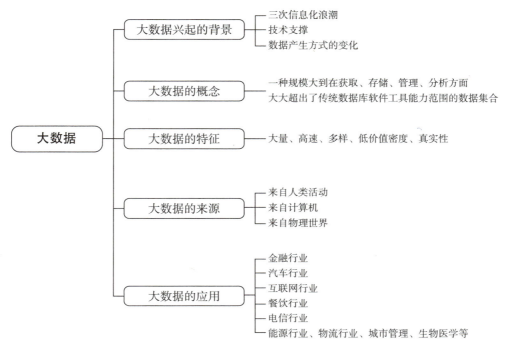

图 6-6 6.2 节内容结构图

6.2.1 大数据兴起的背景

1. 三次信息化浪潮

（1）第一次信息化浪潮

1980 年前后，个人计算机的普及，使得计算机走入企业和家庭，大大提高了社会生产力，也使得人类迎来了第一次信息化浪潮，Intel、IBM、苹果、微软、联想等企业是这个时期的标志。

（2）第二次信息化浪潮

1995 年左右，人类开始全面进入互联网时代，互联网的普及让世界变成"地球村"，每个人都可以享受信息的海洋里冲浪，此时迎来了第二次信息化浪潮，这个时期产生了雅虎、谷歌、阿里、百度等互联网巨头。

（3）第三次信息化浪潮

2010 年左右，物联网、云计算和大数据的快速发展，促成了第三次信息化浪潮。各个企业纷纷投入人力、物力，期望能在这个浪潮中成为技术的标杆，如表 6-1 所示。

微课视频

大数据兴起的背景

表 6-1 三次信息化浪潮

信息化浪潮	发生时间	标　　志	解决问题	代表企业
第一次浪潮	1980 年前后	个人计算机	信息处理	Intel、AMD、IBM、苹果、微软、联想、戴尔、惠普等
第二次浪潮	1995 年前后	互联网	信息传输	雅虎、谷歌、阿里巴巴、百度、腾讯等
第三次浪潮	2010 年前后	物联网、云计算和大数据	信息爆炸	字节跳动等

2. 技术支撑

① 硬盘存储容量增加。
② CPU 计算速度提高。
③ 网络带宽不断增加。

3. 数据产生方式的变革

数据产生方式的变革，是促成大数据时代来临的重要原因。截至目前，人类社会数据的产生大致分为 3 个阶段：运营式系统阶段、用户原创内容阶段和感知式系统阶段，如图 6-7 所示。

图 6-7　数据产生方式的变革

（1）运营式系统阶段

运营式系统阶段可以说是从数据库的诞生开始的。大型超市销售系统、银行交易系统、股市交易系统、医疗系统、企业客户管理系统等，这些系统都是建立在数据库之上的。他们用数据库保存大量结构化的关键信息，用来满足企业的各个业务需求。这个阶段，数据的产生是被动的，只有当业务真正发生时，才会产生新的数据并保存到数据库中。例如，股市的交易系统，只有发生一笔交易后，才会有相关记录生成。

（2）用户原创内容阶段

互联网的出现，使得数据的传播更加快捷。Web 1.0 时代主要以门户网站为代表，强调内容的组织和数据的共享，上网用户本身并不产生新的内容和数据。真正的数据爆发产生于以"用户原创内容"为特征的 Web 2.0 时代，如 wiki、博客、微博、微信、论坛等技术。这时，用户是数据的生成者，尤其是智能手机的普及，更是让用户随时随地发微博、传照片，数据量急剧增长。

（3）感知式系统阶段

物联网的发展最终导致了人类社会数据量的第三次飞跃。物联网中包含了大量的传感器，如温度传感器、湿度传感器、压力传感器、位移传感器、光电传感器等，视频监视摄像头也是物联网的重要组成部分。物联网中的这些设备，无时无刻不在产生大量数据。与 Web 2.0 时代人工数据的产生方式相比，物联网中的数据自动产生方式，将在短时间内生成更密集、更大量的数据，使得人类社会迅速进入"大数据时代"。

6.2.2　大数据的概念

什么是大数据

对于"大数据"（Big Data）研究机构 Gartner 给出了这样的定义："大数据"是需要新处理模式才能具有更强的决策力、洞察发现力和流程优化能力来适应海量、高增长率和多样化的信息资产。

麦肯锡全球研究所给出的定义是：一种规模大到在获取、存储、管理、分析方面大大超出了传统数据库软件工具能力范围的数据集合，具有海量的数据规模、快速的数据流转、多样的数据类型和价值密度低四大特征。

6.2.3 大数据的特征

大数据的5V特点（IBM提出）：Volume（大量）、Velocity（高速）、Variety（多样）、Value（低价值密度）、Veracity（真实），如图6-8所示。

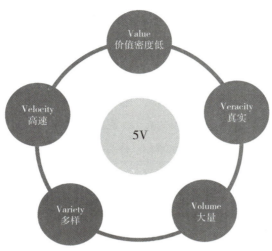

图6-8 大数据的特征

6.2.4 大数据的来源

1. 来自人类活动

人们通过社会网络、互联网、健康、金融、经济、交通等活动过程所产生的各类数据，包括微博、病人医疗记录、文字、图形、视频等信息。

2. 来自计算机

各类计算机信息系统产生的数据，以文件、数据库、多媒体等形式存在，也包括审计、日志等自动生成的信息。

3. 来自物理世界

各类数字设备、科学实验与观察所采集的数据。例如，摄像头所不断产生的数字信号，医疗物联网不断产生的人的各项特征值，气象业务系统采集设备所收集的海量数据等。

大数据的来源

6.2.5 大数据的应用

大数据无处不在，包括金融、汽车、零售、餐饮、电信、能源、政务、医疗、体育、娱乐等在内的社会各行各业都已经融入了大数据的印迹，表6-2所示为大数据在各个领域的应用情况。

大数据的应用

表6-2 大数据在各个领域的应用情况

领　　域	大数据的应用
金融行业	大数据在高频交易、社交情绪分析和信贷风险分析三大金融创新领域发挥重要作用
汽车行业	利用大数据和物联网技术的无人驾驶汽车，在不远的未来将走入人们的日常生活
互联网行业	借助于大数据技术，可以分析客户行为，进行商品推荐和有针对性的广告投放

信息技术

续表

领　　域	大数据的应用
餐饮行业	利用大数据实现餐饮 O2O 模式，彻底改变传统餐饮经营方式
电信行业	利用大数据技术实现客户离网分析，及时掌握客户离网倾向，出台客户挽留措施
能源行业	随着智能电网的发展，电力公司可以掌握海量的用户用电信息，利用大数据技术分析用户用电模式，可以改进电网运行，合理地设计电力需求响应系统，确保电网运行安全
物流行业	利用大数据优化物流网络，提高物流效率，降低物流成本
城市管理	可以利用大数据实现智能交通、环保监测、城市规划和智能安防
生物医学	大数据可以帮助人们实现流行病预测、智慧医疗、健康管理，同时还可以帮助人们解读 DNA，了解更多的生命奥秘
体育和娱乐	大数据可以帮助人们训练球队，决定拍摄哪种题材的影视作品，以及预测比赛结果等
安全领域	政府可以利用大数据技术构建起强大的国家安全保障体系，企业可以利用大数据抵御网络攻击，警察可以借助大数据来预防犯罪
个人生活	数据还可以应用于个人生活，利用与每个人相关联的"个人大数据"，分析个人生活行为习惯，为其提供更加周到的个性化服务

6.3 人工智能

本节内容结构如图 6-9 所示。

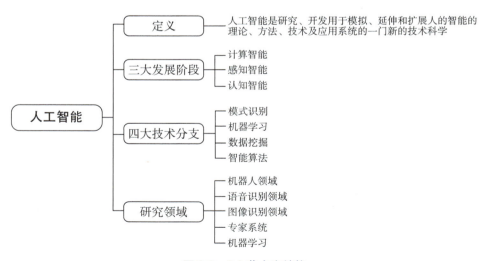

图 6-9　6.3 节内容结构

人工智能（Artificial Intelligence，AI）是当前全球最热门的话题之一，是 21 世纪引领世界未来科技领域发展和生活方式转变的风向标。人们在日常生活中其实已经方方面面地运用到了人工智能技术，如网上购物的个人化推荐系统、人脸识别门禁、人工智能医疗影像、人工智能导航系统、人工智能写作助手、人工智能语音助手等。

6.3.1 人工智能的定义

人工智能是研究理解和模拟人类智能、智能行为及其规律的一门学科,其主要任务是建立智能信息处理理论,进而设计可以展现某些近似于人类智能行为的计算机系统。

人工智能的定义主要有以下几种:

安德里亚斯·卡普兰(Andreas Kaplan)和迈克尔·海恩莱因(Michael Haenlein)将人工智能定义为"系统正确解释外部数据,从这些数据中学习,并利用这些知识通过灵活适应实现特定目标和任务的能力"。

人工智能是研究、开发用于模拟、延伸和扩展人的智能的理论、方法、技术及应用系统的一门新的技术科学。

人工智能是利用数字计算机或者由数字计算机控制的机器,模拟、延伸和扩展人类的智能,感知环境、获取知识并使用知识获得最佳结果的理论、方法、技术和应用系统。

作为新一代数字技术的典型代表,人工智能汇聚了大数据、云计算、物联网等数字技术的综合影响力,逐渐从专业领域走向实际应用。人工智能作为新一轮产业变革的核心驱动力,将催生新的技术、产品、产业、业态、模式,从而引发经济结构的重大变革,实现社会生产力的整体提升。

6.3.2 人工智能的三大发展阶段

人工智能的发展可以分为 3 个阶段:计算智能、感知智能、认知智能,如图 6-10 所示。

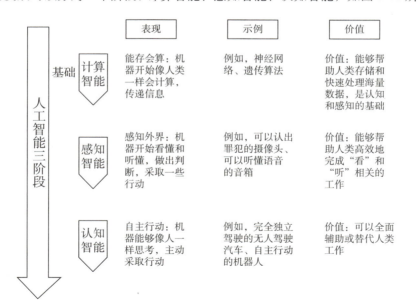

图 6-10 人工智能的 3 个发展阶段

第一个发展阶段是在计算这个环节,它使得机器能够像人类一样进行计算,诸如神经网络和遗传算法的出现,使得机器能够更高效、快速地处理海量数据。

第二个发展阶段就是感知智能,让机器能听懂我们的语言、看懂世界万物。语音和视觉识别就属于这一范畴，这些技术能够更好地辅助人类高效完成任务。

第三个发展阶段是认知智能，在这一阶段，机器将能够主动思考并采取行动，例如，无人驾驶汽车、智能机器人，将实现全面辅助甚至替代人类工作。

目前，人工智能还处于感知智能阶段。语音识别和视觉识别是这一阶段最为核心的技术。近年来，随着计算处理能力的突破以及互联网大数据的爆发，再加上深度学习算法在数据训练上取得的进展，人工智能在感知智能上正实现巨大突破。

6.3.3 人工智能的四大技术分支

人工智能技术的四大分支如图 6-11 所示。

① 模式识别：指对表征事物或者现象的各种形式（数值的文字、逻辑的关系等等）信息进行处理分析，以及对事物或现象进行描述分析分类解释的过程，例如，汽车车牌号的辨识，涉及图像处理分析等技术。

图 6-11　人工智能技术的四大分支

② 机器学习：研究计算机怎样模拟或实现人类的学习行为，以获取新的知识或技能。重新组织已有的知识结构使之不断完善自身的性能，或者达到操作者的特定要求。

③ 数据挖掘：知识库的知识发现，通过算法搜索挖掘出有用的信息，应用于市场分析、科学探索、疾病预测等。

④ 智能算法：解决某类问题的一些特定模式算法，例如，人们最熟悉的最短路径问题，以及工程预算问题等。

6.3.4 人工智能的研究领域

人工智能的研究领域

人工智能涉及数学、神经生理学、计算机科学、信息控制论、生物学、语言学、心理学等多门科学，是研究、开发用于模拟、延伸和扩展人的智能的理论、方法、技术及应用系统的一门新的交叉性、边缘性科学，该领域的研究内容包括机器学习、语音识别、图像识别、自然语言处理和专家系统等，目标是使机器能完成一些通常需要借助人类高端智能才能完成的复杂性工作。

1. 机器人领域

人工智能机器人，如 PET 聊天机器人，它能理解人的语言，用人类语言进行对话，并能够用特定传感器采集分析出现的情况、调整自己的动作来达到特定的目的。

2. 语音识别领域

该领域其实与机器人领域有交叉，设计的应用是把语言和声音转换成可进行处理的信息，如语音开锁（特定语音识别）、语音邮件以及未来的计算机输入等方面。

3. 图像识别领域

利用计算机进行图像处理、分析和理解，以识别各种不同模式的目标和对象的技术，如人脸识别、汽车牌号识别等。

4. 专家系统

专家系统是指具有专门知识和经验的计算机智能程序系统，后台采用的数据库，相当于人脑具有丰富的知识储备，采用数据库中的知识数据和知识推理技术来模拟专家解决复杂问题。

5. 机器学习

研究如何使用机器来模拟人类学习活动，通过学习获取知识，进行知识积累，对知识库进行增删、修改、扩充与更新。机器学习所采用的策略大体包括机械学习、演绎学习、类比学习和示教学习等4种。

拓展练习

1. 【2019年6月软考真题】企业数字化转型是指企业在数字经济环境下，利用数字化技术和能实现业务的转型、创新和增长。企业数字化转型的措施不包括（　　）。

   A. 研究开发新的数字化产品和服务　　B. 创新客户体验，提高客户满意度
   C. 重塑供应链和分销链，去中介化　　D. 按不断增长的数字指标组织生产

   答案：D

2. 【2018年11月软考真题】以下关于数字经济的叙述中，（　　）并不正确。

   A. 数字经济以数据作为关键生产要素，以数字技术作为其经济活动的标志
   B. 数字经济具有数字化、网络化、智能化、知识化、全球化特征
   C. 数字经济以虚拟经济代替实体经济，与市场经济互斥
   D. 数字经济采用"互联网＋创新2.0"改革传统工业经济

   答案：C

3. 【2018年11月软考真题】（　　）是按照科学的城市发展理念，利用新一代信息技术，通过人、物、城市功能系统之间的无缝连接与协同联动，实现自感知、自适应、自优化，形成安全、便捷、高效、绿色的城市形态。

   A. 智慧城市　　B. 环保城市　　C. 数字城市　　D. 自动化城市

   答案：A

4. 【2018年5月软考真题】"互联网＋制造"是实施《中国制造2025》的重要措施。以下对"互联网＋制造"主要特征的叙述中，不正确的是（　　）。

   A. 数字技术得到普遍应用，设计和研发实现协同与共享
   B. 通过系统集成，打通整个制造系统的数据流、信息流
   C. 企业生产将从以用户为中心向以产品为中心转型
   D. 企业、产品和用户通过网络平台实现连接和交互

   答案：C

5. 【2017年11月软考真题】以下关于"互联网＋"含义的叙述中，（　　）并不恰当。

   A. "互联网＋"是在网速和带宽方面都有增强和提升的新一代互联网
   B. "互联网＋"是将互联网深度融合于各领域之中的社会发展新形态
   C. "互联网＋"是充分发挥互联网在生产要素配置中作用的新经济形态
   D. "互联网＋"是工业化和信息化两化融合的升级版，是新的发展生态

   答案：A

6. 【2017年11月软考真题】以下关于人工智能的叙述中，正确的是（   ）。
   A. 人工智能必将补充和增强人类的能力　　B. 未来人工智能必将全面超越人类智能
   C. 人工智能主要由专业的科技人员所用　　D. 未来所有的工作岗位不会被机器取代
   答案：D

7. 【2016年6月软考真题】以下（   ）不属于目前新兴的信息技术。
   A. 文字编辑排版　　B. 大数据　　C. 云计算　　D. 移动互联网
   答案：A

8. 【2014年11月软考真题】以下关于数据的叙述中，不正确的是（   ）。
   A. 大数据技术革命带来的机遇和挑战已经上升到国家战略层面
   B. 大数据促使新技术产生，新技术应用促进产品更新换代
   C. 现代化企业中，数据资源体系是"用数据驱动业务"的基石
   D. 决策依赖于数据，因此企业的数据中心成为企业的决策机构
   答案：D

小结

本章讲述了云计算、大数据和人工智能的基础知识。通过本章的学习，可了解云计算、大数据和人工智能的定义、特点及应用领域。

习题

1. SaaS是（   ）的简称。
   A. 软件即服务　　B. 平台即服务　　C. 基础设施即服务　　D. 硬件即服务
2. 与网络计算相比，不属于云计算的特征的是（   ）。
   A. 资源高度共享　　　　　　B. 适合紧耦合科学计算
   C. 支持虚拟机　　　　　　　D. 适用于商业领域
3. 将平台作为服务的云计算服务类型是（   ）。
   A. IaaS　　B. PaaS　　C. SaaS　　D. 三个都是
4. （   ）是负责对物联网搜集到的信息进行处理、管理、决策的后台计算处理平台。
   A. 感知网　　B. 网络层　　C. 云计算平台　　D. 物理层
5. 以下不属于大数据基本特征的是（   ）。
   A. 价值密度高　　B. 类别多　　C. 增长速度快　　D. 数据量大
6. （   ）属于人工智能应用领域。
   ①自动驾驶　②智能搜索引擎　③人脸识别　④ 3D打印
   A. ①②④　　B. ①③④　　C. ②③④　　D. ①②③

第 7 章

信息素养与社会责任

引 言

随着社会的发展，科技在不断进步，计算机网络技术飞速发展的同时伴随着信息安全的出现。本章将简明扼要地介绍计算机网络相关基础知识、信息安全体系结构、计算机病毒、常见信息安全保障技术等的发展情况，全面深刻地了解计算机网络信息安全等方面的法律法规。

内容结构图

本章内容思维导图如图 7-1 所示。

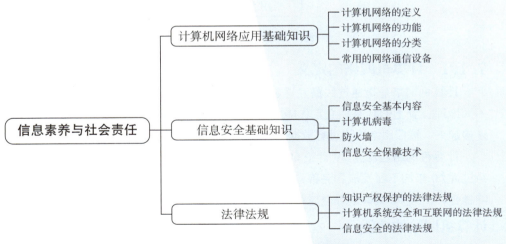

图 7-1　信息素养与社会责任思维导图

学习目标

- 了解计算机网络基础知识、网络的基本概念、常用的网络通信设备。
- 了解计算机网络的分类。
- 了解计算机病毒的概念，熟悉病毒的分类等。
- 熟悉信息安全保障技术的基本知识。

信息技术

- 熟悉知识产权保护的法律法规。
- 熟悉有关计算机系统安全和互联网的法律法规。
- 熟悉信息安全的法律法规。

7.1 计算机网络应用基础知识

本节内容结构如图 7-2 所示。

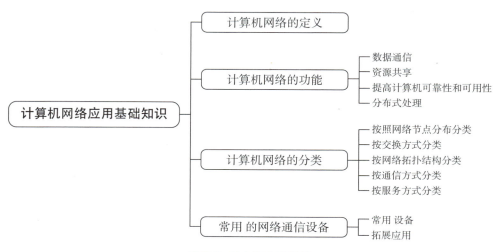

图 7-2　7.1 节内容结构

微课视频

计算机网络的定义和功能

7.1.1 计算机网络的定义

计算机网络是指通过线路互连起来、自治的计算机的集合。确切地讲，就是将分布在不同地理位置上的具有独立工作能力的计算机、终端及其附属设备用通信设备和通信线路连接起来，按照网络协议进行数据通信，实现资源共享和信息传递的信息系统。

计算机网络起源于 20 世纪 60 年代的美国，它最早应用于军事领域，后来进入民用。经过近 60 年的不断发展和完善，现已广泛应用于社会的各个领域。计算机网络与通信技术的融合，使得 Internet 成为全球最大的计算机公用网。

7.1.2 计算机网络的功能

计算机网络是计算机技术和通信技术相结合的产物。计算机网络的功能主要包括以下几方面：

1. 数据通信

数据通信是计算机网络的最基本的功能之一，可以使分散在不同地理位置的计算机间相互传送信息。通过计算机网络用户可以在网上传送电子邮件、进行数据交换、发布新闻消息、远程电子教育等。

2. 资源共享

计算机网络的资源可分成硬件资源、软件资源和信息资源三大类。相应地，资源共享也分为硬件共享、软件共享和数据共享。硬件共享是指网络中的用户可以共享连接在网络中的打印机、硬盘、

CPU 等硬件资源，使用户节省投资，协同完成某项任务，便于集中管理和负载均衡。软件共享是指允许互联网上的用户远程访问各种类型的数据库、文件、程序等资源的共享。数据共享就是让在不同地方，使用不同计算机，不同软件的用户能够读取他人数据并进行各种操作运算和分析。

3. 提高计算机可靠性和可用性

其主要表现在计算机连成网络之后，各计算机之间可以通过网络互为备份；当某个计算机发生故障后，便可通过网络由别处的计算机代为处理；当网络中计算机负载过重时，可将作业传送给网络中另一较空闲的计算机去处理，从而减少用户的等待时间、均衡各计算机的负载，提高系统的可靠性和可用性。

4. 分布式处理

对于综合性的大型问题可采用合适的算法，将任务分散到网络中不同的计算机上进行分布式处理，各计算机协作并行完成相关部分，使整个系统性能大幅增强。利用网络技术将计算机连成高性能分布式计算机系统，使它具有解决复杂问题的能力。

7.1.3 计算机网络的分类

对计算机网络的分类方法很多，可以按网络覆盖范围、交换方式、网络拓扑结构等进行分类。

1. 按照网络节点分布分类

（1）局域网

局域网（Local Area Network，LAN）是指将有限的地理区域内的各种通信设备互连在一起的通信网络。它具有很高的传输速率，其覆盖范围一般不超过几十千米，通常将一座大楼或一个校园内分散的计算机连接起来构成 LAN。LAN 具有信息传送速度快、组网成本低、易于管理等特点。

无线局域网（Wireless Local Area Network，WLAN）是目前最新，也是最热门的一种局域网。其最大特点是自由，只要在网络的覆盖范围内，可以在任何一个地方与服务器及其他工作站连接，而不需要重新敷设电缆；非常适合移动办公族，在机场、酒店、宾馆等，只要无线网络能够覆盖，可以随时随地连接上无线网络。

无线局域网内的设备需要联网，需要无线路由器，在无线电波覆盖的有效范围都可以采用 Wi-Fi 连接方式进行联网，如果无线路由器连接了一条 ADSL 线路或者别的上网线路，则又称为热点。

（2）城域网

城域网（Metropolitan Area Network，MAN）又称城市网、区域网，介于 LAN 和 WAN 之间，其覆盖范围通常为一个城市或地区，距离从几十千米到上百千米。MAN 中可包含若干彼此互连的 LAN，可以采用不同的系统硬件、软件和通信传输介质构成，从而使不同类型的 LAN 能有效地共享信息资源。MAN 通常采用光纤或微波作为网络的主干通道。

（3）广域网

广域网（Wide Area Network，WAN）指的是实现计算机远距离连接的计算机网络。WAN 所覆盖的范围比 MAN 更广，它一般是将不同城市之间的 LAN 或者 MAN 网络互连，地理范围可从几百千米到几千千米。大型的 WAN 可以由各大洲的许多 MAN 和 LAN 组成。最为人知的 WAN 就是 Internet，它由全球成千上万的 LAN 和 MAN 组成。WAN 常用电话电路、光纤、微波、卫星等信道进行通信，数据传输速率较低。

(4) 个人区域网

个人区域网（Personal Area Network，PAN）是在个人工作的地方把属于个人使用的电子设备用无线技术连接起来的网络，因此也常称为无线个人区域网（Wireless PAN，WPAN），其范围在 10 m 左右。

2. 按交换方式分类

(1) 电路交换

电路交换（Circuit Switching）类似于传统的电话交换方式，用户在开始通信前，必须申请建立一条从发送端到接收端的物理信道，并且在双方通信期间始终占用该信道，数字信号经过变换成为模拟信号后才能在线路上传输。

(2) 报文交换

报文交换（Message Switching）类似于古代的邮政通信方式，数据单元是要发送的一个完整报文，其长度并无限制。报文交换是一种数字化网络，当通信开始时，源主机发出的一个报文被存储在交换机里，交换机根据报文的目的地址选择合适的路径发送报文，这种方式称作存储－转发方式。

(3) 分组交换

分组交换（Packet Switching）也称包交换，也采用报文传输，但它不是以不定长的报文作传输的基本单位，而是将一个长的报文划分为许多定长的报文分组，以分组作为传输的基本单位。这不仅大大简化了对计算机存储器的管理，而且也加速了信息在网络中的传播速度。由于分组交换优于线路交换和报文交换，具有许多优点，因此它已成为计算机网络的主流。

3. 按网络拓扑结构分类

(1) 总线结构

总线拓扑是使用最普遍的一种网络，网络中所有的节点都连接到一条公用的通信电缆上，采用基带进行信息的传输，任何时刻只有一个节点占用线路，并且占有者拥有线路的所有带宽。这种结构的特点是结构简单灵活，建网容易，使用方便，性能好。其缺点是主干总线对网络起决定性作用，总线故障将影响整个网络。总线型网络结构如图 7-3 所示。

(2) 星状结构

在星状结构中，各个节点与中心节点的集线器连接，中心节点完成网络数据的转发。中心节点可以对整个网络进行管理，因此对中心节点的性能要求比较高。中心节点的故障会使整个网络瘫痪，一般节点有故障时不影响其他节点工作。星状网络的优点是结构简单，建网容易，便于控制和管理。其缺点是中心节点负担较重，容易形成系统的"瓶颈"，线路利用率不高。星状拓扑结构如图 7-4 所示。

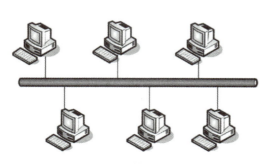

图 7-3　总线网络结构

图 7-4　星状网络结构

(3) 环状结构

在环状结构中，各节点通过中继器首尾相连形成一个闭合环状线路，每个节点需安装中继器，以接收、放大、发送信号。环状网络中的信息传送是单向的，即沿一个方向从一个节点传到另一个节点，任意一个节点发生故障，都会导致整个网络瘫痪。这种结构的特点是结构简单，建网容易，便于管理。其缺点是当节点过多时，将影响传输效率，不利于扩充。环状拓扑结构如图 7-5 所示。

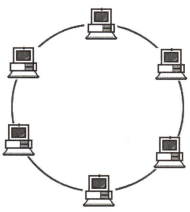

图 7-5　环状拓扑结构图

(4) 树状结构

树状网络是总线结构的拓展，它是在总线状网络的基础上加上分支形成的，其传输线路可有多条分支，但不形成回路。树状网络是一种分层网，其结构可以对称，联系固定，具有一定容错能力。其缺点是根节点一旦出现问题，会导致整个网络瘫痪。树形拓扑结构如图 7-6 所示。

(5) 网状结构

网状网络主要指各节点通过传输线路互连起来，并且每一个节点至少与其他两个节点相连，网状拓扑结构具有较高的可靠性，但其结构复杂，实现起来费用较高，不易管理和维护，不常用于局域网。网状拓扑结构如图 7-7 所示。

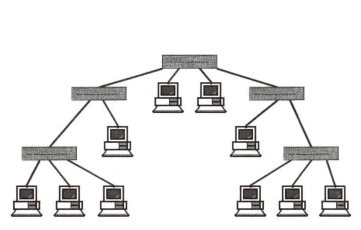

图 7-6　树状拓扑结构　　　　图 7-7　网状拓扑结构

4. 按通信方式分类

(1) 点对点传输网络

点对点传输网络是以点对点的连接方式把计算机连接起来，信息沿着一定的线路一步一步地传下去，直到目的地。

(2) 广播式传输网络

所有连到网上的计算机都可以接收到某一台计算机发出的信号。在 LAN 上有总线网、星状网和树状网；在 WAN 上有微波、卫星方式传播的网络。

5. 按服务方式分类

（1）客户机/服务器（C/S）模式

C/S 是指两个逻辑（往往是物理的）系统（客户机和服务器）及其应用程序逻辑组件之间复杂关系的协同。客户机/服务器模式将一个应用分为前端（客户端）、后端（服务器）两部分。服务器是指提供客户机服务的逻辑系统；客户机是指向服务器请求提供服务的逻辑系统。

（2）浏览器/服务器（B/S）模式

B/S 模式就是只安装维护一个服务器，而客户端采用浏览器运行软件，它是随着 Internet 技术的兴起，对 C/S 结构的一种变化和改进，主要利用了不断成熟的 WWW 浏览器技术，结合多种 Script 语言，是一种全新的软件系统构造技术。

在 B/S 体系结构系统中，用户通过浏览器向分布在网络上的许多服务器发出请求，服务器对浏览器的请求进行处理，将用户所需信息返回到浏览器，而其余如数据请求、加工、结果返回以及动态网页生成、对数据库的访问和应用程序的执行等工作全部由服务器完成。随着 Windows 将浏览器技术植入操作系统内部，这种结构已成为当今应用软件的首选体系结构。显然，B/S 结构应用程序相对于传统的 C/S 结构应用程序是一个非常大的进步。

（3）对等网

对等网是指在网络中所有计算机的地位都是平等的，既是服务器也是客户机，所有计算机中安装的都是相同的单机操作系统（如 Windows 7 等），它可以设置共享资源，但受连接数限制，一般只允许 10 个用户同时打开共享资源，其他用户再打开时提示连接数太多。

7.1.4 常用的网络通信设备

常用的网络通信设备

1. 常用设备

（1）网卡

网卡又称网络适配器或网络接口卡（Network Interface Card，NIC）。网卡通常有两种：一种插在计算机主板插槽中；另一种集成在主板上。网卡的主要功能是将计算机处理的数据转换为能够通过介质传输的信号。

广义上，网卡由网卡驱动程序和网卡硬件两部分组成。驱动程序使网卡和网络操作系统兼容，实现计算机与网络的通信，支持硬件通过数据总线实现计算机和网卡之间的通信。在网络中，如果一台计算机没有网卡，或者没有安装驱动程序，那么这台计算机将不能和其他计算机通信。

（2）集线器

集线器（Hub）的主要功能是对接收到的信号进行再生整形放大，以扩大网络的传输距离，同时把所有节点集中在以它为中心的节点上。它工作于 OSI（开放系统互连参考模型）的第一层，即"物理层"。集线器与网卡、网线等传输介质一样，属于局域网中的基础设备，采用 CSMA/CD（即带冲突检测的载波监听多路访问技术）介质访问控制机制。集线器的每个接口单独收发数据位，收到 1 就转发 1，收到 0 就转发 0，不进行冲突检测。

Hub 是一个多端口的转发器，当以 Hub 为中心设备时，网络中某条线路产生了故障，并不影响其他线路的工作。所以 Hub 在局域网中得到了广泛的应用。大多数时候它用在星形与树形网络拓扑结构

第 7 章　信息素养与社会责任

中，以 RJ45 接口与各主机相连（也有 BNC 接口），Hub 按照不同的说法有很多种类。

（3）交换机

交换机（Switch），是一种用于电信号转发的网络互连设备，还具有物理编址、错误校验及信息流量控制等功能，有的还具有路由器和防火墙等功能。

（4）路由器

路由器（Router）能在复杂的互连网络中为经过该设备的每个信息单元，寻找一条最佳传输路径，并将其有效地转到目的节点。路由器具有判断网络地址和选择连接路径的功能，从而能大大提高通信速度，提高网络系统通畅率。

2. 拓展应用

（1）网络直播

网络直播是一种新型的网络社交方式。它充分利用互联网的表现形式、交互性等可以将产品展示、相关会议、对话访谈、在线培训等内容发布到互联网上，从而有助于推广现场活动。网络直播结束后，还可以提供重播、点播，从而有效延长直播的时间和空间，发挥直播内容的最大价值。

（2）网上教学

网上教学是学校利用计算机网络进行远程教学的一种形式。与传统的教学模式相比，网上教学功能培养学生创新、交流的能力。为学生将来适应信息化学习、工作奠定基础。网络教学的主要手段有视频广播、视频会议、多媒体课件等。它打破了以往教学模式的"固时固点"，能够实现随时随地进行现场教学，学生学习地点也不再受限制。

（3）计算机在医疗方面的应用

为了辅助医生，提前预测病人患心脏病的风险并指定预防措施，微软研发了一种利用 AI 预测心脏病风险的 API。这款工具会从 21 个方面进行分析：饮食、烟草和吸烟习惯、日常活动等因素，还会通过呼吸频率、高血压、收缩压、舒张压来判断心理压力与焦虑。

通过 AI 分析后，会对患者以低、中、高 3 个级别打分，并指出一些通过改善可以降低心脏病风险的因素，它不仅可以为医生提供更全面的信息，还能建议病人改善生活习惯，及时预防心脏病。

拓展练习

1. 【2019 年 6 月软考真题】网站一般使用（　　）协议提供 Web 浏览服务。
   A. FTP　　　　B. HTTP　　　　C. SMTP　　　　D. POP3
   答案：B

2. 【2018 年 11 月软考真题】HTTP 是（　　）。
   A. 高级程序设计语言　　　　B. 超文本传输协议
   C. 域名　　　　　　　　　　D. 网址超文本传输协议
   答案：B

3. 【2018 年 11 月软考真题】在网络传输介质中，（　　）是高速、远距离数据传输最重要的传输介质，不受任何外界电磁辐射的干扰。
   A. 双绞线　　　B. 同轴电缆　　　C. 光纤　　　D. 红外线
   答案：C

信 息 技 术

4. 【2018年5月软考真题】（　　）属于人工智能的应用。
   A. 程序设计　　　B. 指纹识别　　　C. 社区聊天　　　D. 数据统计
   答案：B

5. 【2018年5月软考真题】OSI模型的最底层是（　　）。
   A. 应用层　　　B. 网络层　　　C. 物理层　　　D. 传输层
   答案：C

6. 【2018年5月软考真题】网络互联设备不包括（　　）。
   A. 集线器　　　B. 路由器　　　C. 浏览器　　　D. 交换机
   答案：C

7. 【2018年5月软考真题】网络有线传输介质中，不包括（　　）。
   A. 双绞线　　　B. 红外线　　　C. 同轴电缆　　　D. 光纤
   答案：B

8. 【2017年11月软考真题】计算机网络的功能不包括（　　）。
   A. 资源共享　　　B. 信息交流　　　C. 安全保护　　　D. 分布式处理
   答案：C

9. 【2016年6月软考真题】组建计算机网络的目的是（　　）。
   A. 数据处理　　　　　　　　　　B. 文献检索
   C. 资源共享和信息传输　　　　　D. 信息转储
   答案：C

10. 【2014年11月软考真题】计算机网络中，广域网和局域网的分类是以（　　）来划分的。
    A. 信息交换方式　　B. 网络使用者　　C. 网络连接距离　　D. 传输控制方法
    答案：C

11. 【2018年11月软考真题】（　　）是按照科学的城市发展理念，利用新一代信息技术，通过人、物、城市功能系统之间的无缝连接与协同联动，实现自感知、自适应、自优化，形成安全、便捷、高效、绿色的城市形态。
    A. 智慧城市　　　B. 环保城市　　　C. 数字城市　　　D. 自动化城市
    答案：A

12. 【2017年11月软考真题】（　　）是指在计算机网络中，通信双方为了实现通信而设计的需共同遵守的规则、标准和约定。
    A. 网络协议　　　B. 网络架构　　　C. 网络基础设施　　　D. 网络参考模型
    答案：A

13. 【2016年11月软考真题】Internet采用的网络协议是（　　）。
    A. TCP/IP　　　B. ISO　　　C. OSI　　　D. IPX
    答案：A

14. 【2015年11月软考真题】www客户和www服务器间的信息传输使用（　　）协议。
    A. HTML　　　B. HTTP　　　C. SMTP　　　D. IMAP
    答案：B

15. 【2015年6月软考真题】(　　)不属于移动终端设备。
    A. 智能手机　　　　　　　　　　B. 平板计算机
    C. 无绳电话机　　　　　　　　　D. 可穿戴设备
    答案：C

16. 【2018年11月软考真题】互联网协议第6版(IPv6)采用(　　)位二进制数表示IP地址，是IPv4地址长度的4倍，号称可以为全世界每一粒沙子编上一个网址。
    A. 32　　　　B. 64　　　　C. 128　　　　D. 256
    答案：C

17. 【2017年11月软考真题】使用IE浏览器上网时，可以把喜欢的网页保存到(　　)中，以便于再次浏览。
    A. 历史　　　　B. 收藏夹　　　　C. 主页　　　　D. Cookie
    答案：B

18. 【2017年11月软考真题】在Internet上，将一封电子邮件同时发往多个地址时，各邮件地址之间用符号(　　)分隔。
    A. ";"　　　　B. "."　　　　C. ","　　　　D. "/"
    答案：A

19. 【2016年6月软考真题】若需访问"中国计算机技术职业资格网站"，则应在浏览器地址栏输入网址(　　)。
    A. www,ruankao,org,cn　　　　　　B. www-ruankao-org-cn
    C. www.ruankao.org.cn　　　　　　D. www/ruankao/org/cn
    答案：C

20. 【2016年11月软考真题】下列网站中属于政府机构网站的是(　　)。
    A. www.sohu.com　　　　　　　　B. www.miit.gov.cn
    C. www.ruankao.org.cn　　　　　　D. www.buaa.edu.cn
    答案：B

理论学习

7.2 信息安全基础知识

本节内容结构如图7-8所示。

计算机技术、网络技术、通信技术的不断发展，改变着人们的生活和工作方式，非常多的工作都离不开计算机和各种信息工具，每个人乃至整个社会越来越依赖于信息系统和各种数据。近年来，计算机病毒和网络黑客等信息犯罪也变得异常活跃，已经成为全球化的社会问题，所以如何保护好信息安全就显得非常重要。本章将介绍信息安全和病毒的基础知识与信息安全保障常见技术。

信息技术

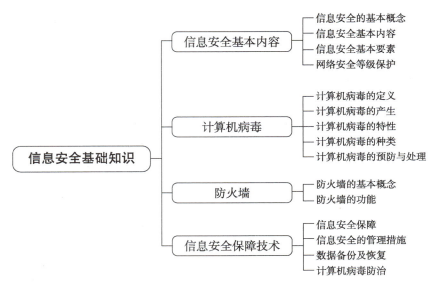

图 7-8 信息安全基础知识思维导图

7.2.1 信息安全基本内容

信息安全基本概念和基本内容

1. 信息安全的基本概念

信息安全是指信息网络硬件、软件及系统中的数据受到保护,不受偶然或恶意的毁坏、更改、泄露,保证系统能够正常的运行,信息服务持续不中断。它主要包括信息的保密性、完整性、可用性、真实性和安全性。信息安全不仅仅是保护个人隐私与财产的需要,更是组织持续发展和国家安全的需要。

2. 信息安全基本内容

信息安全的基本内容主要包括以下 4 种:

① 实体安全:主要包括环境安全、设备安全和媒体安全,用来保证硬件和软件本身的安全,是防止对信息威胁和攻击的基础。

② 运行安全:主要包括备份与恢复、病毒的检测与消除、电磁兼容等,用来保证计算机能在良好的环境里持续工作。

③ 信息资产安全:主要包括确保计算机信息系统资源和信息资源不受自然和人为有害因素的威胁和危害。

④ 人员安全:主要包括人的基本安全素质(安全知识、安全技能、安全意识等)和人的深层安全素质(情感、认知、伦理、道德、良心、意志、安全观念、安全态度等)。

信息安全基本要素

3. 信息安全基本要素

信息安全的基本要素主要有以下 7 种:

① 保密性:信息不泄露给非授权的用户、实体或者过程的特性。

② 完整性:数据未经授权不能进行改变的特性,即信息在存储或传输过程中保持不被修改、不被破坏和丢失的特性。

③ 可用性:可被授权实体访问并按需求使用的特性。

④ 真实性:信息内容真实可靠,能对信息的来源进行判断的特性。

第 7 章 信息素养与社会责任

⑤ 不可抵赖性：通过技术和有效的责任机制，防止用户否认其行为的特性。
⑥ 可核查性：能为出现的网络安全问题提供调查依据和手段的特性。
⑦ 可控性：对信息的传播及内容具有控制能力，访问控制即属于可控性。

4. 网络安全等级保护

网络安全等级保护是指对国家机密信息、法人及其他组织及公民专有信息、公开信息和存储、传输、处理这些信息的信息系统进行等级划分实行安全保护。主要包括以下 5 个等级，如表 7-1 所示。

网络安全等级保护

表 7-1　网络安全等级保护

等级	描述
第一级（自主保护级）	此类信息系统受到破坏后，会造成一般损害，不损害国家安全、社会秩序和公共利益
第二级（指导保护级）	此类信息系统受到破坏后，会对公民、法人和其他组织的合法权益造成严重损害。会对社会秩序、公共利益造成一般损害，不损害国家安全
第三级（监督保护级）	此类信息系统受到破坏后，会对国家安全、社会秩序造成损害，对公共利益造成严重损害，对公民、法人和其他组织的合法权益造成特别严重的损害
第四级（强制保护级）	此类信息系统受到破坏后，会对国家安全造成严重损害，对社会秩序、公共利益造成特别严重的损害
第五级（专控保护级）	此类信息系统受到破坏后会对国家安全造成特别严重的损害

7.2.2 计算机病毒

"计算机病毒"一词最早是由美国计算机病毒研究专家 Fred.Cohen 博士在其论文《计算机病毒实验》中提出的。计算机病毒就是一段可执行代码或一个程序，是计算机编程人员编写的具有破坏性的指令或代码。因为这类代码程序就像生物病毒一样，具有自我繁殖、互相传染以及激活再生等生物病毒特征，所以称这类代码程序为计算机病毒。

1. 计算机病毒的定义

计算机病毒（Computer Virus）：1994 年 2 月 18 日，我国正式颁布实施了《中华人民共和国计算机信息系统安全保护条例》，在第二十八条中明确指出：计算机病毒指"编制或者在计算机程序中插入的破坏计算机功能或者破坏数据，影响计算机使用，并能自我复制的一组计算机指令或者程序代码"。

2. 计算机病毒的产生

计算机病毒的产生是计算机技术和以计算机为核心的社会信息化进程发展到一定阶段的必然产物。其产生的过程可分为：程序设计→传播→潜伏→触发→运行→实行攻击。究其产生的原因主要为以下几种：

① 一些计算机爱好者满足自己的表现欲，故意编制出一些特殊的计算机程序。而此种程序流传出去就演变成计算机病毒，此类病毒破坏性一般不大。

② 产生于个别人的报复心理。例如，某学生编写的一个能避过多种杀病毒软件的 CIH 病毒。

③ 来源于软件加密。一些商业软件公司为了不让自己的软件被非法复制和使用，运用加密技术，编写一些特殊程序附在正版软件上，如遇到非法使用，则此类程序自动激活，于是就会产生一些新病毒。

计算机病毒定义、产生

④ 产生于游戏。编程人员在无聊时互相编制一些程序输入计算机,让程序去销毁对方的程序,如最早的"磁芯大战"。

⑤ 用于研究或实验而设计的"有用"程序,由于某种原因失去控制而扩散出来。

⑥ 由于政治、经济和军事等特殊目的,一些组织或个人也会编制一些程序用于进攻对方计算机,给对方造成灾难或直接性的经济损失。

3. 计算机病毒的特性

计算机病毒的特性

计算机病毒作为一种计算机程序,和一般程序相比,具有以下 5 个主要的特点:

① 传播性:计算机病毒具有自我复制的能力,可以通过 U 盘、光盘、电子邮件、网络等中介进行传播。从一个文件或一台计算机传染到其他没有被感染病毒的文件或计算机,每一台被感染了病毒的计算机,本身既是一个受害者,又是计算机病毒的传播者。

② 隐蔽性:计算机病毒一般不易被人察觉,它们将自身附加在正常程序中或隐藏在磁盘中较隐蔽的地方。有些病毒还会将自己改名为系统文件名,不通过专门的杀毒软件,用户一般很难发现它们。另外,病毒程序的执行是在用户所不知的情况下进行的,不经过专门的代码分析,病毒程序与正常程序没有什么区别。正是由于这种隐蔽性,计算机病毒得以在用户没有觉察的情况下扩散传播。

③ 潜伏性:大部分计算机病毒在感染计算机后,一般不马上发作,可以长期隐藏在其中,可以是几周或者几个月,甚至是几年,只有在满足其特定条件后,才对系统进行破坏。

④ 可激发性:有些病毒被设置了一些日期等激活条件,只有当满足了这些条件时才会实施攻击。

⑤ 破坏性:计算机病毒一旦侵入系统,就会对系统及应用程序造成不同程度的影响。轻者会占用系统资源,降低计算机的性能,重者可以删除文件、格式化磁盘,导致系统崩溃,甚至使整个计算机网络瘫痪。病毒破坏的程度,取决于编写者的用心。

4. 计算机病毒的种类

计算机病毒的种类

计算机病毒有不同的分类方式,甚至同一种病毒根据不同的分类方式也会被归于不同的类型,以下介绍 3 种最常见的计算机病毒分类方式。

(1) 根据计算机病毒的破坏性分类

① 良性病毒:一般是编程人员恶作剧的产物,只是为了表现其自身,并不会彻底破坏系统和数据,但会降低系统工作效率的一类计算机病毒。

② 恶性病毒:指那些一旦发作后,就会破坏计算机系统或数据,造成计算机系统瘫痪的一类计算机病毒。

(2) 根据病毒的连接方式分类

① 源码型病毒:攻击用高级语言所编写的源程序,这类病毒在源程序编译之前插入其中,随源程序一起编译、连接成可执行文件,使病毒成为合法文件的一部分,该类型病毒较为少见。

② 入侵型病毒:可用自身代替正常程序中的部分模块。这类病毒一般是攻击某些特定程序,比较难以发现且较难清除。

③ 操作系统型病毒:可用其自身部分替代或加入操作系统的部分功能,这类病毒直接感染操作系统,会导致系统瘫痪或崩溃,危害性较大。

④ 外壳型病毒:通常将自身附在正常程序的开头或结尾,相当于给正常程序加了个外壳。大部分的文件型病毒都属于这一类。

第 7 章 信息素养与社会责任

(3) 根据病毒的传染方式分类

① 引导型病毒：能感染到软硬盘中的主引导记录，感染系统引导区的病毒。

② 文件型病毒：又称"寄生病毒"，是文件感染者。它主要运行在计算机的存储器中，通常感染扩展名为 COM、EXE、SYS 等类型的文件。

③ 混合型病毒：同时具有引导型病毒和文件型病毒特点的病毒。

④ 宏病毒：用 BASIC 语言编写的病毒程序寄存在 Office 文档上的宏代码，宏病毒主要影响对文档的各种操作。

5. 计算机病毒的预防与处理

计算机病毒一般来说都会破坏计算机的功能或数据，影响计算机的使用，在日常使用当中应提高自身安全意识，加强病毒防范。

① 计算机病毒的预防手段主要分为软件、硬件及操作使用 3 个方面：

- 软件方面：安装杀毒软件及软件防火墙，及时更新病毒库。
- 硬件方面：安装防病毒卡或硬件防火墙，采取内外网隔离等手段。
- 操作使用方面：不下载不明文件，不安装不明软件，不访问不正当网页。

② 计算机病毒的处理主要在硬件及软件 2 个方面：

- 硬件方面：中病毒后首先断开计算机和外部的连接，防止病毒继续传播感染；并对使用的 U 盘等工具先行进行查毒或格式化，确保其无毒，防止病毒二次感染，若 U 盘中有重要数据或需确保 U 盘不被病毒感染，应使用带有写保护功能的 U 盘。当写保护功能激活时，此类 U 盘一般不会被病毒感染。
- 软件方面：使用杀毒软件进行全盘查杀，若有引导文件感染导致在 Windows 系统下无法查杀干净的情况，则使用 DOS 引导盘在 Windows 系统外进行查杀或格式化重做系统进行查杀；针对不同的病毒使用不同的杀毒软件或方法，如 U 盘病毒专杀，蠕虫病毒专杀软件等。

7.2.3 防火墙

1. 防火墙的基本概念

防火墙或称防护墙，是一个由软件和硬件设备组合而成、在内部网和外部网之间、专用网与公共网之间的界面上构造的保护屏障。在网络中，所谓"防火墙"，是指一种将内部网和公众访问网隔离开的一种技术。简单来讲，就是只有通过防火墙，公司内部的人才能访问 Internet，Internet 上的人也才能与公司内部人进行通信。

2. 防火墙的功能

防火墙的功能如表 7-2 所示。

表 7-2 防火墙的功能

功 能	描 述
网络安全的屏障	提高内部网络安全性，过滤不安全服务
强化网络安全策略	以防火墙为中心配置安全软件，集中安全管理
监控网络存取和访问	记录访问并做出日志记录，出现可疑动作进行报警并提供详细信息
防止内部信息的外泄	隔离重点网段，避免局部重点或敏感网络安全问题对全局网络造成的影响

7.2.4 信息安全保障技术

1. 信息安全保障

信息安全保障最初于 1996 年由美国信息安全界给出标准化定义，大致经历了通信安全、计算机安全、信息系统安全、信息安全保障和网络空间安全、信息安全保障几个过程。它的核心思想是能够综合技术、管理、过程、人员保障信息和信息系统资产，保障信息的保密、完整和可用性。

信息安全保障能够有效组织信息系统与使命、保障和风险之间的关系。信息系统是生存和发展的关键因素，为了保障组织机构完成使命，加强信息安全保障、抵抗风险成为必要之选。

信息安全保障基本内容分为 4 个阶段：确定需求、制定方案、开展测评和持续改进。

① 确定需求：制定信息安全保障需求的作用；制定信息系统安全保障需求的方法和原则。

② 制定方案：包括信息安全保障解决方案、确定安全保障解决方案的原则、实施信息安全保障解决方案的原则。

③ 开展测评：包括信息安全测评、信息安全测评的重要性、国内外信息安全测评现状和产品、人员、商资、系统测评的方法和流程。

④ 持续改进：持续提高信息系统安全保障能力和信息系统安全监护和维护。

信息安全保障及措施

2. 信息安全的管理措施

计算机信息系统的安全必须引起使用单位的重视，所以应当建立并健全计算机系统的信息安全管理制度。信息安全措施多种多样，但总体来说主要是技术层面及管理层相互结合，信息安全的管理措施可以最大限度地弥补技术上的漏洞和不足。其内容主要如下：

① 建立信息安全管理的组织体系。

② 指定信息安全策略。

③ 加强相关人员安全管理和培训。

④ 信息系统及数据分类管理。

⑤ 物理介质和环境安全管理。

3. 数据备份及恢复

① 数据备份：是保证数据安全的一项重要措施，指为防止系统出现操作失误或系统故障等原因导致数据丢失，而将全部或部分数据集合从应用主机的存储器复制到其他的存储介质的过程。

② 数据恢复：根据需要将数据恢复到需要使用的计算机或信息设备上的过程；另一种数据恢复是指通过技术手段，将保存在各种计算机硬盘、存储磁带库、可移动存储、数码存储卡、MP3 等设备上丢失的电子数据进行抢救和恢复的技术。

4. 计算机病毒防治

① 安装主流杀毒软件，如 360、诺顿等，定时进行病毒库的更新。

② 定时对操作系统升级。应及时进行系统补丁更新安装，避免系统漏洞被黑客或病毒利用。

③ 重要数据的备份。尽量将重要数据文件存放在 C 盘以外空间，可存在 U 盘、光盘或网络云盘上。

④ 设置健壮密码。用户在设置账号密码（如系统密码、电子邮件、上网账号、QQ 账号等）时，应尽量使用不少于 8 位字符长度的密码，不要使用一些特殊意义字符（如出生年月或姓名拼音），或过于简单的数字（如 8 个 1、12345678）作为密码，在系统允许的情况下，最好选择大小字母和数字的

复合组合作为密码。

⑤ 安装防火墙。接入互联网的计算机，特别是使用宽带上网的，最好能安装防火墙，可选择360、瑞星、诺顿等个人防火墙。防火墙可阻挡来自网络上大部分攻击，防止个人重要信息被窃取。

⑥ 不要在互联网上随意下载或安装软件。病毒的一大传播途径，就是 Internet。病毒有可能潜伏在网络上的各种可下载程序中，如果随意下载、随意打开，则极易中病毒。

⑦ 不要轻易打开电子邮件的附件。近年来造成大规模破坏的许多病毒，都是通过电子邮件传播的。即使是熟人发送的邮件附件也不一定保险，有的病毒会自动检查受害人计算机上的通信录并向其中的所有地址自动发送带毒文件。比较妥当的做法是先将附件保存下来，先用查毒软件彻底检查，没有危险后再打开。

⑧ 不要轻易访问带有非法性质的网站或不健康内容的网站，这类网站一般都会含有恶意代码，轻则出现浏览器首页被修改无法恢复、注册表被锁等故障，重则可能会因中毒等原因造成文件丢失、硬盘被格式化等重大损失。

⑨ 尽量避免在无防毒软件的机器上使用 U 盘、移动硬盘等可移动储存介质。使用别人的移动存储时先进行病毒查杀。

⑩ 培养基本的计算机安全意识。

病毒防治、数据备份与恢复

5. 常见威胁及防护技术

（1）木马

木马（Trojan）也称木马病毒，是指通过特定的木马程序来控制另一台计算机。木马通常有两个可执行程序：一个是客户端（控制端）；另一个是服务端（被控制端）。黑客可以进入植入木马程序的计算机系统，个人信息就会被泄露。通常为了防止被发现，黑客采用多种手段隐藏木马，所以具有很强的隐蔽性。

目前利用一些查杀软件进行木马查杀，基本上能够防御大部分木马，系统自带的一些基本命令也可发现木马病毒。当然软件并不是万能的，我们还需掌握一定的专业知识，不访问来历不明的网站，不使用来历不明的软件，在一定程度上也能保证计算机的安全。

（2）拒绝服务攻击

拒绝服务攻击（DoS）是一种破坏性攻击，通常是利用系统存在的漏洞、服务的漏洞等对目标机器发起大规模攻击，致使其无法提供正常服务，只要是对目标造成麻烦，致使某些服务无法正常提供甚至主机死机都属于拒绝服务攻击。

典型的拒绝服务攻击是 Morris 蠕虫。典型的拒绝服务攻击技术有 IP 欺骗、DoS 攻击、UDP 洪水、SYN 洪水、Fraggle 攻击、电子邮件炸弹等。

拓展练习

1. 【2018 年 11 月软考真题】在使用计算机的过程中应增强的安全意识中不包括（　　）。
   A. 密码最好用随机的六位数字　　　B. 不要点击打开来历不明的链接
   C. 重要的数据文件要及时备份　　　D. 不要访问吸引人的非法网站
   答案：A

信 息 技 术

2. 【2019年6月软考真题】(　　)不属于保护数据安全的技术措施。
   A. 数据加密　　　B. 数据备份　　　C. 数据隔离　　　D. 数据压缩
   答案：D

3. 【2018年11月软考真题】(　　)不属于信息安全技术。
   A. 加密/解密　　　　　　　　　　B. 入侵检测/查杀病毒
   C. 压缩/解压　　　　　　　　　　D. 指纹识别/存取控制
   答案：C

4. 【2018年11月软考真题】计算机网络中，防火墙的功能不包括(　　)。
   A. 防止某个设备的火灾蔓延到其他设备
   B. 对网络存取以及访问进行监控和审计
   C. 根据安全策略实施访问限制，防止信息外泄
   D. 控制网络中不同信任程度区域间传送的数据流
   答案：A

5. 【2017年11月软考真题】以下关于信息安全的叙述汇总，(　　)并不正确。
   A. 信息安全已经上升到国家战略层面　　B. 海陆空天网五大疆域体现国家主权
   C. 信息安全体系要确保百分之百安全　　D. 信息安全措施需三分技术七分管理
   答案：C

6. 【2017年6月软考真题】计算机受病毒感染主要是(　　)。
   A. 接收外来信息时被感染　　　　　B. 因硬件损坏而被感染
   C. 增添硬件设备时被感染　　　　　D. 因操作不当而被感染
   答案：A

7. 【2016年11月软考真题】信息系统的安全防护措施中，不包括(　　)。
   A. 重要的文件让非法用户拷不走　　B. 机密的数据让非法用户看不懂
   C. 关键的信息让非法用户改不了　　D. 系统的操作让非法用户学不会
   答案：D

8. 【2016年6月软考真题】用计算机上网时防范木马攻击的措施不包括(　　)。
   A. 及时更新升级系统并修补漏洞　　B. 不要随意打开来历不明的邮件
   C. 尽量使用共享文件夹传递信息　　D. 不要随意下载来历不明的软件
   答案：C

9. 【2015年11月软考真题】(　　)不是数字签名的功能。
   A. 防止发送方的抵赖行为　　　　　B. 接收方身份确认
   C. 发送方身份确认　　　　　　　　D. 保证数据的完整性
   答案：B

10. 【2014年11月软考真题】以下关于计算机病毒的叙述中，不正确的是(　　)。
    A. 计算机病毒能复制自身代码,通过磁盘、网络等传染给其他文件或系统
    B. 计算机病毒可在一定的激发条件下被激活,并开始传染和破坏

C. 任一种计算机病毒尚不能传染所有计算机系统或程序
D. 目前流行的杀毒软件已能预防和清除所有的计算机病毒
答案：D

11. 【2018年11月软考真题】信息系统运行过程中的数据备份工作不包括（　　）。
   A. 每天必须对新增加的或更改过的数据进行备份
   B. 为便于恢复，数据应备份到数据正本所在磁盘
   C. 为查找更快捷，应定期对数据的索引进行调整
   D. 应将暂时不用的数据转入档案数据库进行存档
   答案：B

12. 【2018年5月软考真题】面向社会服务的信息系统突发安全事件时所采取的技术措施中一般不包括（　　）。
   A. 尽快定位安全风险点，努力进行系统修复
   B. 将问题控制在局部范围内，不再向全系统扩散
   C. 关闭系统，切断与外界的信息联系，逐人盘查
   D. 全力挽回用户处理的信息，尽量减少损失
   答案：C

13. 【2017年11月软考真题】对多数企业而言,企业数据资产安全体系建设的原则不包括(　　)。
   A. 安全与易用兼顾　　　　　　　　B. 技术与管理配合
   C. 管控与效率平衡　　　　　　　　D. 购买与开发并重
   答案：D

14. 【2017年11月软考真题】如果U盘感染了病毒，且U盘中的内容可以废弃，为防止该病毒传染到计算机系统，正确的措施是（　　）。
   A. 将U盘重新格式化　　　　　　　B. 给该U盘加上写保护
   C. 将U盘放一段时间后再使用　　　D. 删除该U盘上所有内容
   答案：A

15. 【2017年6月软考真题】某金融企业正在开发移动终端非现场办公业务,为控制数据安全风险，采取的数据安全措施中并不包括（　　）。
   A. 身份认证　　　　　　　　　　　B. 业务数据存取权限控制
   C. 传输加密　　　　　　　　　　　D. 数据分散存储于各网点
   答案：D

16. 【2016年11月软考真题】（　　）是指系统自动或用户手动转存数据。当发生特殊情况导致数据丢失时，可导入最近转存的数据进行恢复，避免损失。
   A. 数据迁移　　B. 数据备份　　C. 数据恢复　　D. 数据安全
   答案：B

17. 【2016年6月软考真题】企业信息系统使用盗版软件的风险与危害不包括（　　）。
   A. 企业应用软件不能正常运行　　　B. 侵犯知识产权的法律风险

C. 盗版软件安装不上，运行不了　　　D. 不能获得升级和技术支持服务

答案：C

18. 【2016年6月软考真题】以下关于企业信息安全措施的叙述，不正确的是（　　）。

    A. 遵循三分管理七分技术的原则加强信息安全的技术措施
    B. 在电子合同中可以用电子签名来表明不可抵赖性
    C. 入侵检测软件用来发现系统中是否有被攻击的迹象
    D. 加强员工的信息安全意识教育非常重要

    答案：A

19. 【2015年11月软考真题】信息安全操作常识不包括（　　）。

    A. 不要扫描来历不明的二维码　　　B. 不要复制，保存不明作者的图片
    C. 不要下载安装不明底细的软件　　D. 不要打开来历不明的电子邮件

    答案：B

20. 【2017年11月软考真题】使用盗版软件的危害性一般不包括（　　）。

    A. 来历不明的盗版软件可能带有恶意代码
    B. 发现问题后得不到服务，难以修复漏洞
    C. 可能带来法律风险，也会引发信息泄露
    D. 没有使用手册，非专业人员难于操作

    答案：D

7.3 法律法规

本节内容结构如图7-9所示。

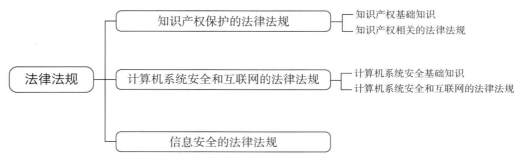

图7-9　7.3节内容结构

7.3.1 知识产权保护的法律法规

1. 知识产权基础知识

（1）知识产权的概念

知识产权，也称"知识所属权"，指"权利人对其智力劳动所创作的成果和经营活动中的标记、信誉所依法享有的专有权利"，一般只在有限时间内有效。

(2) 知识产权的类型

① 专利权：指一项发明创造向国家专利局提出专利申请，经依法审查合格后，向专利申请人授予的在规定时间内对该项发明创造享有的独占、使用、处分的权利。

专利权的主体：自然人和单位可依照法定程序申请专利；外国人、外国企业或者外国其他组织也可以成为我国的专利权人。

两个以上的申请人分别就同样的发明创造申请专利的，专利权授予最先申请的人。

专利权包括发明、实用新型和外观设计：

- 发明：对产品、方法或者其改进所提出的新的技术方案。专利期限自申请日起计算 20 年。
- 实用新型：对产品的形状、构造或者其结合所提出的适于实用的新的技术方案。专利期限自申请日起计算 10 年。
- 外观设计：又称工业产品外观设计，对产品的形状、图案或者其结合以及色彩与形状、图案的结合所做出的富有美感并适于工业应用的新设计。专利期限自申请日起计算 10 年。

② 商标权：指商标主管机关依法授予商标所有人对其申请商标受国家法律保护的专有权。商标是用以区别商品和服务不同来源的商业性标志，由文字、图形、字母、数字、三维标志、颜色组合和声音等，以及上述要素的组合构成。

- 商标权的主体：申请并取得商标权的法人或自然人。
- 商标权的客体：经过国家商标局核准注册受商标法保护的商标，即注册商标，包括商品商标和服务商标。

注册商标的有效期为 10 年，自核准注册之日起计算；可以续期。

③ 著作权：又称版权，是指自然人、法人或者其他组织对文学、艺术和科学作品依法享有的财产权利和精神权利的总称。主要包括著作权及与著作权有关的邻接权；通常所说的知识产权主要是指计算机软件著作权和作品登记。

- 自动保护原则：基于作品创作完成自动产生，既不需要发表，也无须任何部门审批。
- 著作人身权：发表权（决定作品是否公之于众）、署名权（表明作者身份，在作品上署名）、修改权（修改或者授权他人修改）、保护作品完整权（保护作品不受歪曲、篡改）、著作人身权不可转让。
- 著作财产权：包括复制权、发行权、出租权、展览权、表演权、放映权、广播权、信息网络传播权、摄制权、改编权、翻译权、汇编权以及其他权利。财产权可转让。
- 财产权及人身权中具有发表权的公民的作品保护期为作者终生及其死亡后 50 年；法人或其他组织的作品保护期 50 年。

(3) 知识产权的主要特点

① 无形性：知识产权是一种无形财产。

② 专有性（独占性或垄断性）：对知识产权使用上的垄断，即任何人未经权利人的允许不得在一定的地域内、一定的时间内使用知识产权的客体。第一，独占性，即知识产权为权利人所独占，权利人垄断这种专有权利并受到严格保护。第二，排他性，即对同一项知识产品，不允许有两个或两个以上同一属性的知识产权并存。

③ 地域性：指根据一国法律，在该国取得的知识产权只在该国内生效，权利的效力不及于他国，他国没有承认和保护该权利的义务。

④ 时间性：即仅在法律规定的期限内受到保护。我国相关知识产权保护期限如表 7-3 所示。

表 7-3　我国相关知识产权保护期限

保 护 类 型	保 护 期 限
发明专利	自申请日起 20 年
实用新型专利	自申请日起 10 年
外观设计专利	自申请日起 10 年
商标权	自核准注册之日起 10 年
公民的作品发表权	作者生前终生及其死亡后 50 年

知识产权

⑤ 双重性：知识产权包括财产权和人身权两种属性。

⑥ 确认性：大部分知识产权的获得需要法定的程序，例如，商标权的获得需要经过登记注册。

2. 知识产权相关的法律法规

知识产权相关法律法规

（1）专利权类

《中华人民共和国专利法》

《专利代理条例》

《中华人民共和国专利法实施细则》

《国防专利条例》

（2）商标权类

《中华人民共和国商标法》

《中华人民共和国商标法实施条例》

《驰名商标认定和保护规定》

《集体商标、证明商标注册和管理办法》

（3）著作权类

《中华人民共和国著作权法》

《中华人民共和国著作权法实施条例》

《著作权集体管理条例》

《计算机软件保护条例》

《信息网络传播权保护条例》

（4）商业秘密类

《中华人民共和国反不正当竞争法》

《关于禁止侵犯商业秘密行为的若干规定》

（5）植物新品种权类

《植物新品种保护条例》

（6）特殊标志类
《特殊标志管理条例》
《奥林匹克标志保护条例》
《世界博览会标志保护条例》
（7）地理标志类
《地理标志产品保护规定》
（8）集成电路布图设计专有权类
《集成电路布图设计保护条例》
（9）其他类
《中华人民共和国知识产权海关保护条例》
《展会知识产权保护办法》

7.3.2 计算机系统安全和互联网的法律法规

1. 计算机系统安全基础知识

计算机系统安全是指在系统生命周期内应用系统安全工程和系统安全管理方法，辨识系统中的隐患，并采取有效的控制措施使其危险性最小，从而使系统在规定的性能、时间和成本范围内达到最佳的安全程度。主要包含以下几方面，如图7-10所示。

图 7-10　计算机系统安全基本内容

系统安全的基本原则就是在一个新系统的构思阶段就必须考虑其安全性的问题，制定并执行安全工作规划（系统安全活动），属于事前分析和预先的防护，与传统的事后分析并积累事故经验的思路截然不同。系统安全活动贯穿于整个系统生命周期，直到系统报废为止。

2. 计算机系统安全和互联网的法律法规

《中华人民共和国网络安全法》
《互联网信息服务管理办法》
《计算机信息网络国际联网安全保护管理办法》
《中华人民共和国计算机信息系统安全保护条例》
《计算机信息系统国际联网保密管理规定》
《互联网电子公告服务管理规定》
《计算机软件保护条例》

7.3.3 信息安全的法律法规

我国目前已经具有较为完备的信息安全相关的法律法规体系，现列举以下若干：
《中华人民共和国计算机信息系统安全保护条例》
《计算机信息网络国际联网管理暂行规定实施办法》
《中华人民共和国计算机信息网络国际联网安全保护管理办法》
《互联网上网服务营业场所管理条例》

微课视频

系统安全、法律法规

信息技术

《互联网信息服务管理办法》

《信息网络传播权保护条例》

随着网络强国战略逐步实施推进，多部网络安全法律法规及政策文件的出台实施，将有力推进我国互联网安全管理水平，提升网络安全影响力，保障广大人民享受健康清朗的互联网应用环境，共同维护繁荣、健康、有序的网络文化环境。

拓展练习

1．【2019年6月软考真题】《数据中心设计规范》GB 50174—2017 属于（　　）。
   A．国际标准　　　B．国家强制标准　　　C．国家推荐标准　　　D．行业标准
   答案：B

2．【2019年6月软考真题】我国的信息安全法律法规包括国家法律、行政法规和部门规章及规范性文件等。（　　）属于部门规章及规范性文件。
   A．全国人民代表大会常务委员会通过的《维护互联网安全的决定》
   B．国务院发布的《中华人民共和国计算机信息系统安全保护条例》
   C．国务院发布的《中华人民共和国计算机信息网络国际联网管理暂时规定》
   D．公安部发布的《计算机病毒防治管理办法》
   答案：D

3．【2018年11月软考真题】《信息安全技术云计算服务安全指南》（GB/T 31167—2014）属于（　　）。
   A．国际标准　　　B．国家强制标准　　　C．国家推荐标准　　　D．行业标准
   答案：C

4．【2018年5月软考真题】《信息处理系统－开放系统互连－基本参考模型》（ISO 7498－2:1989）属于（　　）。
   A．国际标准　　　B．国家标准　　　C．行业标准　　　D．企业标准
   答案：A

5．【2017年6月软考真题】《信息技术汉字字型要求和检测方法》（GB/T 11460—2009）属于（　　）。
   A．国际标准　　　B．国家强制标准　　　C．国家推荐标准　　　D．行业标准
   答案：C

6．【2015年11月软考真题】根据我国著作权法规定，侵犯他人著作权所承担的赔偿责任属于（　　）
   A．道德责任　　　B．民事责任　　　C．行政责任　　　D．刑事责任
   答案：B

7．【2015年6月软考真题】（　　）不属于知识产权保护之列。
   A．专利　　　B．商标　　　C．著作和论文　　　D．定理和公式
   答案：D

8．【2014年11月软考真题】小王刚受聘于某企业，知悉该企业的部分商业秘密。为此，该企业与小王签订了保密及竞业限制协议。该协议中列出了一些对涉密员工的要求，但（　　）中的内容并不妥当。

A. 不得查看(或通过网络、他人电脑阅读)、复制与本职工作或自身业务无关的本企业商业秘密信息

B. 对因工作需要由本人接触、保管的有关本企业或企业客户的文件应妥善对待，未经许可不得超出工作范围使用

C. 因个人原因欲终止劳动合同的，必须提前三个月书面通知企业

D. 企业根据需要有权进行脱密安排，调离原工作岗位

答案：D

9.【2013年11月软考真题】信息处理技术员小王从甲单位跳到了同行业的乙单位。他的以下行为中，（　　）是合理合法的。

A. 她带走了甲单位的大部分客户信息　　B. 她带走了从甲单位学到的工作经验
C. 她带走了甲单位的一系列合同资料　　D. 她在网上公布了甲单位的竞争劣势

答案：B

10.【2012年6月软考真题】我国颁布的（　　）是信息安全领域重要的法规。

A. 著作权法　　　　　　　　　　　　B. 专利法
C. 商标法　　　　　　　　　　　　　D. 计算机病毒防治管理办法

答案：D

11.【2015年11月软考真题】党政机关公文格式标准（GB/T 9704—2012）属于（　　）

A. 参考标准　　B. 行业标准　　C. 国家标准　　D. 国际标准

答案：C

12.【2014年11月软考真题】以下行为中，除（　　）外，都是违法的。

A. 在互联网上建立淫秽网站　　　　　B. 在网上侮辱、诽谤他人
C. 在网上宣传、销售伪劣产品　　　　D. 从网上下载不明著作权的文章

答案：D

13.【2014年6月软考真题】2013年，国务院发布了《关于促进（　　）扩大内需的若干意见》的文件。这是有效拉动需求，催生新的经济增长点，促进消费升级、产业转型和民生改善的重大举措。

A. 信息消费　　B. 电子消费　　C. 信息产业　　D. 软件产业

答案：A

14.【2013年11月软考真题】我国颁布的互联网和信息系统安全保护等有关的法规，规范了从业人员的行为。对从业人员行为的要求中，不包括（　　）。

A. 应符合社会普遍公认的准则，努力服务于社会，不对社会造成破坏

B. 不应损害集体利益，要为集体做出应有的贡献

C. 规范个人行为，应具有正义感和道德感

D. 规范网络用语，不生造词汇，保护传统文化

答案：D

15.【2013年6月软考真题】数据处理技术员小王为了本企业的利益做了如下几项数据处理，其中（　　）是违法的。

A. 选择部分有利于展示企业形象的数据予以上报

B. 数据分析报告中，重点说明企业的业绩，对问题一掠而过

C. 变换数据坐标使企业发展规模的曲线看起来更陡峭

D. 更改企业排污数据应付上级检查

答案：D

16.【2012年6月软考真题】信息化时代人们在信息活动中应遵循信息道德规范，包括（　　）。① 尊重他人的知识产权 ② 不利用网络从事私人活动 ③ 尊重他人的隐私权 ④ 不利用网络谋取不正当的利益

A. ①②③　　　B. ①②④　　　C. ②③④　　　D. ①③④

答案：D

17.【2012年6月软考真题】某人撰写的论文中需要引用某书中的一个图，为此征求了该书作者的意见，以下情况中，（　　）是不妥当的。

A. 由于书作者说，该图不是其原创的，所以他就直接引用该图

B. 书作者同意他免费直接引用该图

C. 书作者同意，在注明该图的来源后，免费引用该图

D. 书作者同意，在支付一定报酬后，引用该图

答案：A

18.【2011年11月软考真题】我国《计算机软件保护条例》规定，软件著作权自软件（　　）之日起产生。

A. 开发完成　　　B. 注册登记　　　C. 公开发布　　　D. 评审通过

答案：A

19.【2011年11月软考真题】个人根据自己的兴趣业余开发的计算机软件的著作权属于（　　）。

A. 销售者　　　B. 使用者　　　C. 购买者　　　D. 软件开发者

答案：D

20.【2011年6月软考真题】依照我国专利法的规定，下列可以授予专利权的是（　　）。

A. 科学发现　　　　　　　　　　B. 智力活动的规则和方法

C. 疾病的诊断和治疗方法　　　　D. 新产品的设计生产方法

答案：D

小结

本章讲述了计算机网络相关知识、信息安全知识和知识产权、计算机系统安全及管理、信息安全的法律法规。通过本章的学习，可了解计算机网络、信息安全相关知识和相关知识产权，养成良好的信息安全素养，提高信息安全意识，避免在信息化社会中触犯相关法律法规。

第 7 章 信息素养与社会责任

习题

1.【2018年11月软考真题】信息系统的安全环节很多，其中最薄弱的环节是（　　），最需要在这方面加强安全措施。

  A．硬件   B．软件   C．数据   D．人

  答案：D

2.【2018年11月软考真题】同一台计算机上同时运行多种杀毒软件的结果不包括（　　）。

  A．不同的软件造成冲突   B．系统运行速度减慢

  C．占用更多的系统资源   D．清除病毒更为彻底

  答案：D

3.【2018年5月软考真题】人工智能（AI）时代，人类面临许多新的安全威胁。以下（　　）不属于安全问题。

  A．AI可能因为学习了有问题的数据而产生安全隐患或伦理缺陷

  B．黑客入侵可能利用AI技术使自动化系统故意犯罪，造成危害

  C．由于制度漏洞和监管不力，AI系统可能面临失控，造成损失

  D．AI技术在某些工作、某些能力方面超越人类，淘汰某些职业

  答案：D

4.【2016年11月软考真题】《信息系统安全等级保护基本要求(GB/T 22239—2008)》属于（　　）。

  A．国际标准 B．国家标准 C．行业标准 D．企业标准

  答案：B

5.【2016年11月软考真题】某软件公司职工以下的行为中，除（　　）外，都侵害了本单位的权益。

  A．在上班时间顺便开发与职务无关的软件并提供给其他公司销售

  B．在下班时间指导其他同行单位开发与本单位软件功能类似的软件

  C．在计算机类杂志上发表了论文，并公布了自己开发软件所用的新方法

  D．将自己工作时间内开发的软件私下交与其他单位使用但没有收取费用

  答案：C

6.【2016年6月软考真题】ISO9001:2015质量管理体系标准属于（　　）。

  A．国际标准 B．国家标准 C．行业标准 D．企业标准

  答案：A

7.【2019年6月软考真题】国际标准化组织提出的开放系统互连参考模型,将计算机网络分成7层,其中最底层是（　　）。

  A．物理层 B．数据链路层 C．网络层 D．传输层

  答案：A

8.【2018年5月软考真题】以下关于计算机网络协议的叙述中，不正确的是（　　）。

  A．网络协议就是网络通信的内容

B. 制定网络协议是为了保证数据通信的正确、可靠

C. 计算机网络的各层及其协议的集合，称为网络的体系结构

D. 网络协议通常由语义、语法、变换规则3部分组成

答案：A

9.【2018年5月软考真题】以下关于电子邮件的叙述中，不正确的是（　　）。

A. 发送电子邮件时，通信双方必须都在线

B. 一封电子邮件可以同时发送给多个用户

C. 可以通过电子邮件发送文字、图像、语音等信息

D. 电子邮件比人工邮件传送迅速、可靠，且范围更广

答案：A

10.【2017年11月软考真题】在Internet上对每一台计算机的区分，是通过（　　）来识别的。

A. 计算机的登录名　　　　　　　　B. 计算机的域名

C. 计算机用户名　　　　　　　　　D. IP地址

答案：D

11.【2016年6月软考真题】常用网络通信设备不包括（　　）。

A. 浏览器　　　B. 集线器　　　C. 交换机　　　D. 路由器

答案：A

12.【2015年11月软考真题】在路由器互联的多个局域网中，通常每个局域网中的（　　）。

A. 数据链路层和物理层协议必须相同

B. 数据链路层协议必须相同，物理层协议可以不同

C. 数据链路层协议可以不同，物理层协议必须相同

D. 数据链路层和物理层协议都可以不同

答案：D

13.【2016年6月软考真题】小张购买了一个正版软件，因此他获得了该软件的（　　）。

A. 出售权　　　B. 复制权　　　C. 使用权　　　D. 修改权

答案：C

14.【2015年6月软考真题】以下选项中，（　　）违背了公民信息道德，其他三项行为则违反了国家有关的法律法规。

A. 在互联网上煽动民族仇恨

B. 在互联网上宣扬和传播色情

C. 将本单位在工作中获得的公民个人信息，出售给他人

D. 为猎奇取乐，偷窥他人计算机内的隐私信息

答案：D

15.【2018年5月软考真题】计算机感染病毒后常见的症状中，一般不包括（　　）。

A. 计算机系统运行异常（如死机、运行速度降低、文件大小异常等）

B. 外围设备使用异常（如系统无法找到外围设备、外围设备无法使用）

C. 网络异常（如网速突然变慢、网络连接错误、许多网站无法访问）
D. 应用程序计算结果异常（如输出数据过多或过少，过大或过小）
答案：C

16.【2017年11月软考真题】下列关于计算机病毒的说法中错误的是（　　）。
　　A. 目前传播计算机病毒的主要途径是 Internet
　　B. 所有计算机病毒都是程序代码
　　C. 计算机病毒既可以感染可执行程序，也可以感染 Word 文档或图片文件
　　D. 完备的数据备份机制是防止感染计算机病毒的根本手段
　　答案：D

17.【2017年6月软考真题】良好的手机使用习惯不包括（　　）。
　　A. 设置手机开机密码　　　　　　　B. 不扫描街头推销用的二维码
　　C. 开会时将手机关机　　　　　　　D. 废弃手机前清除其中的内容
　　答案：C

18.【2016年11月软考真题】以下设备中最可能成为传播计算机病毒的载体是（　　）。
　　A. 显示器　　　B. 键盘　　　C. U盘　　　D. 扫描仪
　　答案：C

19.【2015年11月软考真题】以下关于信息安全的叙述中，不正确的是（　　）。
　　A. 随着移动互联网和智能终端设备的迅速普及，信息安全隐患日益严峻
　　B. 预防系统突发事件，保证数据安全，已成为企业信息化的关键问题
　　C. 人们常说，信息安全措施是七分技术三分管理
　　D. 保护信息安全应贯穿于信息的整个生命周期
　　答案：C

20.【2016年6月软考真题】企业信息系统使用盗版软件的风险与危害不包括（　　）。
　　A. 企业应用软件不能正常运行　　　B. 侵犯知识产权的法律风险
　　C. 盗版软件安装不上，运行不了　　D. 不能获得升级和技术支持服务
　　答案：C

21.【2017年11月软考真题】使用盗版软件的危害性一般不包括（　　）。
　　A. 来历不明的盗版软件可能带有恶意代码　B. 发现问题后得不到服务，难以修复漏洞
　　C. 可能带来法律风险，也会引发信息泄露　D. 没有使用手册，非专业人员难于操作
　　答案：D

22.【2016年11月软考真题】以下行为中，除（　　）外，都属于计算机犯罪。
　　A. 随意浏览网页时发现有不宜公开的信息
　　B. 学习黑客进入机密网站，复制数据
　　C. 干扰国际信息系统，导致其不能正常运行
　　D. 盗取他人账号和密码进入高考志愿填报系统，私自为他人修改志愿
　　答案：A

信 息 技 术

23. 【2016年6月软考真题】某银行发生的以下问题中，最严重、影响最大的问题是（   ）。
    A. 计算机设备坏了   B. 软件系统崩溃了
    C. 客户信息丢失了   D. 房屋被震坏了
    答案：C

24. 【2016年6月软考真题】涉密信息系统划分为绝密级、机密级、秘密级三个等级保护的作用不包括（   ）。
    A. 保护重点更加突出   B. 确保不再会发生泄密事件
    C. 保护方法更加科学   D. 保护的投入产出更加合理
    答案：B

25. 【2014年11月软考真题】智慧城市是（   ）相结合的产物。
    A. 数字社区与物联网   B. 数字城市与互联网
    C. 数字城市与物联网   D. 数字社区与互联网
    答案：C

26. 【2014年11月软考真题】电子邮件使用的传输协议是（   ）。
    A. SMTP   B. telnet   C. HTTP   D. FTP
    答案：A

27. 【2014年6月软考真题】下列关于TCP/IP协议的叙述中，不正确的是（   ）。
    A. 地址解析协议ARP/RARP属于应用层
    B. TCP、UDP协议都要通过IP协议来发送、接收数据
    C. UDP协议提供简单的无连接服务
    D. TCP协议提供可靠的面向连接服务
    答案：A

28. 【2015年6月软考真题】信息系统中,防止非法使用者盗取、破坏信息的安全措施要求:进不来、拿不走、改不了、看不懂。以下（   ）技术不属于安全措施。
    A. 加密   B. 压缩   C. 身份识别   D. 访问控制
    答案：B

29. 【2015年6月软考真题】电子签名是依附于电子文书的，经组合加密的电子形式的签名，表明签名人认可该文书中的内容,具有法律效力。电子签名的作用不包括（   ）。
    A. 防止签名人抵赖法律责任   B. 防止签名人入侵信息系统
    C. 防止他人伪造该电子文书   D. 防止他人冒用该电子文书
    答案：B

30. 【2015年6月软考真题】安全操作常识不包括（   ）。
    A. 不要扫描来历不明的二维码   B. 不要复制保存不明作者的图片
    C. 不要下载安装不明底细的软件   D. 不要打开来历不明电子邮件的附件
    答案：B

附录 A

信息技术相关英语词汇

计算机英语用到的概念都比较简单，主要是计算机硬件组成、计算机的分类，如图 A-1 所示。

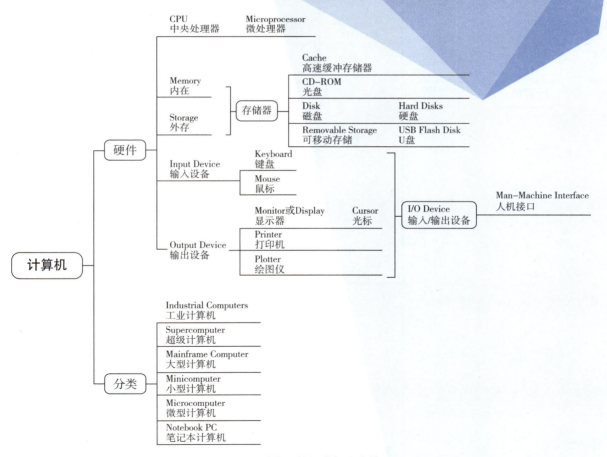

图 A-1　计算机的组成与分类英语

计算机软件相关的概念，如软件分类、文件相关操作等，如图 A-2 所示。

信 息 技 术

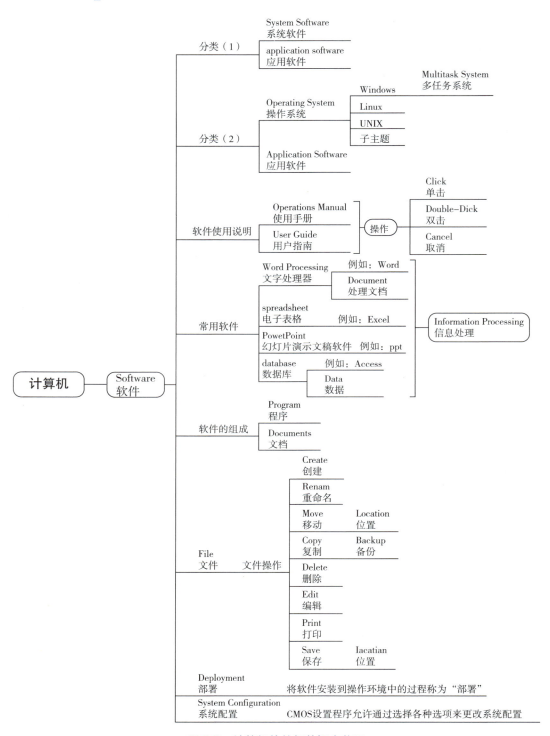

图 A-2　计算机软件相关概念英语

计算机网络相关的知识，如网络应用、网络安全等，如图 A-3 所示。

附录 A 信息技术相关英语词汇

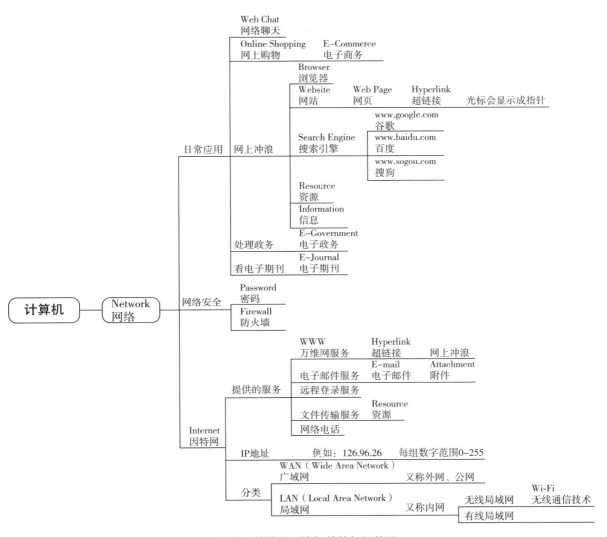

图 A-3 计算机网络相关的知识英语

信息技术常用的相关英语词汇总结如表 A-1 所示。

表 A-1 信息技术常用的相关英语词汇

英　　文	中　　文	英　　文	中　　文
Industrial Computers	工业计算机	Memory	内存
Supercomputer	超级计算机	Storage	外存
Mainframe Computer	大型计算机	I/O device	输入/输出设备
Minicomputer	小型计算机	Input	输入
Microcomputer	微型计算机	Output	输出
Notebook PC	笔记本计算机	Cursor	光标

信 息 技 术

续表

英　　文	中　　文	英　　文	中　　文
Microprocessor	微处理器	Monitor	显示器
CPU	中央处理器	Display	显示器
Keyboard	键盘	Information	信息
Mouse	鼠标	Information Processing	信息处理
Plotter	绘图仪	Word Processing	文字处理器
Printer	打印机	Spreadsheet	电子表格
Cache	高速缓冲存储器	PowerPoint	PPT 幻灯片演示文稿软件
CD-ROM	光盘	Database	数据库
Disk	磁盘	Data	数据
Hard Disks	硬盘	Access	一款数据库软件
Removable Storage	可移动存储	Click	单击
System Configuration	系统配置	Double-Click	双击
Deployment	部署	Cancel	取消
Software	软件	Interface	接口、界面
Program	程序	Firewall	防火墙
Application Software	应用软件	Password	密码
System Software	系统软件	Hyperlink	超链接
Operating System	操作系统	Website	网站
Application Software	应用软件	Browser	浏览器
Operations Manual	使用手册、说明书、指南	Internet	因特网
User Guide	用户指南	WWW	万维网
Digitization	数字化	LAN	局域网
Uultimedia	多媒体	Wi-Fi	一种无线通信技术
Attachment	附件	Web Chat	网络聊天
Resource	资源	Online Shopping	网上购物
Backup	备份	E-mail	电子邮件
Documents	文档	E-Commerce	电子商务
File	文件	E-Government	电子政务
Rename	重命名	E-Journal	电子期刊
Move	移动	Network	网络
Copy	复制	IP Address	IP 地址
Delete	删除	Search Engine	搜索引擎，如谷歌、百度、搜狗
Location	位置		

附录 B

初等数学基础知识

信息技术的基础是数据处理，初等数学中对数据的简单运算和统计应用，是进行数据处理时必不可少的技能。本节主要介绍数列、排列与组合、数据的简单统计及常用统计图表、统计函数的应用。

1. 数列

按照一定规律进行排列的数称为数列。数列中的每个数叫作数列的项。排在第一位的数称为这个数列的第一项，即首项。排在第二位的数称为这个数列的第二项，依此类推，排在第 n 位的数称为这个数列的第 n 项，数列的每一项用数学符号表示可以写为 $a_1, a_2, a_3, \cdots, a_n, a_{n+1}, \cdots$，整个数列用数学符号表示为 $\{a_n\}$。

（1）等差数列

等差数列是一种常见的数列，其定义为：若一个数列从第二项起，每一项与它的前一项之差都等于同一个常数，这样的数列叫作等差数列。这个常数叫作等差数列的公差，公差常用字母 d 来表示。

例如，$1,2,3,4,\cdots,n$ 为等差数列，其公差 $d=1$；

$1,3,5,7,\cdots,2n-1$ 为等差数列，其公差 $d=2$。

通过以上示例可以发现，等差数列的规律为：等差数列中，第 n 项的值 $a_n=a_{n-1}+d$；同理，第 $n+1$ 项的值 $a_{n+1}=a_n+d$。将上述两个等式进行联合运算后，得出等差数列第 n 项与首项的关系为 $a_n=a_1+(n-1)d$，该公式称为等差数列的通项公式。等差数列前 n 项和的公式为 $S_n=n(a_1+a_n)/2$。

（2）等比数列

等比数列的定义为：若一个数列从第二项开始，每一项与它的前一项的比值等于同一个常数，这样的数列称为等比数列，该比值称为这个等比数列的公比，通常用字母 q 来表示（$q \neq 0$），等比数列首项 $a_1 \neq 0$，且 $\{a_n\}$ 中的每一项均不为 0。

例如，$1,2,4,8,\cdots,2^{n-1}$ 是一个等比数列，其公比 $q=2$。注：$q=1$ 时，$\{a_n\}$ 为常数列。

等差数列和等比数列在日常生活中的应用非常广泛。例如，按顺序给商品、座位进行编号时，需要用到等差数列；银行有一种计算利息的方式，将前一期的利息和本金加在一起算作本金，再计算下一期的利息，也就是人们常说的利滚利，利用的就是等比数列的计算方式，该方式也称为复利，计算公式为：本利和 = 本金 $\times (1+ 利率)^{存期}$。

信息技术

2. 排列与组合

排列、组合是组合学中最基本的概念，也是现在人们处理数据时常用的工具。所谓排列，就是指从给定个数的元素中取出指定个数的元素进行排序。组合则是指从给定个数的元素中仅仅取出指定个数的元素，不考虑排序。排列组合的中心问题是研究给定要求的排列和组合可能出现的情况总数。排列组合与古典概率论关系密切。

（1）计数原理

计数原理是人们通过大量的计数实践归纳出来的基本规律。它们是推导排列数和组合数公式的依据。计数原理包括加法原理和乘法原理。

① 加法原理：假如做一件事，有 n 种办法去完成它，在第一种办法中有 m_1 种不同的途径，在第二种办法中有 m_2 种不同的途径……在第 n 种办法中有 m_n 种不同的途径，那么完成这件事共有 $N=m_1+m_2+\cdots+m_n$ 种不同的方式。

② 乘法原理：假若做一件事，需要 n 个步骤来完成，完成第一步有 m_1 种不同的办法，完成第二步有 m_2 种不同的办法……完成第 n 步有 m_n 种不同的办法，则完成这件事有 $N=m_1\times m_2\times\cdots\times m_n$ 种不同的办法。

【例 B-1】书架上放有 3 本不同的数学书，2 本不同的文学书，5 本不同的历史书。

- 若从这些书中任取一本，有多少种不同的取法？
- 若从这些书中取数学书、文学书、历史书各一本，有多少种不同的取法？
- 若从这些书中取不同科目的两本书，有多少种不同的取法？

解析：

- 由于从书架上任取一本书，只需要一步就可以完成这件事，故只需分类。由于有 3 种类型的书，则有 3 种不同的取法，且每次可以选择不同的书，依据加法原理，得到的取法总数是：3+2+5=10（种）。
- 由于从书架上任取数学书、文学书、历史书各 1 本，需要分 3 个步骤完成这件事，故根据乘法原理，得到的取法种数是 $3\times2\times5=30$（种）。
- 由于从书架上任取不同科目的书两本，可以有 3 类情况（数学、文学各 1 本；数学、历史各 1 本；文学、历史各 1 本）而在每一类情况下又需要分两个步骤才能完成，因此依据加法与乘法两个原理，计算出共能得到的不同取法种数是 $3\times2+3\times5+2\times5=31$（种）。

（2）排列

从 n 个不同的样本元素中，任取 m（$m\leq n$，m 与 n 均为自然数，下同）个元素按照一定的顺序排成一列，叫作从元素中取出 m 个元素的一个排列。

排列数：从 n 个不同的元素中取出 $m(m\leq n)$ 个元素的所有排列的个数，叫作从 n 个不同元素中取出 m 个元素的排列数，用符号 A_n^m 表示。

计算公式：

$$A_n^m = n(n-1)(n-2)\cdots(n-m+1) = \frac{n!}{(n-m)!}$$

其中，0!=1（$n!$ 表示 n 的阶乘，即 $n(n-1)(n-2)\cdots1$）。

(3) 组合

从 n 个不同元素中，任取 $m(m \leq n)$ 个元素并成一组，叫作从 n 个不同元素中取出 m 个元素的组合数，用符号 C_n^m 表示。

计算公式：

$$C_n^m = \frac{A_n^m}{m!} = \frac{n!}{m!(n-m)!}$$

【例 B-2】给定一个集合 {1,2,3,4}，求任取 3 个数的排列数和组合数。

解析：任取 3 个数的排列数

$$A_4^3 = 4(4-1)(4-2) = 4 \times 3 \times 2 = 24$$

任取 3 个数的组合数

$$C_4^3 = \frac{A_4^3}{3!} = \frac{4!}{3!(4-3)!} = 4$$

集合 {1,2,3,4} 的不同排列组合如表 B-1 所示。

表 B-1 集合 {1,2,3,4} 的不同排列组合

任取 3 个数的组合数	任取 3 个数的排列数
123	123，132，213，231，312，321
124	124，142，214，241，412，421
134	134，143，314，341，413，431
234	234，243，342，324，423，432

从例 B-2 得知，排列与组合问题的关键区别在于排列是要考虑 m 个元素的排序问题，而组合是不用考虑顺序的。

3. 数据的简单统计

目前正处于大数据时代，我们身边的数据无处不在，如学生成绩、商品销售数量、股市数据等。统计正是依存这种数据而存在的一种实用科学，统计观点即任何数据都有一定的规律性，利用统计方法可以寻求数据中的内在联系，在现实生活中，统计知识广泛应用于各个角落，用统计知识来解决实际问题，可以更好地管理数据。

(1) 总体与样本

所要研究对象的全体叫作总体或称母体，组成总体的每个基本单位就是个体。总体具有同质性，每个个体具有共同的观察特征，而个体表现为某个数值是随机的，但它们取得某个数值的机会是不同的，也就是它们按一定的规律取值，取值与确定的概率相对应。总体往往是设想的或抽象的，它所包含的个体数目往往很大，甚至可以是无穷多的。

通常研究的对象是总体，并要求得到参数。但是总体包含的个体太多，个体的数据往往不能逐一测定。因而，一般只能从总体中抽取若干个个体来研究。这些从总体中所抽取的部分个体所组成的集合称为样本。测定样本中的各个个体而得的特征数，如样本平均数等，称为统计数。统计数是总体的相应参数的估计值。从样本估计总体，则要考虑样本的代表性。只有随机地从总体中抽取的样本，才能无偏地估计总体，这样的样本更能近似地代表总体。从总体中随机抽取的样本称为随机样本。样本

信息技术

中包含个体的数目称为样本容量,又称为样本大小。

例如,为了了解某工厂六月份生产的灯泡的寿命,从中测试了100个灯泡,则总体是六月份生产的灯泡的寿命的全体,个体是每只灯泡的寿命,样本是所抽取的100只灯泡的寿命,样本容量是100。

注意:样本容量是对于所研究的总体而言的,是在抽样调查中总体的一些抽样。不能说样本的数量就是样本容量,因为总体中的若干个个体只组成一个样本。样本容量不需要带单位,在假设检验里样本容量越大越好。但实际上不可能无穷大,就像研究中国人的体重不可能把所有中国人的体重都称一遍一样。

(2) 数值平均数

平均数是指在一组数据中用所有数据的总和除以数据的个数。平均数是表示一组数据集中趋势的量数,它是能够反映数据集中趋势的一项指标。常用的平均数指标有位置平均数和数值平均数。数值平均数通常采用一定的计算公式和计算方法进行数值计算得到,精确性较强,但抗干扰性较弱,容易受到异常值的影响,主要包括算术平均数、调和平均数和几何平均数。

① 算术平均数:简单算术平均数主要用来反映统计对象的一般情况,也可用它进行不同组数据的比较,从而看出组与组之间的差别。其计算公式如下:

$$算数平均数 \frac{总体标志总量}{总体单位总量}$$

加权算术平均数是具有不同比重的数据(或平均数)的算术平均数。加权算术平均数是将各组标志值乘以相应的各组单位数或权数求出各组标志总量,然后将其加总求得总体标志总量,最后用总体标志量除以总体单位总量。其计算公式如下:

$$加权算数平均数 = \frac{x_1 f_1 + x_2 f_2 + \cdots + x_n f_n}{f_1 + f_2 + \cdots + f_n} = \frac{\sum_{i=1}^{n} x_i f_i}{\sum_{i=1}^{n} f_i}$$

② 调和平均数:又称倒数平均数,是标志值倒数的平均数的倒数。它是用来解决在无法掌握总体单位数的情况下,只有每组的变量值和相应的标志量,而需要求得平均数时使用的一种计算方法。

$$调和平均数 = \frac{n}{\sum \frac{1}{X}}$$

③ 几何平均数:指各观察值连乘积的次方根。几何平均数多用于计算平均比率和平均速度,如平均利率、平均发展速度、平均合格率等。

$$几何平均数 = \sqrt[n]{X_1 \cdot X_2 \cdot \cdots \cdot X_n}$$

(3) 位置平均数

位置平均数是指按数据的大小顺序或出现频数的多少确定的集中趋势的代表值,通过数量标志值所处的位置确定,主要有众数、中位数等。

① 众数:指在一组数据中出现次数最多的那个数据,求一组数据的众数既不需要计算,也不需要排序,而只要着眼于各数据出现次数的频率即可。众数与概率有密切的关系,众数的大小只与这组数据中的部分数据有关。当一组数据中有不少数据多次重复出现时,其众数往往是我们关心的一种统计量。

② 中位数:是将一组数据按大小顺序依次排列,处在最中间位置的一个数(偶数个数据的最中间

位置的两个数的平均数)。中位数的大小仅与数据的排列位置有关，不受偏大和偏小数的影响，当一组数据中的个别数据变动较大时，可用它来描述这组数据的集中趋势。

中位数可以消除异常观测值的影响，在有些比赛（如体操比赛、歌手大赛）评分中，常常将裁判的评分去掉一个最高分，去掉一个最低分，然后再进行平均，这也是消除异常值的一种办法。

③ 方差和标准差：是测算离散趋势最重要、最常用的指标，是衡量源数据和期望值相差的度量值。在许多实际问题中，研究方差即偏离程度有着重要意义。

统计中的方差（样本方差）是每个样本值与全体样本值的平均数之差的平方值的平均数：

$$\text{样本方差} = \frac{1}{n}\left[(X_1 - \overline{X})^2 + (X_2 - \overline{X})^2 + \cdots + (X_n - \overline{X})^2\right]$$

样本方差的算术平方根叫作样本标准差。

$$\text{样本方差} = \sqrt{\frac{1}{n}\left[(X_1 - \overline{X})^2 + (X_2 - \overline{X})^2 + \cdots + (X_n - \overline{X})^2\right]}$$

样本方差和样本标准差都是衡量一个样本波动大小的量，当数据分布比较分散（即数据在平均数附近波动较大）时，方差或标准差越大；当数据分布比较集中时，方差或标准差则越小。标准差与方差不同的是，标准差和变量的计算单位相同，分析偏离程度时使用更多的是标准差。

4. 常用统计图表

统计图表是统计描述的重要工具，是在实际工作中展示数据的一种常用方法，它可以取代冗长的文字叙述，直观形象地反映事物之间的联系。

(1) 统计表

统计表是将原始数据用纵横交叉线条所绘制成的表格来表现统计资料的一种形式。它将统计资料按照一定的要求进行整理、归类，并按照一定的顺序把数据排列起来，使之系统化、条理化，让人感觉到数据的紧凑、简明与一目了然，也易于检查数据的完整性和正确性。统计表主要用数量将研究对象之间的相互关系、变化规律和差别显著地表示出来。

统计表的内容一般都包括总标题、横标题、纵标题、数字资料，要求能简明扼要地表达出表的中心内容。横标题是研究事物的对象，标识每一横行内数据的意义。纵标题是研究事物的指标，标识每一纵栏内数据的意义。数字资料是指各空格内按要求填写的数字，表内数字要求位置上下对齐、准确、小数点后所取位数也要上下一致。单位是指表格里数据的计量单位。制表日期放在表的右上角，表明制表的时间。

按项目的多少，统计表可分为简单表、分组表和复合表 3 种。只对某一个项目的数据进行统计的表格叫作简单表，它常用来比较互相独立的统计指标。

(2) 统计图

统计图一般是根据统计表的资料，用点、线、面或立体图像形象地表达其数量或变化动态。常用的统计图主要有柱形图、条形图、折线图、饼图、散点图、面积图、圆环图和雷达图等。

① 柱形图：显示一段时间内数据的变化，或显示不同项目之间的对比。主要有簇状柱形图、堆积柱形图和三维柱形图。

簇状柱形图用来比较相交于类别轴上的数值大小。水平方向表示类别，垂直方向表示各类别的值，

信息技术

强调值随时间的变化。

堆积柱形图用来比较相交于类别轴上的某一数值所占总数值的大小。

三维柱形图用来比较相交于类别轴和相交于系列轴的数值。

② 条形图:用来显示各个项目之间的对比。主要包括粗壮条形图和堆积条形图。

条形图用来比较相交于类别轴上的数值大小。水平方向表示类别,垂直方向表示各类别的值,强调值随时间的变化。

③ 折线图:按照相同间隔显示数据的趋势。它主要包括折线图、堆积折线图、百分比堆积折线图和三维折线图。

折线图用来显示随时间或类别而变化的趋势线,在每个数据值外还可以显示标记。

堆积折线图用来显示每一数值所占大小随时间或类别而变化的趋势线。

百分比堆积折线图用来显示每一数值所占百分比随时间或类别而变化的趋势线。三维折线图是带有三维效果的折线图。

④ 饼图:显示组成数据系列的项目在项目总和中所占的比例。饼图通常只显示一个数据系列,当希望强调数据中的某个重要元素时可以采用饼图。饼图主要包括圆饼图、分离型饼图、复合饼图和复合条饼图等子类型。

饼图用来显示每一数值相对于总数值的大小。分离型饼图显示每一数值相对于总数值的大小;复合饼图将用户定义的数值提取并组合进第二个饼图;复合条饼图将用户定义的数值提取并组合进另一堆积条形图中的饼图。

⑤ XY 散点图:显示若干数据系列中各数值之间的关系,或者将两组数绘制为 XY 坐标的一个系列。它主要包括散点图和折线散点图;散点图主要用来比较成对的数值;折线散点图主要用来显示随单位而变化的连续数据,非常适用于显示在相等时间间隔下数据的趋势。

⑥ 面积图:强调数量随时间而变化的程度,也可用于引起人们对总值趋势的注意。面积图显示数值随时间或类别而变化的趋势。三维面积图与面积图显示相同的内容,以三维格式显示数据。

⑦ 圆环图:主要用来显示各个部分与整体之间的关系,且可以包含多个数据系列。它包括圆环图和分离型圆环图两个子类型。

圆环图在圆环中显示数据,其中每个圆环代表一个数据系列。

分离型圆环图主要用来显示每一数值相对于总数值的大小,同时强调每个单独的数值。它与分离型饼图很相似,但是可以包含多个数据系列。

⑧ 雷达图。也称为网络图、蜘蛛图、星图、蜘蛛网图、不规则多边形、极坐标图或 Kiviat 图。雷达图可以在同一坐标系内展示多指标的分析比较情况。它是由一组坐标和多个同心圆组成的图表。雷达图分析法是综合评价中常用的一种方法,尤其适用于对多属性体系结构描述的对象做出全局性、整体性评价。

附录 C

《信息处理技术员》考试真题及答案

2018年上半年《信息处理技术员》考试上午真题

一、单选题（共75题，每题1分，共75分）

1. 以下关于数据处理的叙述中，不正确的是（ ）。
   A. 数据处理不仅能预测不久的未来，有时还能影响未来
   B. 数据处理和数据分析可以为决策提供真知灼见
   C. 数据处理的重点应从技术角度去发现和解释数据蕴涵的意义
   D. 数据处理是从现实世界到数据，再从数据到现实世界的过程
   正确答案：C

2. "互联网+制造"是实施《中国制造2025》的重要措施。以下对"互联网+制造"主要特征的叙述中，不正确的是（ ）。
   A. 数字技术得到普遍应用，设计和研发实现协同与共享
   B. 通过系统集成，打通整个制造系统的数据流、信息流
   C. 企业生产将从以用户为中心向以产品为中心转型
   D. 企业、产品和用户通过网络平台实现连接和交互
   正确答案：C

3. 信息技术对传统教育方式带来了深刻的变化。以下叙述中，不正确的是（ ）。
   A. 学习者可以克服时空障碍，实现随时、随地、随愿学习
   B. 给学习者提供宽松的、内容丰富的、个性化的学习环境
   C. 通过信息技术与学科教学的整合，激发学生的学习兴趣
   D. 教育信息化的发展使学校各学科全部转型为电子化教育
   正确答案：D

4. $n=1, 2, 3, …, 100$ 时，$[n/3]$ 共有（ ）个不同的数（$[a]$ 表示a的整数部分，例

[3.14]=3）。

  A. 33   B. 34   C. 35   D. 100

  正确答案：B

5. 某工厂共40人参加技能考核，平均成绩80分，其中男工平均成绩83分，女工平均成绩78分。该工厂参加技能考核的女工有（ ）人。

  A. 16   B. 18   C. 20   D. 24

  正确答案：D

6. （$a+b-|a-b|$）/2=（ ）。

  A. a B. b C. $\min(a,b)$ D. $\max(a,b)$

  正确答案：C

7. 在信息收集过程中，需要根据项目的目标把握数据（ ）要求，既不要纳入过多无关的数据，也不要短缺主要的数据；既不要过于简化，也不要过于烦琐。

  A. 适用性   B. 准确性   C. 安全性   D. 及时性

  正确答案：A

8. 许多企业常把大量暂时不用的过期数据分类归档转存于（ ）中。

  A. ROM   B. 移动硬盘   C. Cache   D. RAM

  正确答案：B

9. 信息传递的三个基本环节中，信息接收者称为（ ）。

  A. 信源   B. 信道   C. 信标   D. 信宿

  正确答案：D

10. 数据处理过程中，影响数据精度的因素不包括（ ）。

  A. 显示器的分辨率   B. 收集数据的准确度

  C. 数据的类型中   D. 对小数位数的指定

  正确答案：A

11. 某商场记录（统计）销售情况的数据库中，对每一种商品采用了国家统一的商品编码。这种种做法的好处不包括（ ）。

  A. 节省存储量 B. 确保唯一性 C. 便于人识别 D. 便于计算机处理

  正确答案：C

12. 某地区对高二学生举行了一次数学统考，并按"成绩-人数"绘制了分布曲线考试成绩呈（ ），分布比较合理。

  A. 比较平坦的均匀分布   B. 两头高中间低的凹型分布

  C. 大致逐渐降低的分布   D. 两头低中间高的正态分布

  正确答案：D

13. 数据分析工具的（ ）是指它能导入和导出各种常见格式的数据文件或分析结果。

  A. 硬件兼容性 B. 软件兼容性 C. 数据兼容性 D. 应用兼容性

  正确答案：C

14. 某数字校园平台的系统架构包括用户层和以下四层。制作各种可视化图表的工具属于（　　）。
    A. 基础设施层　　B. 支撑平台层　　C. 应用层　　D. 表现层
    正确答案：D

15. 微机 CPU 的主要性能指标不包括（　　）。
    A. 主频　　B. 字长　　C. 芯片尺寸　　D. 运算速度
    正确答案：C

16. I/O 设备表示（　　）。
    A. 录音播放设备　　B. 输入/输出设备　　C. 录像播放设备　　D. 扫描复印设备
    正确答案：B

17. 以下设备中，（　　）属于输出设备。
    A. 扫描仪　　B. 键盘　　C. 鼠标　　D. 打印机
    正确答案：D

18. （　　）不属于基础软件。
    A. 操作系统
    B. 办公软件
    C. 计算机辅助设计软件
    D. 通用数据库系统
    正确答案：C

19. 以下文件类型中，（　　）表示视频文件。
    A. wav　　B. avi　　C. jpg　　D. g
    正确答案：B

20. 以下关于 Windows 7 文件名的叙述中，（　　）是正确的。
    A. 文件名中间可包含换行符
    B. 文件名中可以有多种字体
    C. 文件名中可以有多种字号
    D. 文件名中可以有汉字和字母
    正确答案：D

21. 网络有线传输介质中，不包括（　　）。
    A. 双绞线　　B. 红外线　　C. 同轴电缆　　D. 光纤
    正确答案：B

22. 网络互联设备不包括（　　）。
    A. 集线器　　B. 路由器　　C. 浏览器　　D. 交换机
    正确答案：C

23. 以下关于电子邮件的叙述中，不正确的是（　　）。
    A. 发送电子邮件时，通信双方必须都在线
    B. 一封电子邮件可以同时发送给多个用户
    C. 可以通过电子邮件发送文字、图像、语音等信息
    D. 电子邮件比人工邮件传送迅速、可靠，且范范围更广
    正确答案：A

24. 在 Windows 7 运行时，为强行终止某个正在持续运行且没有互动反应的应用程序，可使用

信 息 技 术

【Ctrl+Alt+Delete】组合键启动（   ），选择指定的进程和应用程序，结束其任务。

  A. 引导程序 B. 控制面板 C. 任务管理器 D. 资源管理器

  正确答案：C

25. 以下关于文件压缩的叙述中，不正确的是（   ）。

  A. 文件压缩可以节省存储空间 B. 文件压缩可以缩短传输时间

  C. 文件压缩默认进行加密保护 D. 右击文件名可操作文件压缩或解压

  正确答案：C

26. 以下操作中属于触摸屏的操作是（   ）。

  A. 左键单击 B. 右键单击 C. 长按和滑动 D. 左右键双击

  正确答案：C

27. 黑屏是微机显示器常见的故障现象。发生黑屏时需要检查的项目不包括（   ）。

  A. 检查显示器电源开关是否开启，电源线连接是否良好

  B. 检查显示器信号线与机箱内显卡的连接是否良好

  C. 检查显示器亮度、对比度等按钮是否调在正常位置

  D. 检查操作系统与应用软件的输入/输出功能是否正常

  正确答案：D

28. 计算机使用了一段时间后，系统磁盘空间不足，系统启动时间变长，系统响应延迟，应用程序运行缓慢，此时，需要对系统进行优化。（   ）不属于系统优化工作。

  A. 清除系统垃圾文件 B. 升级操作系统和应用程序

  C. 关闭不需要的系统服务 D. 禁用额外自动加载的程序

  正确答案：B

29. 使用扫描仪的注意事项中不包括（   ）。

  A. 不要在扫描中途切断电源 B. 不要在扫描中途移动扫描原件

  C. 不要扫描带图片的纸质件 D. 平时不用扫描仪时应切断电源

  正确答案：C

30. 计算机唯一能够直接识别和处理的语言是（   ）。

  A. 机器语言 B. 汇编语言 C. 高级语言 D. 中级语言

  正确答案：A

31. （   ）接收每个用户的命令，采用时间片轮转方式处理服务请求，并通过交互方式在终端上向用户显示结果。

  A. 批处理操作系统 B. 分时操作系统

  C. 实时操作系统 D. 网络操作系统

  正确答案：B

32. 在控制面板中,（   ）可以查看系统的一些关键信息,如显示当前的硬件参数、调整视觉效果、调整索引选项、调整电源设置及磁盘清理等。

  A. 程序和功能 B. 个性化 C. 性能信息和工具 D. 默认程序

正确答案：C

33. Windows 7 不能将信息传送到剪贴板的方法是（　　）。
    A. 用"复制"命令把选定的对象送到剪贴板
    B. 用"剪切"命令把选定的对象送到剪贴板
    C. 按【Ctrl+V】组合键把选定的对象送到剪贴板
    D. 【Alt+PrintScreen】组合键把当前窗口送到剪贴板
    正确答案：C

34. Word 中"制表位"的作用是（　　）。
    A. 制作表格　　　B. 光标定位　　　C. 设定左缩进　　　D. 设定右缩进
    正确答案：B

35. 以下关于 Word "首字下沉"命令的叙述中，正确的是（　　）。
    A. 只能悬挂下沉　　　　　　　　B. 可以下沉三行字的位置
    C. 只能下沉三行　　　　　　　　D. 只能下沉一行
    正确答案：B

36. 在 Word 的绘图工具栏上选定矩形工具，按住（　　）按钮可绘制正方形。
    A. Tab　　　　B. Del　　　　C. Shift　　　　D. Enter
    正确答案：C

37. 在 Word 的编辑状态下，可以同时显示水平标尺和垂直标尺的视图模式是（　　）。
    A. 普通视图　　B. 页面视图　　C. 大纲视图　　D. 全屏显示模式
    正确答案：B

38. 在 Word（　　）模式下，随着输入新的文字，后面原有的文字将会被覆盖。
    A. 插入　　　　B. 改写　　　　C. 自动更正　　　　D. 断字
    正确答案：B

39. 在 Word 文档编辑中，使用（　　）选项卡中的"分隔符"命令，可以在文档中指定位置强行分页。
    A. 开始　　　　B. 插入　　　　C. 页面布局　　　　D. 视图
    正确答案：C

40. 在 Word 默认状态下，调整表格中的宽度可以利用（　　）进行调整。
    A. 水平标尺　　B. 垂直标尺　　C. 若干个空格　　D. 自动套用格式
    正确答案：A

41. 在 Word 中，打印页码 2，4 - 5，8，表示打印（　　）。
    A. 第 2 页、第 4 页、第 5 页、第 8 页　　　B. 第 2 页至第 4 页、第 5 页至第 8 页
    C. 第 2 页至第 5 页、第 8 页　　　　　　　D. 第 2 页至第 8 页
    正确答案：A

42. 在 Excel 中，单元格中的绝对地址在被复制或移动到其他单元格时，其单元格地址（　　）。
    A. 不会改变　　B. 部分改变　　C. 全部改变　　D. 不能复制
    正确答案：A

信 息 技 术

43. 在 Excel 中，（　　）不是计算 A1 到 A6 单元格中数据之和的公式。
    A．=A1+A2+A3+A4+A5+A6　　　　B．=SUM（A1:A6）
    C．=(A1+A2+A3+A4+A5+A6)　　　　D．=SUM（A1+A6）
    正确答案：D

44. 一个 Excel 文档对应一个（　　）。
    A．工作簿　　　　B．工作表　　　　C．单元格　　　　D．行或列
    正确答案：A

45. 在 Excel 中，若 A1 单元格中的值为 -1，B1 单元格中的值为 1，在 B2 单元格中输入 =TAN(SUM（A1：B1），则 B2 单元格中的值为（　　）。
    A．-1　　　　B．0　　　　C．1　　　　D．2
    正确答案：B

46. 在 Excel 中，若 A1 单元格中的值为 2，B1 单元格中的值为 3，在 A2 单元格中输入"=PRODUCT（A1：B1）"，按【Enter】键后，则 A2 单元格中的值为（　　）。
    A．4　　　　B．6　　　　C．8　　　　D．9
    正确答案：B

47. 在 Excel 中，若 A1 单元格中的值为 50，B1 单元格中的值为 60，若在 A2 单元格中输入"=IF（OR（A1>=60,B1>=60),"通过","不通过"）"，按【Enter】键后，则 A2 单元格中的值为（　　）。
    A．50　　　　B．60　　　　C．通过　　　　D．不通过
    正确答案：C

48. 在 Excel 中，若在 A1 单元格中的值为 9，在 A2 单元格中输入"=SQRT（A1）"按【Enter】键后，则 A2 单元格中的值为（　　）。
    A．0　　　　B．3　　　　C．9　　　　D．81
    正确答案：B

49. 在 Excel 中，利用填充柄可以将数据复制到相邻单元格中。若选择含有数值的上下相邻的两个单元格，左键向下拖动填充柄，则数据将以（　　）填充。
    A．等差数列　　　　B．等比数列　　　　C．上单元格数值　　　　D．下单元格数值
    正确答案：A

50. 在 Excel 中，设单元格 A1 中的值为 10，B1 中的值为 20，A2 中的值为 30，B2 中的值为 40，若在 A3 单元格中输入"=SUM（A1，B2）"，按【Enter】键后，A3 单元格中的值为（　　）。
    A．50　　　　B．60　　　　C．90　　　　D．100
    正确答案：A

51. 在 Excel 中，设单元格 A1 中的值为 -100，B1 中的值为 100，A2 中的值为 0 B2 中的值为 1，若在 C1 单元格中输入"=IF（A1+B1<=0，A2，B2）"，按【Enter】键后，C1 单元格中的值为（　　）。
    A．-100　　　　B．0　　　　C．1　　　　D．100
    正确答案：B

52. 在 PowerPoint 中，若想在一屏内观看多张幻灯片的大致效果，可采用的方法是（　　）。

A. 切换到幻灯片放映视图　　　　　B. 缩小幻灯片
C. 切换到幻灯片浏览视图　　　　　D. 切换到幻灯片大纲视图
正确答案：C

53. 为了查看幻灯片能否在 20 分钟内完成自动播放，需要为其设置（　　）。
A. 超链接　　　B. 动作按钮　　　C. 排练计时　　　D. 录制旁白
正确答案：C

54. 在 PowerPoint 中，超链接一般不可以链接到（　　）。
A. 文本文件的某一行　　　　　B. 某个幻灯片
C. 因特网上的某个文件　　　　D. 某个图像文件
正确答案：A

55. 设有关系 R、S、T 如下所示，则（　　）。

关系 R

工号	姓名	部门
0101	张成	行政
0102	何员	销售

关系 S

工号	姓名	部门
0107	李名	测试
0110	杨海	研发

关系 T

工号	姓名	部门
0101	张成	行政
0102	何员	销售
0107	李名	测试
0110	杨海	研发

A. $T=R \cap S$　　B. $T=R \cup S$　　C. $T=R/S$　　D. $T=R \times S$
正确答案：B

56. 单个用户使用的数据视图的描述属于（　　）。
A. 外模式　　　B. 概念模式　　　C. 内模式　　　D. 存储模式
正确答案：A

57. 数据库中只存放视图的（　　）。
A. 操作　　　B. 对应的数据　　　C. 定义　　　D. 限制
正确答案：C

58. 以下关于计算机网络协议的叙述中，不正确的是（　　）。
A. 网络协议就是网络通信的内容
B. 制定网络协议是为了保证数据通信的正确、可靠
C. 计算机网络的各层及其协议的集合，称为网络的体系结构
D. 网络协议通常由语义、语法、变换规则三部分组成
正确答案：A

59. OSI/RM 协议模型的最底层是（　　）。
A. 应用层　　　B. 网络层　　　C. 物理层　　　D. 传输层
正确答案：C

60. 人工智能（AI）时代，人类面临许多新的安全威胁。以下（　　）不属于安全问题。
A. AI 可能因为学习了有问题的数据而产生安全隐患或伦理缺陷

B. 黑客入侵可能利用 AI 技术使自动化系统故意犯罪，造成危害

C. 由于制度漏洞和监管不力，AI 系统可能面临失控，造成损失

D. AI 技术在某些工作、某些能力方面超越人类，淘汰某些职业

正确答案：D

61. 计算机感染病毒后常见的症状中，一般不包括（　　）。

    A. 计算机系统运行异常（如死机、运行速度降低、文件大小异常等）

    B. 外围设备使用异常（如系统无法找到外围设备，外围设备无法使用）

    C. 网络异常（如网速突然变慢，网络连接错误，许多网站无法访问）

    D. 应用程序计算结果异常（如输出数据过多或过少，过大或过小）

    正确答案：C

62. 面向社会服务的信息系统突发安全事件时所采取的技术措施中一般不包括（　　）。

    A. 尽快定位安全风险点，努力进行系统修复

    B. 将问题控制在局部范围内，不再向全系统扩散

    C. 关闭系统，切断与外界的信息联系，逐人盘查

    D. 全力挽回用户处理的信息，尽量减少损失

    正确答案：C

63. 《信息处理系统－开放系统互连－基本参考模型》（ISO7498－2:1989）属于（　　）。

    A. 国际标准　　　　B. 国家标准　　　　C. 行业标准　　　　D. 企业标准

    正确答案：A

64. 建立规范的信息处理流程的作用一般不包括（　　）。

    A. 使各个环节衔接井井有条，不重复，不遗漏

    B. 各步骤都有数据校验，保证信息处理的质量

    C. 减少设备的损耗，降低信息处理成本

    D. 明确分工和责任，出现问题便于追责

    正确答案：D

65. 一般来说，收集到的数据经过清洗后，还需要进行分类、排序等工作。这样做的好处主要是（　　）。

    A. 节省存储　　　B. 便于传输　　　C. 提高安全性　　　D. 便于查找

    正确答案：D

66. 在大型分布式信息系统中，为提高信息处理效率，减少网络拥堵，信息存储的原则是：数据应尽量（　　）。

    A. 集中存储在数据中心　　　　　　B. 分散存储在数据产生端

    C. 靠近数据使用端存储　　　　　　D. 均衡地存储在各个终端

    正确答案：B

67. 某社区有 12 个积极分子 A～L，他们之间的联系渠道见下图。居委会至少需要通知他们之中（　　）个人，才能通过联系渠道通知到所有积极分子。

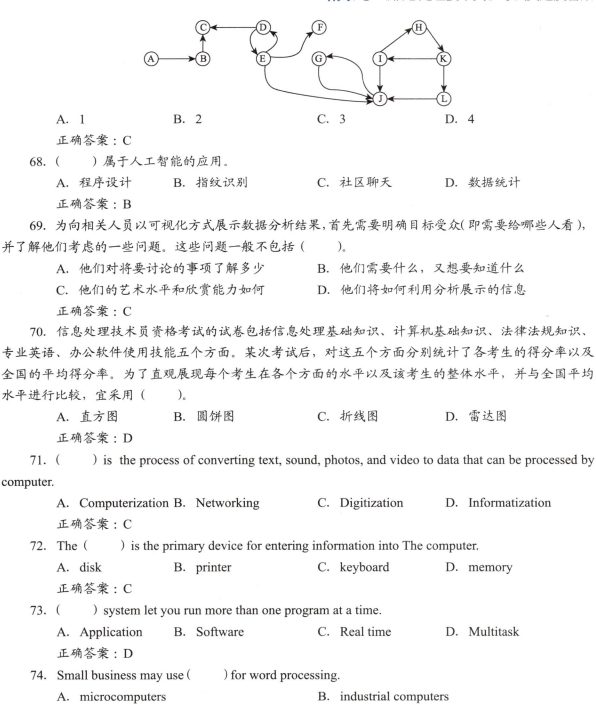

A. 1 B. 2 C. 3 D. 4

正确答案：C

68. （　）属于人工智能的应用。

   A. 程序设计　　B. 指纹识别　　C. 社区聊天　　D. 数据统计

   正确答案：B

69. 为向相关人员以可视化方式展示数据分析结果，首先需要明确目标受众（即需要给哪些人看），并了解他们考虑的一些问题。这些问题一般不包括（　）。

   A. 他们对将要讨论的事项了解多少　　B. 他们需要什么，又想要知道什么
   C. 他们的艺术水平和欣赏能力如何　　D. 他们将如何利用分析展示的信息

   正确答案：C

70. 信息处理技术员资格考试的试卷包括信息处理基础知识、计算机基础知识、法律法规知识、专业英语、办公软件使用技能五个方面。某次考试后，对这五个方面分别统计了各考生的得分率以及全国的平均得分率。为了直观展现每个考生在各个方面的水平以及该考生的整体水平，并与全国平均水平进行比较，宜采用（　）。

   A. 直方图　　B. 圆饼图　　C. 折线图　　D. 雷达图

   正确答案：D

71. （　） is the process of converting text, sound, photos, and video to data that can be processed by computer.

   A. Computerization　B. Networking　C. Digitization　D. Informatization

   正确答案：C

72. The (　) is the primary device for entering information into The computer.

   A. disk　　B. printer　　C. keyboard　　D. memory

   正确答案：C

73. (　) system let you run more than one program at a time.

   A. Application　B. Software　C. Real time　D. Multitask

   正确答案：D

74. Small business may use (　) for word processing.

   A. microcomputers　　　　B. industrial computers
   C. mainframe computers　　D. supercomputers

   正确答案：A

75. Once you've made the Internet connection, you can send (　) to any of computer user all around the world.

A. e-mail　　　　B. WWW　　　　C. browse　　　　D. web station

正确答案：A

2018年上半年《信息处理技术员》考试下午真题

第1题（案例题）：

利用系统提供的素材，按题目要求完成后，用 Word 的保存功能直接存盘。

玫瑰花

梅桂原产中国，栽培历史悠久，在植物分类学上是一种蔷薇科蔷薇属灌木，在日常生活中是蔷薇属一系列花大艳丽的栽培品种的统称，这些栽培品种亦可称作现代月季或现代蔷薇。梅桂果实可食，无糖，富含维生素 C,常用于香草茶、果酱、果冻、果汁和面包等，亦有瑞典汤、蜂蜜酒。梅桂长久以来就象征着美丽和爱情。古希腊和古罗马民族用梅桂象征着他们的爱神阿芙罗狄蒂、维纳斯。梅桂在希腊神话中是宙斯所创造的杰作，用来向诸神炫耀自己的能力。

1. 将文中的"梅桂"（标题及小标题中的除外）替换为加粗的"玫瑰"。
2. 将文章标题"玫瑰花"设置为隶书、标准色中的红色、二号字、粗体，水平居中，段前、段后间距为1行。
3. 设置页边距上、下为2厘米；左、右为2.5厘米；页眉、页脚距边界均为1.3厘米；纸张大小为A4。
4. 设置页眉为"玫瑰介绍"，字体为宋体、五号、水平居中；在页脚插入页码；样式：加粗显示的数字，"第 X 页共 Y 页"（X 表示当前页数，Y 表示总页数），水平居中。
5. 在正文第一自然段后另起行录入第二段文字：干品玫瑰花略呈半球形或不规则团状，直径1~2.5 cm。花托半球形，与花萼基部合生；萼片5，披针形，黄绿色或棕绿色，被有细柔毛；花瓣多皱缩，展平后宽卵形，呈覆瓦状排列，紫红色，有的黄棕色；雄蕊多数，黄褐色。体轻，质脆。气芳香浓郁，味微苦涩。

参考答案：

第2题（案例题）：

1. 用 Word 软件制作如下图所示的个人简历。按题目要求完成后,用 Word 的保存功能直接存盘。

2. 将标题设置为楷体、二号、加粗、居中；其他文字设置为宋体、五号。

个人简历

就业方向						
个人资料						
姓名		性别		民族	年龄	
籍贯				专业		
政治面貌				爱好		
电子邮箱				联系电话		
自我评价						
教育背景						
个人能力						
社会及校内实践						
所获证书及奖项						

参考答案：

个人简历

就业方向						
个人资料						
姓名		性别		民族	年龄	
籍贯				专业		
政治面貌				爱好		
电子邮箱				联系电话		
自我评价						
教育背景						
个人能力						
社会及校内实践						
所获证书及奖项						

信 息 技 术

第3题（案例题）：

在Excel的Sheet1工作表的A1: F11单元格区域内创建"学生成绩表"（内容如下图所示）。按题目要求完成之后，用Excel的保存功能直接存盘。

学生成绩表

序号	姓名	数学	外语	政治	总分
1	王立萍	50	80	80	
2	刘嘉林	90	70	60	
3	李莉	80	100	70	
4	王华	70	60	90	
5	李民	60	90	50	
6	张亮	80	70	80	
平均分					
所占百分比					
难度系数					

1. 表格要有可视的边框，并将表中的文字设置为宋体、12磅、鱼、居中。
2. 用函数计算总分。
3. 用函数计算平均分，计算结果保留1位小数。
4. 用公式计算所占百分比，所占百分比 = 平均分 / 100, 计算结果保留3位小数。
5. 用公式计算难度系数, 难度系数 =1- 所占百分比, 计算结果保留3位小数。

参考答案：

学生成绩表

序号	姓名	数学	外语	政治	总分
1	王立萍	50	80	80	210
2	刘嘉林	90	70	60	220
3	李莉	80	100	70	250
4	王华	70	60	90	220
5	李民	60	90	50	200
6	张亮	80	70	80	230
平均分		71.7	78.3	71.7	
所占百分比		0.717	0.783	0.717	
难度系数		0.283	0.217	0.283	

第4题（案例题）：

利用系统提供的资料，用PowerPoint创意制作演示文稿。按照题目要求完成后，用PowerPoint的保存功能直接存盘。

资料：

魏庐

魏庐位于花港观鱼公园西侧，南临著名的牡丹亭，整座魏庐的最高处是木结构瓦顶的八角重檐。

附录 C 《信息处理技术员》考试真题及答案

无论从哪个角度看这个八角重檐的顶,都只能看到一部分。这种顶在园林建筑中被称为"攒尖顶"。自亭前往北,一眼望去青山葱翠,碧水悠悠,是一处望尽西湖胜景的绝佳之地。体现建筑与植物、山水的和谐共生的意境。

1. 标题设置为 40 磅、楷体、居中。
2. 正文内容设置为 24 磅、宋体。
3. 演示文稿设置旋转动画效果。
4. 为演示文稿插入页眉,内容为"魏庐"

参考答案:

第 5 题(案例题):

在 Excel 的 Sheet1 工作表的 A1: G16 单元格内创建跳远预赛成绩表(内容如下图所示)。按题目要求完成后,用 Excel 的保存功能直接存盘。(表格没创建在指定区域将不得分)

跳远预赛成绩表						
运动员编号	成绩 / 米			最优成绩	名次	是否进入决赛
	第 1 跳	第 2 跳	第 3 跳			
1001	4.03	4.47	5.00			
1002	5.03	4.23	3.87			
1003	5.28	5.18	5.21			
1004	5.40	5.35	5.42			
1005	3.82	4.26	4.58			
1006	5.34	5.20	5.24			
1007	5.40	5.31	5.45			
1008	5.36	5.40	4.97			
1009	3.68	5.06	4.34			
1010	4.11	4.31	4.14			
1011	3.57	5.17	3.78			
1012	5.41	5.34	5.41			
最优成绩对应的运动员编号						

信 息 技 术

1. 表格要有可视的边框，并将文字设置为宋体、16磅、居中。
2. 在对应单元格内用 MAX 函数计算每名运动员预赛的最优成绩。
3. 在对应单元格内用 RANK 函数和绝对引用计算每名运动员最优成绩的名次。
4. 在对应单元格内用 IF 函数计算运动员是否进入决赛，在其对应单元格内显示"是"，否则不显示任何内容。按照规则，名次位于前6名的运动员进入决赛。
5. 在对应单元格内用 INDEX、MATCH、MAX 函数计算出预赛最优成绩对应的运动员编号。

参考答案：

跳远预赛成绩表						
运动员编号	成绩/米			最优成绩	名次	是否进入决赛
	第1跳	第2跳	第3跳			
1001	4.03	4.47	5.00	5.00	10	
1002	5.03	4.23	3.87	5.03	9	
1003	5.28	5.18	5.21	5.28	6	是
1004	5.40	5.35	5.42	5.42	2	是
1005	3.82	4.26	4.58	4.58	11	
1006	5.34	5.20	5.24	5.34	5	是
1007	5.40	5.31	5.45	5.45	1	是
1008	5.36	5.40	4.97	5.40	4	是
1009	3.68	5.06	4.34	5.06	8	
1010	4.11	4.31	4.14	4.31	12	
1011	3.57	5.17	3.78	5.17	7	
1012	5.41	5.34	5.41	5.41	3	是
最优成绩对应的运动员编号				1007		

2018年下半年《信息处理技术员》考试上午真题

一、单选题（共75题，每题1分，共75分）

1. 以下关于数字经济的叙述中，（　　）并不正确。
    A. 数字经济以数据作为关键生产要素，以数字技术作为其经济活动的标志
    B. 数字经济具有数字化、网络化、智能化、知识化、全球化特征
    C. 数字经济以虚拟经济代替实体经济，与市场经济互斥
    D. 数字经济采用"互联网＋创新2.0"改革传统工业经济

正确答案：C

2. （　　）是按照科学的城市发展理念，利用新一代信息技术，通过人、物、城市功能系统之间的无缝连接与协同联动，实现自感知、自适应、自优化，形成安全、便捷、高效、绿色的城市形态。
    A. 智慧城市　　　B. 环保城市　　　C. 数字城市　　　D. 自动化城市

正确答案：A

附录 C 《信息处理技术员》考试真题及答案

3. 企业实现移动信息化的作用不包括（　　）。
   A. 企业职工使用移动设备代替台式计算机，降低企业成本
   B. 加强与客户互动沟通，实现在线支付，提高客户满意度
   C. 有利于实现按需生产，产销一体化运作，提高经济效益
   D. 决策者随时随地了解社会需求和企业经营情况，快速决策
   正确答案：C

4. 某博物馆将所有志愿者分成 A、B、C、D 四组（每个志愿者只能分配到一个组）。已知 A 组和 B 组共有 80 人，B 组和 C 组共有 87 人，C 组和 D 组共有 92 人，据此可以推断，A 组和 D 组共有（　　）人。
   A. 83　　　　B. 84　　　　C. 85　　　　D. 86
   正确答案：C

5. 某班级有 40 名学生，本次数学考试大多在 80 分上下。老师为了快速统计平均分，对每个学生的分数按 80 分为基准，记录其相对分（多出的分值用正数表示，减少的分值用负数表示，恰巧等于 80 分时用 0 表示），再统计出各种相对分的人数，如下表。

相对分	-10	-6	-2	0	+2	+5	+6	+10
人数	1	5	8	10	8	4	3	1

根据上表可推算出，这次考试全班的平均分为（　　）
   A. 79.8　　　　B. 80.0　　　　C. 80.2　　　　D. 80.4
   正确答案：C

6. 某商场购进了一批洗衣机，加价 25% 销售了 60% 后，在此基础上再打 8 折销完，则这批洗衣机的总销售收入相对于进价总额的利润率为（　　）。
   A. 15%　　　　B. 17.5%　　　　C. 20%　　　　D. 22.5%
   正确答案：A

7. 大数据来源大致可以分为两类：一类来自于物理实体世界的科学数据，另一类来自于人类社会活动。以下数据中，（　　）属于前一类数据。
   A. 社交网络上的数据　　　　B. 传感器收集的数据
   C. 上网操作行为轨迹　　　　D. 电子商务交易数据
   正确答案：B

8. 在收集、整理、存储大数据时，删除重复数据的作用不包括（　　）。
   A. 释放存储空间，提高存储利用率　　　　B. 节省存储成本与管理成本
   C. 有效控制备份数据的急剧增长　　　　D. 提高数据存储的安全性
   正确答案：D

9. 数据加工处理的目的不包括（　　）。
   A. 提升数据质量，包括精准度和适用度　　　　B. 筛选数据，使其符合企业发展的预想
   C. 分类排序，使检索和查找快捷、方便　　　　D. 便于分析，降低复杂度，减少计算量
   正确答案：B

10. 数据（　　）是将数据以图形图像形式表示，并利用数据分析工具发现其中未知信息的处理过程。

　　A. 可视化　　　　B. 格式化　　　　C. 形式化　　　　D. 业务化

　　正确答案：A

11. 目前最常见的用户界面是（　　）。

　　A. 命令行界面　　B. 字符用户界面　　C. 图形用户界面　　D. 自然用户界面

　　正确答案：C

12. 以下关于新型办公系统文档编制的叙述中，（　　）并不正确。

　　A. 可以实现文档编制过程的模板化和规范化

　　B. 可建立文档基础资源库，有利于文档复用

　　C. 将编制文档转变为填文档和改文档的过程

　　D. 可以根据输入的主题自动编制完整的文档

　　正确答案：D

13. （　　）不是信息系统的功能。

　　A. 定制个性化操作界面　　　　　　B. 将二手数据转换成原始数据

　　C. 录入数据时自动进行校验　　　　D. 根据用户习惯进行智能化检索

　　正确答案：B

14. 信息系统运行过程中的数据备份工作不包括（　　）。

　　A. 每天必须对新增加的或更改过的数据进行备份

　　B. 为便于恢复，数据应备份到数据正本所在硬盘

　　C. 为查找更快捷，应定期对数据的索引进行调整

　　D. 应将暂时不用的数据转入档案数据库进行存档

　　正确答案：B

15. 与针式打印机和喷墨打印机相比，激光打印机的特点不包括（　　）

　　A. 打印质量高　　B. 打印速度快　　C. 噪声低　　D. 价格便宜

　　正确答案：D

16. （　　）不属于移动终端设备。

　　A. 台式计算机　　B. 平板计算机　　C. 笔记本计算机　　D. 智能手机

　　正确答案：A

17. 个人计算机上的USB接口通常并不用于连接（　　）。

　　A. 键盘　　　　B. 显示器　　　　C. 鼠标　　　　D. U盘

　　正确答案：B

18. 操作系统的资源管理功能不包括（　　）。

　　A. CPU管理　　B. 存储管理　　C. I/O设备管理　　D. 数据库管理

　　正确答案：D

19. Windows 7系统运行时，右击某个对象经常会弹出（　　）。

A. 下拉菜单　　　　B. 快捷菜单　　　　C. 窗口菜单　　　　D. 开始菜单
正确答案：B

20. Windows 7 中的文件命名规则不包括（　　）。
    A. 文件名中可以有汉字　　　　　　B. 文件名中区分大小写字母
    C. 文件名中可以有符号"—"　　　　D. 文件的扩展名代表文件类型
    正确答案：B

21. 互联网协议第6版（IPv6）采用（　　）位二进制数表示IP地址，是IPv4地址长度的4倍，号称可以为全世界每一粒沙子编上一个网址。
    A. 32　　　　　B. 64　　　　　C. 128　　　　　D. 256
    正确答案：C

22. 在网络传输介质中，（　　）是高速、远距离数据传输最重要的传输介质，不受任何外界电磁辐射的干扰。
    A. 双绞线　　　B. 同轴电缆　　　C. 光纤　　　　D. 红外线
    正确答案：C

23. 计算机网络中，防火墙的功能不包括（　　）。
    A. 防止某个设备的火灾蔓延到其他设备
    B. 对网络存取以及访问进行监控和审计
    C. 根据安全策略实施访问限制，防止信息外泄
    D. 控制网络中不同信任程度区域间传送的数据流
    正确答案：A

24. 在Windows 7系统运行时，用户为了获得联机帮助，可以直接按功能键（　　）。
    A. F1　　　　　B. F2　　　　　C. F3　　　　　D. F4
    正确答案：A

25. Windows 7中可以通过（　　）设置计算机硬软件的配置，满足个性化的需求。
    A. 文件系统　　B. 资源管理器　　C. 控制面板　　D. 桌面
    正确答案：C

26. 台式计算机在设置的等待时间内，如果用户没有进行任何操作，将启动（　　）。
    A. 资源管理器　B. 屏幕保护程序　C. 控制面板　　D. 文件系统
    正确答案：B

27. 以下关于机房环境检测与维护的叙述中，不正确的是（　　）。
    A. 保证维持合适的室内温度　　　　B. 为防止静电干扰，相对湿度不高于20%
    C. 保证空气的纯净度　　　　　　　D. 保证电源电压稳定
    正确答案：B

28. 硬件故障可分为"真"故障和"假"故障两种。（　　）属于"假"故障。
    A. 主机元件电路故障　　　　　　　B. 机箱内风扇不转
    C. 键盘有些按键失灵　　　　　　　D. 内存条没有插紧
    正确答案：D

信 息 技 术

29. 同一台计算机上同时运行多种杀毒软件的结果不包括（　　）。
    A. 不同的软件造成冲突　　　　　　　　B. 系统运行速度减慢
    C. 占用更多的系统资源　　　　　　　　D. 清除病毒更为彻底
    正确答案：D

30. 计算机软件系统由（　　）组成。
    A. 操作系统和语言处理系统　　　　　　B. 数据库软件和管理软件
    C. 程序和数据　　　　　　　　　　　　D. 系统软件和应用软件
    正确答案：D

31. Windows 7 属于（　　）。
    A. 操作系统　　　B. 文字处理系统　　　C. 数据库系统　　　D. 应用软件
    正确答案：A

32. 计算机中的数据是指（　　）。
    A. 数学中的实数　　　　　　　　　　　B. 数学中的整数
    C. 字符　　　　　　　　　　　　　　　D. 一组可以记录、可以识别的记号或符号
    正确答案：D

33. 微型计算机的系统总线是 CPU 与其他部件之间传送（　　）信息的公共通道。
    A. 输入、输出、运算　　　　　　　　　B. 输入、输出、控制
    C. 程序、数据、运算　　　　　　　　　D. 数据、地址、控制
    正确答案：D

34. 在 Word 2010 编辑状态下，打开 MyDoC.DOCX 文档，若要把编辑后的文档以文件名 "W1.htm" 存盘，可以执行"文件"菜单中的（　　）命令。
    A. 保存　　　B. 另存为　　　C. 准备　　　D. 发送
    正确答案：B

35. 在 Word 2010 中进行"段落设置"，若设置"右缩进1厘米"，则其含义是（　　）。
    A. 对应段落的首行右缩进1厘米
    B. 对应段落除首行外，其余行都右缩进1厘米
    C. 对应段落的所有行在右页边距1厘米处对齐
    D. 对应段落的所有行都右缩进1厘米
    正确答案：D

36. 在 Word 2010 窗口的编辑区，闪烁的一条竖线表示（　　）。
    A. 鼠标图标　　　B. 光标位置　　　C. 拼写错误　　　D. 按钮位置
    正确答案：B

37. 若 Word 2010 菜单命令右边有 *-" 符号，表示（　　）。
    A. 该命令不能执行　　　　　　　　　　B. 单击该命令后，会弹出一个"对话框"
    C. 该命令已执行　　　　　　　　　　　D. 该命令后有级联菜单
    正确答案：B

38. 在 Word 2010 中，（   ）内容在普通视图下可看到。
    A. 文档　　　　B. 页脚　　　　C. 自选图形　　　　D. 页眉
    正确答案：A

39. 在 Word 2010 中，下列关于文档窗口的叙述，正确的是（   ）。
    A. 只能打开一个文档窗口
    B. 可以同时打开多个文档窗口，被打开的窗口都是活动窗口
    C. 可以同时打开多个文档窗口，但其中只有一个是活动窗口
    D. 可以同时打开多个文档窗口，但在屏幕上只能见到一个文档窗口
    正确答案：C

40. WPS 文字的"字体"对话框中，不能设置的字符格式是（   ）。
    A. 更改颜色　　　B. 字符大小　　　C. 加删除线　　　D. 三维效果
    正确答案：D

41. 在 WPS 文字中，由"字体""字号""粗体""斜体""两端对齐"等按钮组成的工具栏是（   ）。
    A. 绘图工具栏　　B. 常用工具栏　　C. 格式工具栏　　D. 菜单栏
    正确答案：C

42. 下列关于 Excel 2010 的叙述中，不正确的是（   ）。
    A. Excel 2010 是表格处理软件
    B. Excel 2010 不具有数据库管理能力
    C. Excel 2010 具有报表编辑、分析数据、图表处理、连接及合并等能力
    D. 在 Excel 2010 中可以利用宏功能简化操作
    正确答案：B

43. 在 WPS 表格中，若单元格中出现"#DIV/0!"，则表示（   ）。
    A. 没有可用数值　　　　　　　　B. 结果太长，单元格容纳不下
    C. 公式中出现除零错误　　　　　D. 单元格引用无效
    正确答案：C

44. 在 Excel 2010 中，C3:C7 单元格中的值分别为 10、OK. 20、YES 和 48，在 D7 单元格中输入函数"=COUNT(C3:C7)"，按【Enter】键后，D7 单元格中显示的值为（   ）。
    A. 1　　　　B. 2　　　　C. 3　　　　D. 5
    正确答案：C

45. 在 Excel 2010 中，A1 单元格的值为 18，在 A2 单元格中输入公式"=IF (A1>20, " 优 ", IF(A1>10," 良 "," 差 "))"，按【Enter】键后，A2 单元格中显示的值为（   ）。
    A. 优　　　　B. 良　　　　C. 差　　　　D. #NAME?
    正确答案：B

46. 在 Excel 2010 中，若要计算出 B3:E6 区域内的数据的最大值并保存在 B7 单元格中，应在 B7 单元格中输入（   ）。

A. =MIN (B3:E6)   B. =MAX (B3:E6)
C. =COUNT (B3:E6)   D. =SUM(B3:E6)。
正确答案：B

47. 在 Excel 2010 中，若 A1 单元格中的值为 5，在 B2 和 C2 单元格中分别输入 ="A1"+8 和 =A1+8，则（ ）。

A. B2 单元格中显示 5，C2 单元格中显示 8
B. B2 和 C2 单元格中均显示 13
C. B2 单元格中显示 #VALUEI，C2 单元格中显示 13
D. B2 单元格中显示 13，C2 单元格中显示 #VALUE!
正确答案：C

48. 在 Excel 2010 的 s1 单元格中输入函数 "*=ASS (ROIND (-1.478, 2))"，按【Enter】键后，A1 单元格中的值为（ ）。

A. -1.478   B. 1.48   C. -1.48   D. 1.5
正确答案：B

49. 为在 Excel 2010 的 A1 单元格中生成一个 60～100 之间的随机数，则应在 A1 单元格中输入（ ）。

A. =RAND()* (100 60) +60   B. =RAND()*(100-60) +40
C. =RAND()*(100-60)   D. =RAND(100)
正确答案：A

50. 在 Excel 2010 的 A1 单元格中输入函数 "=IF(1<>2, 1,2)"，按【Enter】键后，A1 单元格中的值为（ ）。

A. TRUE   B. FALSE   C. 1   D. 2
正确答案：C

51. 若在 Excel 2010 的 A2 单元格中输入 "=POWER(MIN(-2, -1,1,2),3)"，按【Enter】键后，A2 单元格中显示的值为（ ）。

A. -1   B. -8   C. 1   D. 4
正确答案：B

52. 在 PowerPoint 2010 中，幻灯片（ ）是一张特殊的幻灯片，包含已设置格式的占位符。这些占位符是为标题、主要文本和所有幻灯中出现的背景项目而设置的。

A. 模板   B. 母版   C. 版式   D. 样式
正确答案：B

53. 在 PowerPoint2010 中，将一张幻灯片中的图片及文本框设置成一致的动画显示效果后，( )。

A. 图片有动画效果，文本框没有动画效果
B. 图片没有动画效果，文本框有动画效果
C. 图片有动画效果，文本框也有动画效果
D. 图片没有动画效果，文本框也没有动画效果
正确答案：C

附录 C 《信息处理技术员》考试真题及答案

54. 某一个 PPTX 文档，共有 8 张幻灯片，现选中第 4 张幻灯片，改变幻灯片背景设置后，单击"应用"按钮，则（   ）。
    A. 第 4 张幻灯片的背景被改变
    B. 从第 4 张到第 8 张的幻灯片背景都被改变
    C. 从第 1 张到第 4 张的幻灯片背景都被改变
    D. 除第 4 张外的其他 7 张幻灯片背景都被改变
    正确答案：A

55. 下列关于索引的叙述中，正确的是（   ）。
    A. 同一个表可以有多个唯一索引，且只能有一个主索引
    B. 同一个表只能有一个唯一索引，且只能有一个主索引
    C. 同一个表可以有多个唯一索引，且可以有多个主索引
    D. 同一个表只能有一个唯一索引，且可以有多个主索引
    正确答案：A

56. 要在数据库表中查找年龄超过 40 岁的女性，应使用（   ）运算。
    A. 连接   B. 关系   C. 选择   D. 投影
    正确答案：C

57. 如果表 A 和表 B 中有公共字段，且该字段在表 B 中称为主键，则该字段在表 A 中称为（   ）。
    A. 主键   B. 外键   C. 属性   D. 域
    正确答案：B

58. HTTP 是（   ）。
    A. 高级程序设计语言   B. 超文本传输协议
    C. 域名   D. 网址超文本传输协议
    正确答案：B

59. （   ）不属于云计算的特点。
    A. 超大规模   B. 虚拟化   C. 私有化   D. 高可靠性
    正确答案：C

60. 信息系统的安全环节很多，其中最薄弱的环节是（   ），最需要在这方面加强安全措施。
    A. 硬件   B. 软件   C. 数据   D. 人
    正确答案：D

61. （   ）不属于信息安全技术。
    A. 加密/解密   B. 入侵检测/查杀病毒
    C. 压缩/解压   D. 指纹识别/存取控制
    正确答案：C

62. 在使用计算机的过程中应增强的安全意识中不包括（   ）。
    A. 密码最好用随机的六位数字   B. 不要点击打开来历不明的链接
    C. 重要的数据文件要及时备份   D. 不要访问吸引人的非法网站
    正确答案：A

63. 标准化的作用不包括（　　）。
    A. 项目各阶段工作有效衔接　　　　B. 提高项目管理的整体水平
    C. 保障系统建设科学的预期　　　　D. 充分发挥各成员的创造性
    正确答案：D

64. 《信息安全技术云计算服务安全指南》(GB/T 31167—2014) 属于（　　）。
    A. 国际标准　　B. 国家强制标准　　C. 国家推荐标准　　D. 行业标准
    正确答案：C

65. 某商场统计了每个月的销售总额，坚持了多年，每次公布上月销售额时，还都采用同比和环比概念与历史数据进行对比。以下叙述中，正确的是（　　）。
    A. 今年9月的销售额与去年9月相比的增长率，属于环比
    B. 今年9月的销售额与今年8月相比的增长率，属于同比
    C. 环比体现了较短期的趋势，同比体现了较长期的趋势
    D. 同比往往受旺季和淡季影响而失去比较意义
    正确答案：C

66. 某学校起草的对信息化教学资源的格式要求中，（　　）有错误。
    A. 文本素材使用 Word、Excel 或 POF 格式
    B. 彩色图像采用真彩色(8位色)
    C. 音频采用 MP3 格式，视频采用 FLV 或 MP4 格式
    D. 动画采用 GIF 或 Flash 格式
    正确答案：B

67. 某企业要求将各销售部门上月的销售额制作成图表，（　　）能直观形象地体现各销售部门的业绩以及在企业总销售额中的比例。
    A. 饼图　　　　B. 折线图　　　　C. 条形图　　　　D. 直方图
    正确答案：A

68. 下图是某国多年来统计的出生人数和死亡人数曲线图。从图中看出,该国从（　　）年以后,死亡人数超过了出生人数,出现了人口危机。
    A. 1970　　　　B. 1973　　　　C. 2003　　　　D. 2008

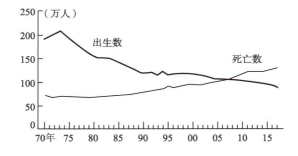

    正确答案：D

69. 根据某机构的统计与推测，我国人口中男性和女性各个年龄的百分比如下图。根据该图，以

下叙述中正确的是（　　）。

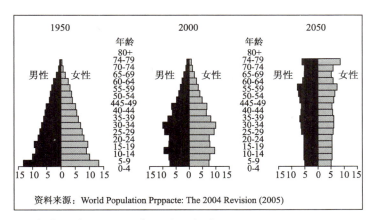

A. 20世纪50年代初期，0～4岁孩子约占总人口 13%
B. 21世纪初，我国三十多岁青年约占总人口 20%
C. 21世纪中期，我国 0~4 岁孩子占比将降到 5%
D. 21世纪中期，我国 80 岁以上的女性将占 10%
正确答案：C

70. 信息处理技术员需要具备的技能中，一般不包括（　　）。
A. 能利用有关的数据处理软件来处理和展现数据
B. 对数据有较强的敏感度，能及时发现一些问题
C. 能利用有关的程序语言编写数据分析处理程序
D. 能从业务角度向领导解释数据分析处理的结果
正确答案：C

71. （　　） is very fast storage used to hold data. It connects directly to the microprocessor.
A. CPU　　　B. Memory　　　C. Disk　　　D. I/0 device
正确答案：B

72. （　　） is the basic software that allows the user to interface with the computer.
A. Display　　　B. Application　　　C. Screen　　　D. Operating System
正确答案：D

73. A（　　） is a copy of a file for use in the event of failure or loss of the original.
A. second storage　　B. buffer　　　C. backup　　　D. database
正确答案：C

74. When you move the mouse pointer to a（　　）, the pointer's shape usually changes to a pointing hand.
A. hyperlink　　　　　　　B. selected text
C. selected graphic　　　　D. web page
正确答案：A

75. Web pages are viewed with (   ).
   A. application   B. browser   C. OS   D. DBMS

   正确答案：B

2018 年下半年《信息处理技术员》考试下午真题

第 1 题（案例题）：

利用系统提供的素材，按题目要求完成后，用 Word 的保存功能直接存盘。

PM2.5

PM2.5，中文名称为细颗粒物，指环境空气中直径小于等于 25 微米的颗粒物，也称可入肺颗粒物。它能较长时间悬浮于空气中，其在空气中含量（浓度）越高，就代表空气污染越严重。虽然 PM2.5 只是地球大气成分中含量很少的组分，但它对空气质量和能见度等有重要的影响。与较粗的大气颗粒物相比，PM2.5 粒径小，活性强，易附带有毒、有害物质（例如，重金属、微生物等），且在大气中的停留时间长、输送距离远，因而对人体健康和大气环境质量的影响更大。

1. 将标题设置为黑体、加粗、一号，水平居中对齐，段前 0.5 行，段后 0.5 行。
2. 将文中所有的"颗粒物"设置为深红、加粗。
3. 页边距设置为上、下 2.5 厘米；左、右 2 2 厘米；纸张大小为自定义（21 厘米、29 厘米）。
4. 为文档插入页眉，内容为"细颗粒物"，水平居中对齐。
5. 在正文第一自然段后另起一行录入第二段文字：2013 年 2 月，全国科学技术名词审定委员会将 PM2.5 的中文名称命名为细颗粒物。细颗粒物的化学成分主要包括有机碳、元素碳、硝酸盐、硫酸盐、铵盐、钠盐等。

参考答案：

第 2 题（案例题）：

用 Word 软件制作如下图所示的个人简历。按题目要求完成后，用 Word 的保存功能直接存盘。

附录 C 《信息处理技术员》考试真题及答案

个人简历

姓名		性别		出生年月		
民族		政治面貌		身高		
学制		学历		户籍		
专业		毕业学校				
个人技能						
外语等级			计算机			
个人履历						
时间		单位		经历		
联系方式						
通信地址				邮编		
E-mail				联系电话		
自我评价						

1. 利用相关工具绘制如图示的个人简历。
2. 将标题设置为宋体、二号、加粗、居中；其他文字设置为宋体、五号。

第 3 题（案例题）：

在 Excel 的 Sheet1 工作表的 A1:F12 单元格区域内创建体育测试跳远成绩表（内容如下图所示）。按题目要求完成之后，用 Excel 的保存功能直接存盘。（表格没创建在指定区域将不得分）

体育测试跳远成绩表（单位：米）					
姓名	第一跳	第二跳	第三跳	最终成绩	是否合格
高秋刚	1.85	1.91	1.98		
韩永军	1.9	2.01	2.01		
霍军	1.88	1.98	2.01		
李文良	2.14	2.08	2.06		
庞小瑞	1.98	2.01	2.06		
杨海茹	1.85	1.91	1.89		
张金海	1.95	1.97	1.96		
张金科	2.02	2.05	2.08		
最高成绩					
合格率					

信息技术

1. 表格要有可视的边框，并将标题文字设置为宋体、16磅、居中。
2. 用MAX函数计算每名选手的最终成绩（三次跳远中最好的成绩），将计算结果填入对应单元格中。
3. 用IF函数计算选手是否合格，有一次成绩达到2米以上即在对应的单元格中显示"合格"，否则显示"不合格"。
4. 用MAX函数计算最终成绩中的最高成绩，将计算结果填入对应单元格中。
5. 用COUNTIF和COUNTA函数计算合格率，以百分比形式表示，保留两位有效数字，将计算结果填入对应单元格中。

参考答案：

体育测试跳远成绩表（单位：米）					
姓名	第一跳	第二跳	第三跳	最终成绩	是否合格
高秋刚	1.85	1.91	1.98	1.98	不合格
韩永军	1.9	2.01	2.01	2.01	合格
霍军	1.88	1.98	2.01	2.01	合格
李文良	2.14	2.08	2.06	2.14	合格
庞小瑞	1.98	2.01	2.06	2.06	合格
杨海茹	1.85	1.91	1.89	1.91	不合格
张金海	1.95	1.97	1.96	1.97	不合格
张金科	2.02	2.05	2.08	2.08	合格
最高成绩	2.14				
合格率	62.50%				

第4题（案例题）：

利用系统提供的资料，按照题目要求，用PowerPoint制作演示文稿，完成后用PowerPoint的保存功能直接存盘。

幻灯片文字资料：

1. 热烈祝贺中国共产党第十九次全国代表大会隆重开幕。

2. 大会的主题是：不忘初心，牢记使命，高举中国特色社会主义伟大旗帜，决胜全面建成小康社会，夺取新时代中国特色社会主义伟大胜利，为实现中华民族伟大复兴的中国梦不懈奋斗。

习近平强调，不忘初心，方得始终。中国共产党人的初心和使命，就是为中国人民谋幸福，为中华民族谋复兴。全党同志一定要永远与人民同呼吸、共命运、心连心。永远把人民对美好生活的向往作为奋斗目标，以永不懈怠的精神状态和一往无前的奋斗姿态，继续朝着实现中华民族伟大复兴的宏伟目标奋勇前进。

1. 第一张幻灯片版式为"仅标题"，标题内容为"文字资料1"的内容，设置文字为40磅、仿宋、红色、居中；设置标题占位符在幻灯片上的位置为垂直5.0厘米。

2. 第二张幻灯片版式为"两栏内容"，两栏内容分别为"幻灯片文字资料2"的两段内容，字体设置为24磅、仿宋、黑色。

3. 演示文稿应用"龙腾四海"主题,并插入"幻灯片编号"。
4. 第一张幻灯片的标题设置自定义动画,进入效果为"百叶窗",方向为"垂直",速度为"中速"。
5. 第二张幻灯片设置切换效果为"向右擦除",切换速度为"中速"。

参考答案:

第5题(案例题):

在 Excel 的 Sheet1 工作表的 A1:F12 单元格区域内创建"学生成绩表"(内容如下图所示)。按题目要求完成后,用 Excel 的保存功能直接存盘。(表格没创建在指定区域将不得分)

学生期末考试成绩表					
学号	语文	数学	英语	平均成绩	等级评定
201801	98	92	87		
201802	89	84	87		
201803	98	69	90		
201804	78	78	69		
201805	99	48	45		
201806	66	78	40		
201807	59	60	68		
201808	55	40	80		
最高分					
及格率					

1. 表格要有可视的边框,并将标题文字设置为宋体、16磅、居中。
2. 用 AVERAGE 函数计算每名学生的平均成绩,保留1位小数,将计算结果填入对应单元格中。
3. 用 MAX 函数计算各科目的最高分,将计算结果填入对应单元格中。
4. 用 COUNTIF 和 COUNT 函数计算各科目的及格率,其中每名学生该学科成绩大于等于60为及格,将计算结果填入对应单元格中。
5. 在相应单元格内用 IF 函数计算每名学生的等级评定:平均成绩大于等于85为优,大于等于60为良,否则为差。

信 息 技 术

参考答案：

学生期末考试成绩表					
学号	语文	数学	英语	平均成绩	等级评定
201801	98	92	87	92.3	优
201802	89	84	87	86.7	优
201803	98	69	90	85.7	优
201804	78	78	69	75.0	良
201805	99	48	45	64.0	良
201806	66	78	40	61.3	良
201807	59	60	68	62.3	良
201808	55	40	80	58.3	差
最高分	99	92	90		
及格率	0.75	0.75	0.75		

2019年上半年《信息处理技术员》考试上午真题

一、单选题（共75题，每题1分，共75分）

1. （　　）不属于ABC技术（人工智能－大数据－云计算）的典型应用。
   A. 公共场合通过人脸识别发现通缉的逃犯
   B. 汽车上能选择最优道路的自动驾驶系统
   C. 通过条件查询在数据库中查找所需数据
   D. 机器人担任客服，回答客户咨询的问题
   正确答案：C

2. 企业数字化转型是指企业在数字经济环境下，利用数字化技术和能力实现业务的转型、创新和增长。企业数字化转型的措施不包括（　　）。
   A. 研究开发新的数字化产品和服务
   B. 创新客户体验，提高客户满意度
   C. 重塑供应链和分销链，去中介化
   D. 按不断增长的数字指标组织生产
   正确答案：D

3. 企业上云就是企业采用云计算模式部署信息系统。企业上云已成为企业发展的潮流，其优势不包括（　　）。
   A. 将企业的全部数据、科研和技术都放到网上，以利共享
   B. 全面优化业务流程，加速培育新产品、新模式、新业态
   C. 从软件、平台、网络等各方面，加快两化深度融合步伐
   D. 有效整合优化资源，重塑生产组织方式，实现协同创新
   正确答案：A

4. 将四个元素a、b、c、d分成非空的两组，不计组内顺序和组间顺序，共有（　　）种分组方法。

A. 6 B. 7 C. 8 D. 12
正确答案：B

5. 某企业去年四次核查的钢材库存量情况如下表：

日期	1月1日	4月30日	9月1日	12月31日
库存量（吨）	22	24	19	18

用加权平均法计算出该企业去年钢材平均库存量为（　　）吨。（中间各次核查数据的权都1，首次与末次核查数据的权都取0.5）。

A. 20.5　　　　B. 20.75　　　　C. 21.0　　　　D. 21.5
正确答案：C

6. 某地区去年粮食产量资料如下表

粮食种类	产量/万吨	占比
稻谷	1800	36%
小麦		30%
薯类		
其他	500	

根据该表可以推算出，该地区去年薯类的产量为（　　）万吨。

A. 1000　　　　B. 1200　　　　C. 1250　　　　D. 1500
正确答案：B

7. 数据属性有业务属性、技术属性（与技术实现相关的属性）和管理属性三大类。以下属性中，（　　）属于业务属性。

A. 数据来源　　B. 数据格式　　C. 数据类型　　D. 颁布日期
正确答案：A

8. 电子商务网站上可以收集到大量客户的基础数据、交易数据和行为数据。以下数据中，（　　）不属于行为数据。

A. 会员信息　　B. 支付偏好　　C. 消费途径　　D. 消费习惯
正确答案：A

9. 企业的数据资产不包括（　　）。

A. 设备的运行数据　　B. 经营管理数据
C. 上级的政策文件　　D. 客户服务数据
正确答案：C

10. 为支持各级管理决策，信息处理部门提供的数据不能过于简化，也不能过于烦琐，不要提供大量不相关的数据。这是信息处理的（　　）要求。

A. 准确性　　B. 适用性　　C. 经济性　　D. 安全性
正确答案：B

信 息 技 术

11. 企业信息化总体架构的核心部分包括业务架构、信息架构、应用架构和技术架构四部分，其中面向最终用户的是（　　）。
    A. 业务架构　　　　B. 信息架构　　　　C. 应用架构　　　　D. 技术架构
    正确答案：C

12. 数据分析经常需要把复杂的数据分组，并选取代表，将大量数据压缩或合并得到一个较小的数据集。这个过程称为（　　）
    A. 数据清洗　　　　B. 数据精简　　　　C. 数据探索　　　　D. 数据治理
    正确答案：B

13. 处理海量数据时，删除重复数据的作用不包括（　　）。
    A. 加快数据检索　　　　　　　　　　B. 提升存储空间利用率
    C. 防止数据泄露　　　　　　　　　　D. 降低存储扩展的成本
    正确答案：C

14. 企业建立生产和库存管理系统的目的不包括（　　）。
    A. 提高生产效率并降低成本　　　　　B. 改进产品并提高服务质量
    C. 改进决策过程提高竞争力　　　　　D. 向社会展示企业新的形象
    正确答案：D

15. 火车站供旅客取票使用的终端属于（　　）。
    A. PC终端　　　　B. 移动终端　　　　C. 自助终端　　　　D. 物联终端
    正确答案：C

16. 微处理器的性能指标不包括（　　）。
    A. 主频　　　　B. 字长　　　　C. 存取周期　　　　D. Cache容量
    正确答案：D

17. 显示器尺寸（如17英寸）指的是显示器（　　）。
    A. 外框宽度　　　　B. 屏幕宽度　　　　C. 屏幕高度　　　　D. 屏幕对角线长度
    正确答案：D

18. 自动驾驶系统属于（　　）软件。
    A. 信息管理与服务　　　　　　　　　B. 辅助设计
    C. 实时控制　　　　　　　　　　　　D. 语言翻译
    正确答案：C

19. 某软件公司规定，该公司软件产品的版本号由二至四个部分组成：主版本号、次版本号[.内部版本号][.修订号]。对该公司同一软件的以下四个版本号最新的版本号是（　　）
    A. 4.6.3　　　　B. 5.0　　　　C. 5.2　　　　D. 4.7.2.3
    正确答案：C

20. 以下文件格式中，（　　）是视频文件。
    A. WMV　　　　B. JPG　　　　C. MID　　　　D. BMP
    正确答案：A

21. 国际标准化组织提出的开放系统互连（OSI）参考模型,将计算机网络分成7层,其中最底层是（   ）。
    A. 物理层　　　　B. 数据链路层　　　C. 网络层　　　　D. 传输层
    正确答案：A

22. （   ）是一种网络客户端软件,它能显示网页,并实现网页之间的超链接。
    A. 操作系统　　　B. 电子邮件　　　　C. 浏览器　　　　D. WPS
    正确答案：C

23. 电子商务有多种模式。（   ）模式是个人消费者从在线商家处购买商品或服务。
    A. B2B　　　　　B. B2C　　　　　　C. B2G　　　　　　D. C2C
    正确答案：B

24. 经过反复修改的文档已经定稿,需要送到其他计算机上打印。为防止不同计算机不同软件版本或他人操作导致文档发生变化,最好将该文档以（   ）格式保存并传送。
    A. docx　　　　　B. wps　　　　　　C. ppt　　　　　　D. PDF
    正确答案：D

25. 鼠标指针的形状取决于它所在的位置以及与其他屏幕元素的相互关系。在文字处理的文本区域,指针就像（   ）,指向当前待插入字符的位置。
    A. 指向左上方的箭头　　　　　　　　B. 双箭头
    C. 字母I　　　　　　　　　　　　　D. 沙漏
    正确答案：C

26. 软件运行时使用了不该使用的命令导致软件出现故障,这种故障属于（   ）。
    A. 配置性故障　　B. 兼容性故障　　　C. 操作性故障　　D. 冲突性故障
    正确答案：C

27. 以下关于计算机维护的叙述中,不正确的是（   ）。
    A. 闪电或雷暴时应关闭计算机和外设　　B. 数据中心的UPS可在停电时提供备份电源
    C. 注意保持PC和外设的清洁　　　　　　D. 磁场对计算机的运行没有影响
    正确答案：D

28. 软件发生故障后,往往通过重新配置、重新安装或重启计算机后可以排除故障。软件故障的这一特点称为（   ）。
    A. 功能性错误　　B. 随机性　　　　　C. 隐蔽性　　　　D. 可恢复性
    正确答案：D

29. 纸张与（   ）是使用喷墨打印机所需的消耗品。
    A. 色带　　　　　B. 墨盒　　　　　　C. 硒鼓　　　　　D. 碳粉
    正确答案：B

30. Windows 7控制面板中,可通过（   ）查看系统的一些关键信息,并可进行调整视觉效果、调整索引选项、调整电源设置及打开磁盘清理等操作。
    A. 程序和功能　　B. 个性化　　　　　C. 性能信息和工具　D. 管理工具

正确答案：C

31. 在 Word 2010 中，（　　）快捷键可以选定当前文档中的全部内容。
    A. Shift+A　　　B. Shift+V　　　C. Ctrl+A　　　D. Ctrl+V
    正确答案：C

32. 在 Word 2010 文档中，某个段落最后一行只有一个字符，（　　）不能把该字符合并到上一行。
    A. 减少页的左右边距　　　　　　B. 减小该段落的字体的字号
    C. 减小该段落的字间距　　　　　D. 减小该段落的行间距
    正确答案：D

33. 在 Word 2010 文本编辑状态下，按住【Alt】键的同时在文本上拖动鼠标，可以（　　）。
    A. 选择整段文本　　　　　　　　B. 选择不连续的文本
    C. 选择整篇文档　　　　　　　　D. 选择矩形文本块
    正确答案：D

34. 以下关于 Word 2010 图形和图片的叙述中，不正确的是（　　）。
    A. 剪贴画属于一种图形
    B. 图片一般来自一个文件
    C. 图形是用户用绘图工具绘制而成的
    D. 图片可以源自扫描仪和手机
    正确答案：A

35. 在 Word 2010 "查找和替换"文本框中，输入（　　）符号可以搜索 0～9 的数字。
    A. ^#　　　　B. ^$　　　　C. ^&　　　　D. ^*
    正确答案：A

36. 在 Word 2010 中，以下关于【Backspace】键与【Delete】键的叙述，正确的是（　　）。
    A.【Delete】键可以删除光标前一个字符　　B.【Delete】键可以删除光标前一行字符
    C.【Backspace】键可以删除光标后一个字符　D.【Backspace】键可以删除光标前一个字符
    正确答案：D

37. Word 2010 中的格式刷可以用于复制段落的格式，若要将选中当前段落格式重复应用多次，应（　　）。
    A. 单击格式刷　　B. 双击格式刷　　C. 右击格式刷　　D. 拖动格式刷
    正确答案：B

38. 在 Word 2010 编辑状态下，要打印文稿的第 1 页、第 3 页和第 9 页，可以在打印页码范围内输入（　　）。
    A. 1,3-9　　　B. 1,3,9　　　C. 1-3,3-9　　　D. 1-3,9
    正确答案：B

39. 在 Word 2010 的文本编辑状态下，在按住【Ctrl】键的同时用鼠标拖动选定文本可实现（　　）。
    A. 移动操作　　B. 复制操作　　C. 剪切操作　　D. 粘贴操作

正确答案：B

40. 在 Word 2010 文档中，可通过（　　）设置选中内容的行间距。
   A. "页面布局"菜单下的"页面设置"命令
   B. "插入"菜单下的"页眉页脚"命令
   C. "开始"菜单下的"段落"命令
   D. "引用"菜单下的"引文与书目"命令

   正确答案：C

41. 在 Word 2010 中，要对设定好纸张大小的文档进行每页行数和每行字数调整，可通过页面设置对话框中的（　　）命令进行设置。
   A. 页边距　　　B. 版式　　　C. 文档网络　　　D. 纸张

   正确答案：C

42. 在 Excel 2010 中，一个完整的函数计算包括（　　）。
   A. "="和函数名　　　　　　B. 函数名和参数
   C. "="和参数　　　　　　　D. "="、函数名和参数

   正确答案：D

43. 在 Excel 2010 中，设单元格 A1、B1、C1、A2、B2、C2 中的值分别为 1、2、3、4、5、6，在单元格 D1 中输入函数"= MAX(A1:A2,B1:C2)"，按【Enter】键后，则 D1 单元格中的值为（　　）。
   A. 2　　　B. 3　　　C. 4　　　D. 6

   正确答案：D

44. 在 Excel 2010 中，G3 单元格中公式为"= $D$3+E3+F3"，若以序列方式向下填充，则 G12 单元格的公式为（　　）。
   A. =D12+E12+F12　B. =D3+E3+F3　C. =$D$12+E12+F12　D. =$D$3+E12+F12

   正确答案：D

45. 在 Excel 2010 中，设单元格 A1、A2、A3、B1 中的值分别为 56、97、121、86，若在单元格 C1 中输入函数"=if(B1>A1, "E", if(B1>A2, "F", "G"))"，按【Enter】键后，则 C1 单元格中显示（　　）。
   A. E　　　B. F　　　C. G　　　D. A3

   正确答案：A

46. 在 Excel 2010 中，设 A1 单元格中的值为 20，A2 单元格中的值为 60，若在 C1 单元格中输入函数"=AVERAGE(A1,A2)"，按【Enter】键后，则 C1 单元格中的值为（　　）。
   A. 20　　　B. 40　　　C. 60　　　D. 8

   正确答案：B

47. Excel 2010 中不存在的填充类型是（　　）。
   A. 等差序列　　　B. 等比序列　　　C. 排序　　　D. 日期

   正确答案：C

48. 在 Excel 2010 中，可以使用多个运算符，以下关于运算符优先级的叙述中，不正确的是（　　）。
   A. "&"优先级高于"="　　　　　B. "%"优先级高于"+"
   C. "-"优先级高于"&"　　　　　D. "%"优先级高于":"

正确答案：D

49. 在 Excel 2010 中，设单元格 A1、A2、A3、A4 中的值分别为 20、3、16、20，若在单元格 B1 中输入函数 "=PRODUCT(A1:A2)/MAX(A3,A4)"，按【Enter】键后，则 B1 单元格中的值为（　　）。

　　A. 3　　　　　　B. 30　　　　　　C. 48　　　　　　D. 59

　　正确答案：A

50. WPS 表格中有一个数据非常多的报表，打印时需要每页顶部都显示表头，可设置（　　）。

　　A. 打印范围　　B. 打印标题行　　C. 打印标题列　　D. 打印区域

　　正确答案：B

51. 在 Excel 2010 中的 A1 单元格输入公式（　　），按【Enter】键后，该单元格值为 0.25。

　　A. 5/20　　　　B. =5/20　　　　C. "5/20"　　　　D. ="5/20

　　正确答案：B

52. 在 Excel 2010 中，设单元格 A1、B1、C1、A2、B2、C2 中的值分别为 1、2、3、4、5、6，若在单元格 D1 中输入公式 "=MAX(A1:C2)-MIN(A1:C2)"，按【Enter】键后，则 D1 单元格中的值为（　　）。

　　A. 1　　　　　　B. 3　　　　　　C. 5　　　　　　D. 6

　　正确答案：C

53. 在 Excel 2010 中，A1 和 B1 单元格中的值分别为 "12" 和 "34"，在 C1 中输入公式 "=A1&B1"，按【Enter】键后，则 C1 中的值为（　　）。

　　A. 1234　　　　B. 12　　　　　　C. 34　　　　　　D. 46

　　正确答案：A

54. 在 Excel 2010 中，为将数据单位定义为 "万元"，且带两位小数，应自定义（　　）格式。

　　A. 0.00 万元　　B. 0!.00 万元　　C. 0/10000.00 万元　　D. 0!.00,万元

　　正确答案：A

55. 在 PPT 2010 中，应用版式后，版式（　　）。

　　A. 不能修改，也不能删除　　　　B. 可以修改，也可以删除
　　C. 可以修改，但不能删除　　　　D. 不能修改，也可以删除

　　正确答案：C

56. （　　）是幻灯片缩小之后的打印件，可供观众观看演示文稿放映时参考。

　　A. 图片　　　　B. 讲义　　　　C. 演示文稿大纲　　D. 演讲者

　　正确答案：B

57. 当前，大部分商业 DBMS 中所用的主要数据模型是（　　）。

　　A. 层次模型　　B. 关系模型　　C. 网状模型　　D. 对象模型

　　正确答案：B

58. 某学校一个教师可以讲授多门课程，一门课程也可以由多个教师讲授，则教师与课程之间的关系类型为（　　）。

　　A. 一对一联系　　B. 一对多联系　　C. 多对多联系　　D. 无联系

　　正确答案：C

59. 网站一般使用（ ）协议提供 Web 浏览服务。
    A. FTP　　　　B. HTTP　　　　C. SMTP　　　　D. POP3
    正确答案：B

60. 计算机安全防护措施不包括（ ）。
    A. 定期查杀病毒和木马　　　　B. 及时下载补丁并修复漏洞
    C. 加强账户安全和网络安全　　D. 每周清理垃圾和优化加速
    正确答案：D

61. （ ）不属于保护数据安全的技术措施。
    A. 数据加密　　B. 数据备份　　C. 数据隔离　　D. 数据压缩
    正确答案：D

62. 信息系统通常会自动实时地将所有用户的操作行为记录在日志中，其目的是使系统安全运维（ ）。
    A. 有法可依　　　　　　　　　B. 有据可查，有迹可循
    C. 有错可训　　　　　　　　　D. 有备份可恢复
    正确答案：B

63. 《数据中心设计规范》GB50174—2017 属于（ ）。
    A. 国际标准　　B. 国家强制标准　　C. 国家推荐标准　　D. 行业标准
    正确答案：C

64. 我国的信息安全法律法规包括国家法律、行政法规和部门规章及规范性文件等。（ ）属于部门规章及规范性文件。
    A. 全国人民代表大会常务委员会通过的维护互联网安全的决定
    B. 国务院发布的中华人民共和国计算机信息系统安全保护条例
    C. 国务院发布的中华人民共和国计算机信息网络国际联网管理暂时规定
    D. 公安部发布的计算机病毒防治管理办法
    正确答案：D

65. 某机构准备发布中国互联网发展年度报告。报告分四个方面：全网概况、访问特征、渠道分析和行业视角。用户 24 小时上网时间分布应属于（ ）方面的内容。
    A. 全网概况　　B. 访问特征　　C. 渠道分析　　D. 行业视角
    正确答案：B

66. 某互联网公司建立的用户画像（标签化的用户信息）包括人员属性和行为特征两大类，（ ）属于行为特征。
    A. 性别　　B. 年龄段　　C. 消费偏好　　D. 工作地点
    正确答案：C

67. 数据采集工作的注意事项不包括（ ）。
    A. 要全面了解数据的原始面貌　　　B. 要制定科学的规则控制采集过程
    C. 要从业务上理解数据，发现异常　D. 要根据个人爱好筛选采集的数据

正确答案：D

68. 对数据分析处理人员的素质要求不包括（　　）。
    A. 业务理解能力和数据敏感度　　　　B. 逻辑思维能力
    C. 细心、耐心和交流能力　　　　　　D. 速算能力
    正确答案：D

69. 某项技术在社会热度上依次经历了萌芽期、狂热期、幻想破灭期、复苏期、成熟期五个阶段。在"时间 T，社会热度 S"坐标系中，这种技术的变化趋势可图示为（　　）。

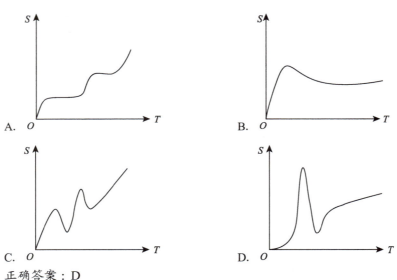

正确答案：D

70. 在项目实施过程中，信息处理员小王在"时间 T - 项目剩余工作量 R"平面坐标系上动态地记录了项目实施进度，并与计划进度做了对比。在项目实施中途，从图上可以看出该项目（　　）。

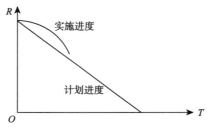

A. 前期进度很快，后期重点应放在提高质量上，放慢些速度
B. 前期进度很快，后期只要按原计划进度就能提前完成项目
C. 前期进度太慢了，为了按时完成任务，后期需要加倍提速
D. 前期进度有点慢，为了按时完成任务，后期需要适当提速
正确答案：D

71. The (　　) is the brain of the personal computer.
    A. microprocessor　　　　　　　　　B. storage
    C. keyboard　　　　　　　　　　　　D. Printer

正确答案：A

72. The（   ）controls the cursor on the screen and allows the user to access commands by pointing and clicking.

    A. program   B. keyboard
    C. mouse   D. Display

    正确答案：C

73. When you create an account, you are typically asked to enter a user ID and（   ）.

    A. name   B. requirement
    C. password   D. program

    正确答案：C

74. When saving a new document, you must decide on a name for the document and the（   ）where it will be saved to.

    A. address   B. location   C. program   D. application

    正确答案：B

75. （   ）is a fast, cheap and convenient way to send and receive messages internationally.

    A. Telephone   B. Mail   C. E-mail   D. Postcard

    正确答案：C

2019年上半年《信息处理技术员》考试下午真题

第1题（操作题）：

利用系统提供的素材，按题目要求完成后，用Word的保存功能直接存盘。

物流管理概述

物流管理（Logistics Management）是指在社会生产过程中，根据物质资料实体流动的规律，应用管理的基本原理和科学方法，对物流活动进行计划、组织、指挥、协调、控制和监督，使各项物流活动实现最佳的协调与配合，以降低物流成本，提高物流效率和经济效益。现代物流管理是建立在系统论、信息论和控制论的基础上的。

要求：

1. 将文章标题"物流管理概述"设置为华文行楷、小初号，水平居中，段前和段后间距均为1行。
2. 设置正文字体为黑体、小四号字，左对齐，首行缩进2字符，行距为固定值24磅。
3. 设置页边距为上、下2厘米；左、右2.5厘米；装订线为左0.5厘米；纸张大小为A4。
4. 在文档页脚中插入页码，样式为"页面底端""普通数字1"。
5. 在正文第一自然段后另起行录入第二段文字：特殊物流是指在遵循一般物流规律基础上，带有制约因素的特殊应用领域、特殊管理方式、特殊劳动对象、特殊机械装备特点的物流。

参考答案：

信 息 技 术

物流管理概述

物流管理(Logistics Management)是指在社会生产过程中,根据物质资料实体流动的规律,应用管理的基本原理和科学方法,对物流活动进行计划、组织、指挥、协调、控制和监督,使各项物流活动实现最佳的协调与配合,以降低物流成本,提高物流效率和经济效益。现代物流管理是建立在系统论、信息论和控制论的基础上的。

特殊物流是指在遵循一般物流规律基础上,带有制约因素的特殊应用领域、特殊管理方式、特殊劳动对象、特殊机械装备特点的物流。

第2题(操作题):

用 Word 软件制作如图所示的学生外语课程学习评价表。按题目要求完成后,用 Word 的保存功能直接存盘。

学生外语课程学习评价表

学生姓名		课程		学习地点		学习时间	
学习内容							
学习评语教师评语	口语应用			语文表演		单词认读	
	优秀□ 良好□ 合格□			优秀□ 良好□ 合格□		优秀□ 良好□ 合格□	
	课堂表现			语音语调		学习习惯	
	优秀□ 良好□ 合格□			优秀□ 良好□ 合格□		优秀□ 良好□ 合格□	
	教师联系电话:				教师签名:		

(1)利用相关工具绘制如图所示的学生外语课程学习评价表。

(2)将标题设置为楷体、二号、黑色、加粗、居中;其他文字设置为宋体、四号、黑色。

第3题(操作题):

在 Excel 的 Sheet1 工作表 A1:G13 单元格中创建学生"学生成绩表"。按题目要求完成之后,用 Excel 的保存功能直接存盘。

附录 C 《信息处理技术员》考试真题及答案

	A	B	C	D	E	F	G
1			学生成绩表				
2	姓名	性别	数学	英语	计算机	平均分	等级评定
3	方芳	女	89	93	78		
4	程小文	男	83	85	90		
5	宋立	男	78	67	82		
6	杨丽芬	女	91	88	95		
7	李跃进	男	78	72	65		
8	王自强	男	84	89	96		
9	刘刚	男	94	75	93		
10	林敏敏	女	68	83	80		
11	赵凯	男	85	62	78		
12	王红	女	75	95	86		
13	最高分					女生人数	
14							

要求:

1. 表格要有可视的边框,并将表中的文字设置为宋体、12磅、黑色、居中。
2. 用 AVERAGE 函数计算每名学生的平均分,计算结果保留1位小数。
3. 用 MAX 函数计算每门课程的最高分。
4. 用 COUNTIF 函数统计女生人数。
5. 用 IF 函数计算等级评定,计算方法为平均分大于等于85为A,否则大于等于60且小于85为B,否则为C。

参考答案:

	A	B	C	D	E	F	G
1			学生成绩表				
2	姓名	性别	数学	英语	计算机	平均分	等级评定
3	方芳	女	89	93	78	86.7	A
4	程小文	男	83	85	90	86.0	A
5	宋立	男	78	67	82	75.7	B
6	杨丽芬	女	91	88	95	91.3	A
7	李跃进	男	78	72	65	71.7	B
8	王自强	男	84	89	96	89.7	A
9	刘刚	男	94	75	93	87.3	A
10	林敏敏	女	68	83	80	77.0	B
11	赵凯	男	85	62	78	75.0	B
12	王红	女	75	95	86	85.3	A
13	最高分		94	95	96	女生人数	4
14							

第4题(操作题):

利用系统提供的资料,用 PowerPoint 创意制作演示文稿。按照题目要求完成后,用 PowerPoint 的保存功能直接存盘。(注意:以下非原文)

清浅时光

一直认为最好的心境,不是避开车水马驼,而是在心中修篱种菊。尘世的纷纷扰扰,总是会让人倦了累了,找一个清闲的午后,关上心灵窗子,隔绝人世的喧嚣,一杯茶、一本书,便是一段静谧的光阴。茶,便可以品尝人生的百味;书可以找回心灵的皈依。轻拥一米阳光入怀,和着书香,任流淌的心事,在季节中浅漾,生命就在这悠然的时光中婉约成一朵花。

要求:

1. 标题设置为40磅、楷体、居中。
2. 正文内容设置为24磅、宋体。
3. 演示文稿设置旋转动画效果。
4. 为演示文稿插入页脚,内容为"清浅时光"。

参考答案：

第5题（操作题）：

利用系统提供的素材，按题目要求完成后，用 Word 的保存功能直接存盘。

沧浪亭

沧浪亭是一处始建于北宋时代的汉族古典园林建筑，为文人苏舜钦的私人花园。位于苏州市城南三元坊附近，在苏州现存诸园中历史最为悠久。

要求：

1. 将文章标题设置为宋体、二号、加粗、居中；将正文中"苏舜钦"的文字效果设置为"阴影"，将正文设置为宋体、小四。

2. 页面设置为横向，纸张宽度21厘米，高度15厘米，页面内容居中对齐。

3. 为文档添加文字水印，内容为"沧浪亭"，并将文字内容设置白色，背景1，深色50%、仿宋、半透明、斜式。

4. 为正文内容添加红色边框。

5. 在正文第一自然段后另起行录入第二段文字：沧浪亭占地面积1.08公顷。园内有一泓清水贯穿，波光倒影，景象万千。

参考答案：

附录 C 《信息处理技术员》考试真题及答案

2019年下半年《信息处理技术员》考试上午真题

一、单选题（共75题，每题1分，共75分）

1. 5G技术将开启万物互联的新时代，其中5G技术指的是（　　）。
   A. 第五代移动通信技术　　　　　　B. 手机内存达到5G的技术
   C. 网速达到5G的技术　　　　　　　D. 手机CPU主频达到5G的技术
   正确答案：A

2. 现在，企业数字化转型已是大势所趋。以下关于企业数字化转型的叙述中，不正确的是（　　）。
   A. 企业数字化转型需要快速、敏捷、持续地为生产系统提供大量数据
   B. 企业需要精准分析生产数据，实时优化运营数据，挖掘利用价值链数据
   C. 数字化创新和智能化运营构成企业核心数字化能力，为数字化转型赋能
   D. 企业数字化转型将实现无工人、无技术人员、无管理人员的自动化工厂
   正确答案：D

3. 物联网中，传感器网络的功能不包括（　　）。
   A. 感知识别现实世界　　　　　　　B. 信息采集处理
   C. 科学计算　　　　　　　　　　　D. 自动控制
   正确答案：C

4. 180的正约数（能整除180的自然数，包括1和180本身）的个数是（　　）。
   A. 15　　　　B. 16　　　　C. 17　　　　D. 18
   正确答案：D

5. 某服装店进了一批衣服，原计划按平价销售取得一定的利润（利润=(销售价进价)×销售量）。该店到目前为止，已按时尚价（比平价增加60%）销售了1/3。为了完成预定的总利润计划，剩余的2/3衣服可按平价的（　　）折销售。
   A. 四　　　　B. 五　　　　C. 六　　　　D. 七
   正确答案：D

6. 某玩具车间昨天生产了甲乙两种零件，数量之比为5:3，每个玩具需要用3个甲零件和2个乙零件装配而成。所有玩具装配完成后，乙零件没有剩余了，但甲零件还有4个。由此可以推断，该车间昨天共装配了玩具（　　）个。
   A. 12　　　　B. 15　　　　C. 20　　　　D. 24
   正确答案：A

7. 基于移动端的信息采集方式，为大数据整理和分析奠定了坚实的基础，其优势不包括（　　）。
   A. 无须打印纸质表格，输入数据后立即进行校验，随时随地上传信息
   B. 灵活多样的采集方式，表格页面简洁，操作简单，可清除冗余数据
   C. 可实现批量采集和统一处理，可建立表单之间的关联关系
   D. 可在信息采集的同时进行数据分析、图表展示和辅助决策
   正确答案：D

信 息 技 术

8. 问卷调查中的题型可以有多种，（　　）需要被调查者从多个选项中按照自己认为的重要程度依次列出若干选项。

　　A. 单选题　　　　　B. 多选题　　　　　C. 排序题　　　　　D. 开放性文字题

　　正确答案：C

9. 数据类型有多种，可以归纳为两大类：字符型数据（不具计算能力）和数值型数据（可直接参与算术运算）。以下数据类型中，（　　）属于数值型数据。

　　A. 职工编号　　　　B. 性别编码　　　　C. 成绩等级　　　　D. 基本工资

　　正确答案：D

10. 一批数据的（　　）代表这批数据的一般水平，掩盖了其中各部分数据的差异。

　　A. 平均数　　　　　B. 方差　　　　　　C. 散点图　　　　　D. 趋势曲线

　　正确答案：A

11. 常用的统计软件其功能不包括（　　）。

　　A. 数据编辑、统计和分析　　　　　　　B. 表格的生成和编辑
　　C. 图表的生成和编辑　　　　　　　　　D. 生成数据分析报告

　　正确答案：D

12. 以下关于数据分析的叙述中，（　　）不正确。

　　A. 数据分析就是对收集的数据进行拆分，弄清其结构、作用和原理
　　B. 数据分析就是采用适当的统计方法对数据进行汇总、理解并消化
　　C. 数据分析旨在从杂乱无章的原始数据中提取有用信息并形成结论
　　D. 数据分析旨在研究数据中隐藏的内在规律帮助管理者判断和决策

　　正确答案：A

13. 对于时间序列的数据，用（　　）展现最直观，同时呈现出变化趋势。

　　A. 折线图和柱形图　　　　　　　　　　B. 柱形图和圆饼图
　　C. 圆饼图和面积图　　　　　　　　　　D. 面积图和雷达图

　　正确答案：A

14. 以下关于数据分析报告的叙述中，（　　）不正确。

　　A. 数据分析报告是数据分析项目的立项报告，包括经费和团队等
　　B. 数据分析报告用数据反映某些事物的现状、问题、原因和规律
　　C. 数据分析报告是决策者认识事物、掌握信息的主要工具之一
　　D. 数据分析报告为决策者提供科学、严谨的依据，降低决策风险

　　正确答案：A

15. （　　）属于显示器的性能指标。

　　A. 主频　　　　　　B. USB 接口数量　　C. 字长　　　　　　D. 分辨率

　　正确答案：D

16. 购买扫描仪时需要考虑的因素中不包括（　　）。

　　A. 分辨率与色彩位数　　　　　　　　　B. 扫描幅面

C. 能扫描的图像类型　　　　　　　　D. 与主机的接口类型

正确答案：C

17. （　）不属于智能可穿戴设备。

   A. 智能手表　　B. 智能手机　　C. 智能头盔　　D. 智能手环

   正确答案：B

18. （　）与应用领域密切相关，不属于基础软件。

   A. 操作系统　　　　　　　　　　　B. 办公软件

   C. 通用的数据库管理系统　　　　　D. 计算机辅助设计

   正确答案：D

19. 文件系统负责对文件进行存储和检索、管理和保护等，文件的隐藏属性属于文件系统的（　）功能。

   A. 存储　　B. 检索　　C. 排序　　D. 保护

   正确答案：D

20. 由若干条直线段和圆弧等构成的图形，可以用一系列指令来描述。用这种方法描述的图形称为（　）

   A. 位图　　B. 矢量图　　C. 结构图　　D. 3D 图

   正确答案：B

21. 下图所示的网络拓扑结构属于（　）。

   A. 总线拓扑结构　　　　　　　　　B. 星状拓扑结构
   C. 树状拓扑结构　　　　　　　　　D. 分布式拓扑结构

   正确答案：A

22. 台式计算机通过（　）与网络传输介质相连。

   A. 网卡　　B. 集线器　　C. 路由器　　D. 网关

   正确答案：A

23. 软件发行包中都至少包括一个用户可启动/打开的（　）。

   A. 数据文件　　B. 命令文件　　C. 可执行文件　　D. 密码文件

   正确答案：C

24. 计算机系统运行时，用户不能通过操作来改变（　）。

   A. 屏幕分辨率　　B. 物理内存大小　　C. 汉字输入法　　D. 鼠标灵敏度

   正确答案：B

25. 在 Windows 7 中，如果选中了某个文档中的一段文字，按【Ctrl+X】组合键后，这段文字被（　）。

   A. 移到剪贴板　　B. 复制到剪贴板　　C. 移到回收站　　D. 彻底删除

   正确答案：A

26. 一般情况下，鼠标右键的主要功能是（　　）。
    A. 删除当前选择的目标　　　　　　B. 显示当前选择目标的功能菜单
    C. 复制当前选择的目标　　　　　　D. 更名当前选择的目标
    正确答案：B

27. 采购了多种品牌的部件进行计算机组装，每个部件都正常，连接、安装、配置操作也完全正确，但系统仍不能正常使用，很可能是（　　）问题。
    A. 不稳定　　　B. 不可靠　　　C. 不兼容　　　D. 不安全
    正确答案：C

28. 用户及时下载安装软件补丁的目的不包括（　　）。
    A. 增加安全性　B. 修复某些漏洞　C. 添加新特性　D. 拓展应用领域
    正确答案：D

29. 计算机出现故障时，判断与处理的原则不包括（　　）。
    A. 先静后动——先思考问题可能在哪，再动手操作
    B. 先外后内——先检查外设、线路，后开机箱检查
    C. 先拆后查——先拆卸各零部件，再逐一进行排查
    D. 先软后硬——先从软件判断入手，再从硬件着手
    正确答案：C

30. 显示器分辨率调小后，屏幕上文字的大小（　　）。
    A. 变大　　　B. 变小　　　C. 不变　　　D. 不变但更清晰
    正确答案：A

31. 由多台计算机组成的一个系统，这些计算机之间可以通过通信来交换信息，互相之间无主次之分，它们共享系统资源，程序由系统中的全部或部分计算机协同执行，执行过程对用户透明。管理上述计算机系统的操作系统是（　　）。
    A. 实时操作系统　B. 网络操作系统　C. 分布式操作系统　D. 嵌入式操作系统
    正确答案：C

32. 许多操作系统运行时会产生备份文件。下列文件中，（　　）是备份文件。
    A. backup.dll　B. backup.bak　C. backup.sys　D. backup.exe
    正确答案：B

33. 在 Windows 7 中，当一个应用程序窗口被最小化后，该应用程序（　　）。
    A. 终止执行　B. 在前台继续执行　C. 暂停执行　D. 转入后台继续执行
    正确答案：D

34. （　　）不是屏幕保护程序的作用。
    A. 保护显示器　B. 节省能源　C. 保护个人隐私　D. 保护计算机硬盘
    正确答案：D

35. 在 Word 文档操作时，有些命令选项是灰色，原因是（　　）。
    A. 文档不可编辑　　　　　　　　　B. 文档带病毒

C. 文档需要进行转换 D. 这些选项在当前不可使用
正确答案：D

36. Word 2010 中有多种视图显示方式，其中（　　）视图方式可使显示效果与打印预览基本相同。
    A. 普通　　　B. 大纲　　　C. 页面　　　D. 主控文档
    正确答案：C

37. 下列对 Word 编辑功能的叙述中，不正确的是（　　）。
    A. 可以同时开启多个文档编辑窗口
    B. 可以在插入点位置插入多种格式的系统日期
    C. 可以插入多种类型的图形文件
    D. 可以使用另存为命令将已选中的对象复制到插入点位置
    正确答案：D

38. 在 Word 的编辑状态下，单击"粘贴"按钮，可将剪贴板上的内容粘贴到插入点，此时剪贴板中的内容（　　）。
    A. 完全消失　　　　　　　　　　B. 回退到前次剪切的内容
    C. 不发生变化　　　　　　　　　D. 为插入点之前的所有内容
    正确答案：C

39. 在 Word 的编辑状态下，对于选定的文字（　　）。
    A. 可以设置颜色，不可以设置动态效果　　B. 可以设置动态效果，不可以设置颜色
    C. 既可以设置颜色，也可以设置动态效果　D. 不可以设置颜色，也不可以设置动态效果
    正确答案：A

40. 在 Word 文档中某一段落的最后一行只有一个字符，若想把该字符合并到上一行，（　　）不能做到。
    A. 减少页的左右边距　　　　　　B. 减小该段落的字体的字号
    C. 减小该段落的字间距　　　　　D. 减小该段落的行间距
    正确答案：D

41. 下述关于 Word 分栏操作的叙述中，正确的是（　　）。
    A. 可以将指定的段落分成指定宽度的两栏　B. 任何视图下均可看到分栏效果
    C. 设置的各栏宽度和间距与页面宽度无关　D. 栏与栏之间不可以设置分隔线
    正确答案：A

42. 在 Word 中，文本框（　　）。
    A. 不可与文字叠放　　　　　　　B. 文字环绕方式多于两种
    C. 随着框内文本内容的增多而增大　D. 文字环绕方式只有两种
    正确答案：B

43. 在 Word 2010 中，如果用户选中了某段文字，误按了空格键，则选中的文字将被一个空格所代替，此时可用（　　）命令还原到误操作前的状本。
    A. 替换　　　B. 粘贴　　　C. 撤销　　　D. 恢复
    正确答案：C

信 息 技 术

44. 在 Word 2010 的编辑状态下打开 "1.doc" 文档后，另存为 "2.doc" 文档，则（　　）。
    A. 当前文档是 1.doc	B. 当前文档是 2.doc
    C. 1.doc 与 2.doc 均是当前文档	D. 1.doc 与 2.doc 均不是当前文档
    正确答案：B

45. 下列关于 Excel 2010 的叙述中，正确的是（　　）。
    A. Excel 将工作簿的每一张工作表分别作为一个文件来保存
    B. Excel 允许同时打开多个工作簿文件
    C. Excel 的图表必须与生成该图表的有关数据处于同一张工作表上
    D. Excel 工作表的名称由文件决定
    正确答案：B

46. 在 Excel 2010 工作表中，（　　）不是单元格地址。
    A. B$3	B. $B3	C. B3$3	D. $B$3
    正确答案：C

47. 在 Excel 2010 中，（　　）属于算术运算符。
    A. *	B. =	C. &	D. <>
    正确答案：A

48. 在 Excel 2010 的 A1 单元格中输入函数 "=LEFT("CHINA", 1)"，按【Enter】键后，则 A1 单元格中的值为（　　）。
    A. C	B. H	C. N	D. A
    正确答案：A

49. 在 Excel 2010 中，若在单元格 A1 中输入函数 "=MID("RUANKA0", 1, 4)"，按【Enter】键后，则 A1 单元格中的值为（　　）。
    A. R	B. UAN	C. RKAO	D. NKAO
    正确答案：B

50. 在 Excel 2010 中，若在单元格 A1 中输入函数 "=AVERAGE(4, 8, 12)/ROUND(4.2, 0)"，按【Enter】键后，则 A1 单元格中的值为（　　）。
    A. 1	B. 2	C. 3	D. 6
    正确答案：B

51. 在 Excel 2010 中，设单元格 A1 中的值为 100，B1 中的值为 100，A2 中的值为 0，B2 中的值为 1，若在 C1 单元格中输入函数 "=IF(A1+B1<=0, A2, B2)"，按【Enter】键后，则 C1 单元格中的值为（　　）。
    A. -100	B. 0	C. 1	D. 100
    正确答案：B

52. 在 Excel 2010 中，若 A1 单元格中的值为 50，B1 单元格中的值为 60，若在 A2 单元格中输入函数 IF(ADA1>+60, B1> 60), "合格", "不合格")，则 A2 单元格中的值为（　　）。
    A. 50	3. 60	C. 合格	D. 不合格
    正确答案：D

53. 在 Excel 2010 中，若 A1、B1、C1、D1 单元格中的值分别为 -22.38、21.38、31.56、-30.56、在 E1 单元格中输入函数 =ABS (SUM(A1:B1))/AVERAGE(C1:D1)，则 B1 单元格中的值为（   ）。

    A. -1　　　　　　B. 1　　　　　　C. -2　　　　　　D. 2

    正确答案：D

54. 在 Excel 2010 中，（   ）可以对 A1 单元格数值的小数部分进行四舍五入运算。

    A. =INT(A1)　　　B. ≠ INTEGER(AI)　　C. =ROUND(AI, 0)　　D. =ROUNDUP(A1, 0)

    正确答案：C

55. 在 WPS 2016 电子表格中，如果要将单元格中存储的 11 位手机号中第 4 到 7 位用 "***" 代替，应使用（   ）函数。

    A. MID　　　　　B. REPLACE　　　C. MATCH　　　　D. FIND

    正确答案：B

56. 在 WPS2016 电子表格中，如果单元格 A2 到 A50 中存储了学生的成绩（成绩取值在 0～100 之间），若要统计小于 60 分学生的个数，正确的函数是（   ）。

    A. =COUNT (A2:A50, <60)　　　　　B. =COUNT (A2:A50, "<60")

    C. =COUNTIF (A2:A50, <60)　　　　D. =COUNTIF (A2:A50, "<60")

    正确答案：D

57. 在 WPS2016 幻灯片放映设置中，选择"幻灯片放映"/"设置放映方式"命令，在打开的"设置放映方式"对话框中不能设置的是（   ）。

    A. 放映类型　　　　　　　　　　　B. 循环放映，按 Esc 键终止

    C. 放映幻灯片范围　　　　　　　　D. 排练计时

    正确答案：D

58. 在 PowerPoint 2010 新建文稿时可以使用主题创建，还可以根据需要修改应用主题的（   ）。

    A. 颜色、效果和字体　　　　　　　B. 颜色、效果和动画

    C. 颜色、字体和动画　　　　　　　D. 动画和放映效果

    正确答案：A

59. 使用 Access 建立数据库，重要步骤之一就是建立表结构。对于下图中的 E-R 模型，需要建立（   ）。

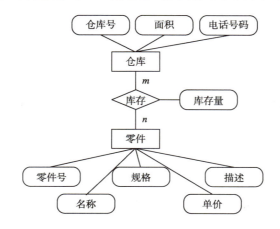

信息技术

A. 仓库、零件两张表 B. 库存一张表
C. 仓库表、零件表、库存表三张表 D. 库存、零件两张表
正确答案：C

60. 解决网络安全问题的技术分为主动防御保护技术和被动防御保护技术两大类，（   ）属于被动防御保护技术。

    A. 数据加密 B. 身份认证 C. 入侵检测 D. 访问控制
    正确答案：C

61. 在信息存储和传输过程中，为防止信息被偶然或蓄意修改、删除、伪造、添加、破坏或丢失，需要采取措施保护信息的（   ）。

    A. 完整性 B. 可用性 C. 保密性 D. 可鉴别性
    正确答案：A

62. 信息安全管理活动不包括（   ）。

    A. 制定并实施信息安全策略
    B. 定期对安全风险进行评估、检查和报告
    C. 对涉密信息进行集权管理
    D. 监控信息系统运行，及时报警安全事件
    正确答案：C

63. 《ISO/IEC27001信息安全管理体系》属于（   ）。

    A. 国际标准 B. 国家强制标准 C. 国家推荐标准 D. 行业标准
    正确答案：A

64. 对个人信息进行大数据采集时，要遵循的原则不包括（   ）。

    A. 合法原则，不得窃取或者以其他非法方式获取个人信息
    B. 正当原则，不得以欺骗、误导、强迫、违约等方式收集个人信息
    C. 充分原则，为拓展应用范围，收集的个人信息的数据项应尽可能多
    D. 必要原则，满足信息主体授权目的所需的最少个人信息类型和数量
    正确答案：C

65. 某企业开发的互联网数据服务平台采用了四层架构，自顶向下分别是（   ），顶层最接近用户，底层最接近基础设施。

    A. 数据加工层、数据采集层、数据应用层、数据整理层
    B. 数据采集层、数据整理层、数据加工层、数据应用层
    C. 数据应用层、数据加工层、数据整理层、数据采集层
    D. 数据整理层、数据应用层、数据采集层、数据加工层
    正确答案：C

66. 某厂在一次产品质量检查中发现了70件次品，按次品原因统计如下表。根据此表，可以推断，（   ）是主要的次品原因，占总次品件数约70%。

次品原因	料短	裂缝	硬度	开刃	光洁度	其他
件数	30	18	8	6	4	4

    A. 料短
    B. 料短和裂缝

C. 料短、裂缝和硬度 D. 料短、裂缝、硬度和开刃

正确答案：B

67. 据统计，我国现在70%的数据集中在政府部门，20%的数据在大企业，剩余10%的数据分散在各行各业，用（　　）最能直观形象地展现该统计结论。

A. 柱形图　　　　B. 圆饼图　　　　C. 折线图　　　　D. 面积图

正确答案：B

68. 信息处理员小李调查了本公司各种产品的重要性和客户满意度两种参数，制作了下图，并标出了四个区域：Ⅰ、Ⅱ、Ⅲ和Ⅳ。从业务上看，这四个区域依次为（　　）。

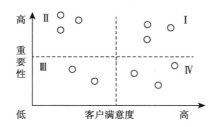

A. 维持优势区、高度关注区、优先改进、无关紧要区
B. 无关紧要区、高度关注区、优先改进区、维持优势区
C. 优先改进区、维持优势区、高度关注区、无关紧要区
D. 高度关注区、优先改进区、无关紧要区、维持优势区

正确答案：D

69. 通常，网购产品需要依次进行以下操作步调，浏览商品、放入购物车、生成订单、支付订单、完成交易，某网站对一个月内执行每一步操作的客户人数及其比例做了统计（按浏览商品的人数比例为10%进行统计），制作了如下的漏斗图（只有20%的浏览商品者实际完成了交易）。

浏览商品	100%
放入购物车	60%
生成订单	40%
支付订单	25%
完成交易	20%

从上图可以发现，从浏览商品开始，每前进一步都有一定的客户流失率（相对于上一步人数减少的比例），经计算，各个步骤客户流失率依次为（　　）。

A. 66.7%，50%，60%，25%　　　　B. 60%，40%，25%，20%
C. 40%，20%，15%，5%　　　　　　D. 40%，33.3%，37.5%，20%

正确答案：D

70. 某企业信息处理技术员小王总结的以下几条工作经验中，（　　）并不正确。

A. 工作认真细致，态度严谨负责，客观评价问题
B. 逻辑思维清晰，对业务和实际情况有足够了解
C. 要有好奇心，善于发现数据背后隐藏的秘密

D. 尽量采用高级的处理方法，展示自己的能力

正确答案：D

71. The（　）is a pointing device that controls the pointer on the screen.

    A. keyboard　　　　B. mouse　　　　C. scanner　　　　D. printer

    正确答案：B

72. （　）acts as the manager of computer resources.

    A. Application　　B. Operating system　　C. I/0　　D. Data

    正确答案：B

73. A basic feature of all（　）is the capability to locate records in the file quickly.

    A. App　　　　B. OS　　　　C. CAD　　　　D. DBMS

    正确答案：D

74. Each Web site has its own unique address known as a（　）.

    A. URL (Uniform Resource Locator)　　　　B. IP(Internet Protocol)

    C. TMIL (HyperText Markup Language)　　D. www(World Wide Web)

    正确答案：A

75. Make（　）copies of important files to protect your information.

    A. save　　　　B. back-up　　　　C. support　　　　D. ready

    正确答案：B

2019年下半年《信息处理技术员》考试下午真题

第1题（操作题）：

利用系统提供的素材，按题目要求完成后，用 Word 的保存功能直接存盘。

一滴水经过丽江

我是一片雪，轻盈地落在了玉龙雪山顶上。

有一天，我醒来，发现自己变成了坚硬的冰。和更多的冰挤在一起，缓缓向下流动。在许多年的沉睡里，我变成了玉龙雪山冰川的一部分。我望见了山下绿色的盆地——丽江坝。见了森林、田野和村庄。张望的时候，我被阳光融化成了一滴水。我想起来，自己的前生，在从高空的雾气化为一片雪，又凝成一粒冰之前，也是一滴水。

要求：

1. 将标题字体设置为"黑体"，字号设置为"小初"、居中显示。正文设定为四号宋体。
2. 将正文中所有的"雪"字加粗显示。
3. 添加页眉，内容为"丽江之美"。
4. 在正文第二自然段后另起行录入第三段文字：是的，我又化成了一滴水，和瀑布里另外的水大声喧哗着扑向山下。在高山上，我们沉默了那么久，终于可以敞开喉咙大声喧哗。一路上，经过了许

多高大挺拔的树，名叫松与杉。还有更多的树开满鲜花，叫作杜鹃，叫作山茶。

5. 将最后一段进行分栏，平均分为两栏。

参考答案：

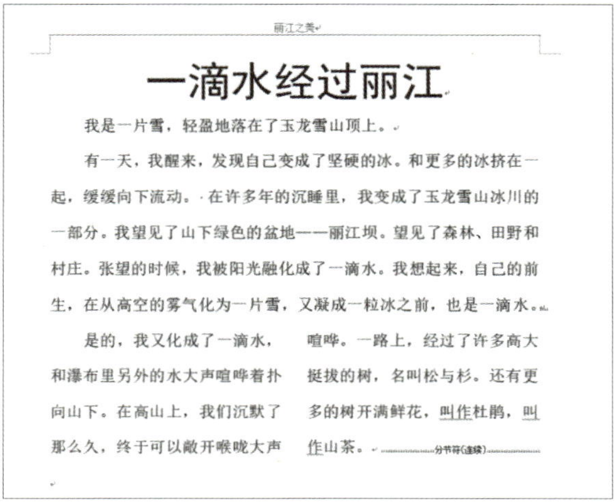

第2题（操作题）：
用 Word 软件制作如图所示的固定资产申请单，完成后，用 Word 的保存功能直接存盘。

固定资产申请单

部门		申请人		日期	
使用地点					
申请物品	数量	单位	单价	金额	备注
合计（大写）					
部门意见					
总经办意见					

信 息 技 术

第3题（操作题）：

在 Excel 的 Sheet1 工作表的 A1:J8 单元格内创建"2019级部分学生成绩表"（内容如下图所示）。按题目要求完成后，用 Excel 的保存功能直接存盘。

	A	B	C	D	E	F	G	H	I	J
1	2019级部分学生成绩表									
2	姓名	性别	数学	语文	计算机	英语	总分	平均分	最高分	最低分
3	赵一	男	72	82	81	62				
4	钱二	男	78	74	78	80				
5	孙三	女	80	70	68	70				
6	李四	男	79	71	62	76				
7	周五	女	58	82	42	65				
8	郑六	女	78	71	70	52				

要求：

1. 表格要有可视的边框，并将表中的文字设置为宋体、12磅、居中。
2. 用 SUM 函数计算总分。
3. 用 AVERAGE 函数计算平均分，计算结果保留2位小数。
4. 用 MAX 函数计算最高分。
5. 用 MIN 函数计算最低分。

参考答案：

	A	B	C	D	E	F	G	H	I	J
1	2019级部分学生成绩表									
2	姓名	性别	数学	语文	计算机	英语	总分	平均分	最高分	最低分
3	赵一	男	72	82	81	62	297	74.25	82	62
4	钱二	男	78	74	78	80	310	77.50	80	74
5	孙三	女	80	70	68	70	288	72.00	80	68
6	李四	男	79	71	62	76	288	72.00	79	62
7	周五	女	58	82	42	65	247	61.75	82	42
8	郑六	女	78	71	70	52	271	67.75	78	52

第4题（操作题）：

利用系统提供的资料，用 PowerPoint 创意制作演示文稿。按照题目要求完成后，用 PowerPoint 的保存功能直接存盘，文件名为"烈火英雄.pptx"。

资料：

英雄事迹

2019年3月30日18时许，四川省凉山州木里县雅砻江镇发生森林火灾。31日下午，四川森林消防总队凉山州支队指战员和地方扑火队员共689人抵达海拔4000余米的原始森林展开扑救。扑火行动中，因风力风向突变，突发林火爆燃，现场扑火人员紧急避险，其中27名森林消防指战员和3名地方扑火队员壮烈牺牲。

要求：

1. 标题设置为40磅、楷体、居中。
2. 正文内容设置为24磅、宋体。

3. 演示文稿切换幻灯片采用分割，换片方式为单击鼠标。
4. 为演示文稿插入页脚，内容为"英雄事迹"。

参考答案：

英雄事迹

- 2019年3月30日18时许，四川省凉山州木里县雅砻江镇发生森林火灾。31日下午，四川森林消防总队凉山州支队指战员和地方扑火队员共689人抵达海拔4000余米的原始森林展开扑救。扑火行动中，因风力风向突变，突发林火爆燃，现场扑火人员紧急避险，其中27名森林消防指战员和3名地方扑火队员壮烈牺牲。

第 5 题（操作题）：

在 Excel 的 Sheet1 工作表 A1:I22 单元格创建表格（内容如下图所示）。按题目要求完成后，用 Excel 的保存功能直接存盘。文件名为"成绩表.xlsx"。

	A	B	C	D	E	F	G	H	I
1	姓名	数学	英语	计算机	政治	平均分	总分	奖学金	评价
2	徐一航	95	90	90	93				
3	张震	100	86	78	98				
4	邢朝波	77	86	82	76				
5	武一元	74	70	80	89				
6	尉高耀	79	95	79	79				
7	孙俊杰	82	90	83	78				
8	房澳宇	91	79	96	80				
9	孙奥森	97	72	97	85				
10	邓一琳	77	71	71	79				
11	李清华	97	79	96	92				
12	赵祎静	93	93	86	92				
13	胡若海	90	88	93	88				
14	丁虎	86	97	95	93				
15	王田文	98	93	73	73				
16	路子瑶	91	73	85	89				
17	杨超群	71	72	73	79				
18	王振宇	88	96	86	71				
19	冯晓哲	96	87	90	86				
20	金博涵	86	72	80	93				
21	张兴星	87	76	76	97				
22	夏伟健	77	90	83	86				
23									

要求：

1. 表格要有可视的边框，并将表中的文字设置为宋体、12 磅、居中。
2. 用 ROUND 和 AVERAGE 函数计算平均分，计算结果保留 2 位小数。
3. 用 SUM 函数计算总分。
4. 根据总分，用 IF 函数计算奖学金计算方法为总分大于等于 350 的奖学金为 500，否则不显示任何内容。
5. 根据"数学""英语"，用 IF 函数和 AND 函数计算评价，计算方法为"数学"和"英语"均大于 90 分以上，评价为"优秀，否则不显示任何内容。

信息技术

参考答案：

	A	B	C	D	E	F	G	H	I
1	姓名	数学	英语	计算机	政治	平均分	总分	奖学金	评价
2	徐一航	95	90	90	93	92.00	368	500	
3	张震	100	86	78	98	90.50	362	500	
4	邢朝波	77	86	82	76	80.25	321		
5	武一元	74	70	80	89	78.25	313		
6	尉高耀	79	95	79	79	83.00	332		
7	孙俊杰	82	90	83	78	83.25	333		
8	房澳宇	91	79	96	80	86.50	346		
9	孙奥淼	97	72	97	85	87.75	351	500	
10	邓一琳	77	71	71	79	74.50	298		
11	李清华	97	79	96	92	91.00	364	500	
12	赵祎静	93	93	86	92	91.00	364	500	优秀
13	胡若海	90	88	93	88	89.75	359	500	
14	丁虎	86	97	95	93	92.75	371	500	
15	王田文	98	93	73	73	84.25	337		优秀
16	路子瑶	91	73	85	89	84.50	338		
17	杨超群	71	72	73	79	73.75	295		
18	王振宇	88	96	86	71	85.25	341		
19	冯晓哲	96	87	90	86	89.75	359	500	
20	金博涵	86	72	80	93	82.75	331		
21	张兴星	87	76	76	97	84.00	336		
22	夏伟键	77	90	83	86	84.00	336		

2020年下半年《信息处理技术员》考试上午真题

一、单选题（共75题，每题1分，共75分）

1. 信息技术员小张搜集甲乙丙丁四条河流信息时，发现四条河流的流速图（如下图）有问题。按照历年的流量的平均统计，甲河流的流量远大于其他河流，且甲和丁河流地处雨水充沛的南方，而乙丙河流处于干旱北方。于是小张最好的处理方式是（　　）。

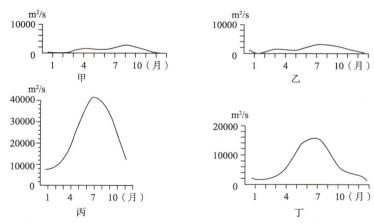

A. 抛弃这些流速图

B. 根据常识性规则，在确认乙丙河流无误的情况下，将甲丁河流的图进行了互换

C. 标注可能存在问题

D. 不理睬

正确答案：C

附录 C 《信息处理技术员》考试真题及答案

2. 在 Excel 中，公式中的绝对引用地址在被复制到其他单元格时，其（　　）。
   A. 列地址改，行地址不变 B. 行地址和列地址都不会改变
   C. 行地址和列地址都会改变 D. 行地址改变，列地址不变
   正确答案：B

3. In a computer, the (　　) is the part that processes all the data and makes the computer work.
   A. CPU B. mainboard C. GPU D. Memory
   正确答案：A

4. 在 Word 字体设置的对话框中，不能进行（　　）操作。
   A. 加粗 B. 加删除线 C. 加下画线 D. 行距
   正确答案：D

5. 企业建立网络安全体系时应有的假设中不包括（　　）。
   A. 假设外部有人企图入侵系统或已入侵系统
   B. 假设系统中存在尚未发现的漏洞
   C. 假设企业内部的人是可靠的，风险在外部
   D. 假设已发现的漏洞中还有未修补的漏洞
   正确答案：C

6. PowerPoint 的演示文稿可以保存为（　　），可以在没有安装演示文稿软件的机器上放映。
   A. PDF 文件 B. PowerPoint 放映
   C. PowerPoint 图片演示文稿 D. pptx 文件
   正确答案：A

7. A (　　) is a computer system or program that automatically prevents an unauthorized person from gaining access to a computer when it is connected to a network such as the Internet.
   A. firewall B. gateway C. router D. anti-virus software
   正确答案：A

8. 在 Excel 中，函数 INT(-12.6) 的结果是（　　）。
   A. 12 B. -13 C. 13 D. -12
   正确答案：B

9. 解决网络安全问题的技术分为主动防御保护技术和被动防御保护技术两大类。（　　）属于主动防御保护技术。
   A. 审计跟踪 B. 防火墙 C. 入侵检测 D. 访问控制
   正确答案：A

10. 使用 Word 编辑文档时，框选字符后又继续输入字符，其结果是（　　）。
    A. 由新输入的字符替换了被选定的字符
    B. 在选定文字的后面添加了新输入的几个字符
    C. 在选定文字的前面添加了新输入的几个字符
    D. 从选定文字的后面自动分段，在下一段的开头添加新输入的字符
    正确答案：A

信 息 技 术

11. 在 WPS 2016 电子表格中,如果要使单元格 D1 的值在 B1 大于 100 且 C1 小于 60 时取值为"可以",否则取值为"不可以",则应在 D1 中输入（　　）。

  A．=IF(B1>100 OR C1<60," 可以 "," 不可以 ")
  B．=IF(AND(B1>100, C1<60)," 可以 "," 不可以 ")
  C．=IF(OR(B1>100, C1<60)," 可以 "," 不可以 ")
  D．=IF(B1>100 AND C1<60," 可以 "," 不可以 ")
  正确答案：B

12. 小李是某厂的信息技术员,他的工作是负责搜集企业的外部信息,下面（　　）不属于小张的信息搜集范围。

  A．法律法规   B．影响该厂产品销售的自然气候
  C．与该厂生产的产品有关的技术信息   D．与该厂产品销售有关的文化活动
  正确答案：D

13. 下列选项中,不属于数据清洗的是（　　）。

  A．删除重复数据   B．处理无效值和缺失值
  C．检查数据一致性   D．数据排序
  正确答案：D

14. 利用暴力或非暴力手段攻击破坏信息系统的安全,便构成计算机犯罪,其犯罪的形式有多种。有人在计算机内有意插入程序,在特定的条件下触发该程序执行,瘫痪整个系统或删除大量的信息。这种犯罪形式属于（　　）。

  A．数据欺骗   B．逻辑炸弹   C．监听窃取   D．超级冲击
  正确答案：B

15. 在我国,对下列知识产权保护类型的保护期限最长的是（　　）。

  A．发明专利   B．外观设计专利
  C．公民的作品发表权   D．实用新型专利
  正确答案：C

16. 关于主板的叙述,不正确的是（　　）。

  A．主板的可扩展性决定了计算机系统的升级能力
  B．已安装在主板上的 CPU 不能进行更换
  C．主板是构成计算机系统的基础
  D．主板的性能决定了所插部件性能的发挥
  正确答案：B

17. 关于矢量图的说法,不正确的是（　　）。

  A．如计算机辅助设计（CAD）系统中常用矢量图来描述十分复杂的几何图形
  B．是根据几何特性来绘制的
  C．图形的元素是一些点、直线、弧线等
  D．图形任意放大或者缩小后,清晰度会明显变化
  正确答案：D

18. 在显示文件目录的资源管理器中，不能对文件进行（　　）操作。
    A. 合并　　　　　B. 剪切　　　　　C. 删除　　　　　D. 复制
    正确答案：A

19. 在数据分析时，即使面对正确的数据，如果用错误的统计和错误的推理方法，那么据此做出的决策也将出现问题。以下叙述中，（　　）是正确的。
    A. 观察到数据子集中的某些趋势，将其作为整体的趋势
    B. 先按领导想法确定统计结论，再选择数据表明其正确性
    C. 不能仅对容易获得的定量指标进行统计，忽略其他指标
    D. 有意选择那些有助于支持自己的假设的数据进行统计
    正确答案：C

20. 3张不同的电影票全部分给10个人，每个人至多1张，则有（　　）种不同的分法。
    A. 120　　　　　B. 360　　　　　C. 1024　　　　　D. 720
    正确答案：D

21. A fault in a machine, especially in a computer system or program is called（　　）.
    A. defect　　　　B. mistake　　　　C. bug　　　　D. error
    正确答案：C

22. 下图是北京机场2008到2013年客流量的统计图，从该图中无法看出（　　）。

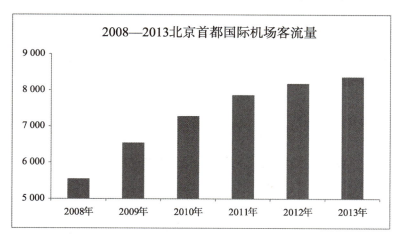

    A. 客流量递增趋势逐年增大
    B. 客流量逐年递增
    C. 与上一年相比，2009年客流量递增幅度最大
    D. 与上一年相比，2013年客流量递增幅度最小
    正确答案：A

23. 一个四位二进制补码的表示范围是（　　）。
    A. −7~8　　　　　B. −7~7　　　　　C. −8~7　　　　　D. 0~15
    正确答案：C

信 息 技 术

24. 在 Excel 中，假设单元格 A1 为文字格式 "15"，单元格 A2 为数字 "3"，单元格 A3 为数字 "2"，则函数 COUNT(A1:A3) 等于（　　）。

  A. 6   B. 20   C. 3   D. 2

  正确答案：D

25. RISC 是（　　）的简称。

  A. 精简指令集计算机   B. 数字逻辑电路

  C. 复杂指令计算机   D. 大规模集成电路

  正确答案：A

26. 在 Excel 中，若要计算出 B3:E6 区域内的数据的最小值并保存在 B7 单元格中，应在 B7 单元格中输入（　　）。

  A. =MAX(B3:E6)   B. =MIN(B3:E6)   C. =SUM(B3:E6)   D. =COUNT(B3:E6)

  正确答案：B

27. 关于数值编码的说法，不正确的是（　　）。

  A. 机器数指数值在计算机中的编码表示

  B. 真值是由人识别的

  C. 数值编码的内容就是在计算机中如何把机器码映射为真值

  D. 机器码是供机器使用的

  正确答案：C

28. 操作系统、通用的数据库系统、办公软件等统称（　　）。

  A. 基础软件   B. 应用软件   C. 支撑软件   D. 系统软件

  正确答案：A

29. 图像数字化是将连续色调的模拟图像经采样量化后转换成数字影像的过程。以下描述不正确的是（　　）。

  A. 把模拟图像转变成电子信号，随后才将其转换成数字图像信号

  B. 图像的数字化过程主要分采样量化与编码三个步骤

  C. 数字图像便于通过网络分享传播

  D. 量化的结果是图像容纳的像素点总数，它反映了采样的质量

  正确答案：D

30. 下列选项中，不属于数据校验方法的是（　　）。

  A. 奇偶校验   B. 海明码   C. BCD 码   D. CRC 循环校验码

  正确答案：C

31. （　　）不属于大数据的特征。

  A. 访问时间短   B. 处理速度快   C. 价值密度低   D. 数据类型繁多

  正确答案：A

32. 下列关于 Word 文档打印的叙述，正确的是（　　）。

  A. 只能在打印预览状态打印   B. 在打印预览状态不能打印

C. 在打印预览状态也可以直接打印　　　　D. 必须退出预览状态后才可以打印

正确答案：C

33. 计算机存储器的最小单位为（　　）。
    A. 字　　　　　B. 双字　　　　　C. 字节　　　　　D. 比特

    正确答案：D

34. 在 Word 文档编辑时，对选定文字进行字体设置后（　　）格式被更新。
    A. 文档中被选择的文字　　　　　B. 插入点所在行中的文字
    C. 插入点所在段落中的文字　　　D. 文档的全部文字

    正确答案：A

35. 硒鼓和墨粉是（　　）的消耗品。
    A. 喷墨打印机　　B. 针式打印机　　C. 激光打印机　　D. 行式打印机

    正确答案：C

36. 在 Excel 中，用来存储并处理工作表数据的文件，被称为（　　）。
    A. 文档　　　　　B. 单元格　　　　C. 工作簿　　　　D. 工作区

    正确答案：C

37. 在 Excel 中，若 A1 单元格中的值为 -1，B1 单元格中的值为 1，在 B2 单元格中输入 =SUM(SIGN(A1)+B1)，则 B2 单元格中的值为（　　）。
    A. 2　　　　　　B. 0　　　　　　C. 1　　　　　　D. -1

    正确答案：B

38. （　　）是企业为提高核心竞争力，利用相应的信息技术以及互联网技术协调企业与客户间在营销和服务上的交互，从而提升其管理方式，向客户提供创新式的个性化的客户交互和服务的过程。
    A. 客户关系管理（CRM）　　　　B. 供应链管理（SCM）
    C. 企业资源计划（ERP）　　　　D. 计算机辅助制造（CAM）

    正确答案：A

39. Access 属于（　　）数据库管理系统。
    A. 关系　　　　　B. 层次　　　　　C. 网状　　　　　D. 属性

    正确答案：A

40. Windows 7 中录音机录制的声音文件默认的扩展名为（　　）。
    A. RM　　　　　　B. MP3　　　　　C. WMA　　　　　D. WAV

    正确答案：D

41. 以下关于企业信息处理的叙述中，不正确的是（　　）。
    A. 数据处理是简单重复劳动　　　B. 数据是企业的重要资源
    C. 信息与噪声共存是常态　　　　D. 信息处理需要透过数据看本质

    正确答案：A

42. 新文件保存的三要素是主文件名（　　）。
    A. 文件类型、文件长度　　　　　B. 文件长度、保存时间

C. 文件类型、保存位置　　　　　　　　D. 保存时间、保存位置

正确答案：C

43. 某地区在 12～30 岁居民中随机抽取了 10 000 个人的身高和体重的统计数据，可以根据该数据画出（　　）来判断居民的身高和体重之间的关系模式。

    A. 雷达图　　　　B. 柱状图　　　　C. 散点图　　　　D. 饼图

    正确答案：C

44. 在 Word 文档中插入的图片（　　）。

    A. 文档中的图片只能显示，无法用打印机打印输出
    B. 图片的位置可以改变，但大小不能改变
    C. 不能自行绘制，只能从 Office 的剪辑库中插入
    D. 可以嵌入到文本段落中

    正确答案：D

45. 在 Excel 中，若在 A1 单元格中输入 =POWER(2, 3)，则 A1 单元格中的值为（　　）。

    A. 5　　　　　　B. 8　　　　　　C. 6　　　　　　D. 9

    正确答案：B

46. （　　）是运算器和控制器的合称。

    A. 中央控制器　　B. 外设　　　　C. 主机　　　　D. 总线控制器

    正确答案：A

47. 银行有一种支付利息的方式：复利，即把前一期的利息和本金加在一起算作本金，再计算下一期的利息，假设存入本金 30 000 元，年利率 3%，复利，存期 3 年，则到期本利和是（　　）。

    A. 32 700.0 元　　B. 32 828.6 元　　C. 32 781.8 元　　D. 32 900.0 元

    正确答案：C

48. 下列数中，最小的数为（　　）。（注：括号后的下标为编码方式或者进制）。

    A. (90)10　　B. (5F)16　　C. (11100101)2　　D. (1001 0010)BCD

    正确答案：A

49. 某食品厂生产的某种食品以 500 为单位进行包装，其误差为 10 克，为了更准确表达其商品的质量，会在食品包装上注明（　　）。

    A. 净重 490～510 克　　　　　　B. 净重 500 克，误差 10 克
    C. 重量 500 克，误差 10 克　　　D. 净重 500±10 克

    正确答案：D

50. 软件发行后，还会不定期发布补丁。一般来说，补丁程序解决的问题不包括（　　）。

    A. 不安全因素　　B. 某些功能缺陷　　C. 功能需要扩展　　D. 软件中的错误

    正确：C

51. 下列选项中，支持动画的图像存储格式是（　　）。

    A. PNG　　　　　B. GIF　　　　　C. JPEG　　　　　D. BMP

    正确答案：B

52. 企业面对大量数据往往存在不少难题：不了解大数据平台中有哪些数据，难以理解海量数据与业务的关系，不了解哪些数据是解决业务问题的关键，这些问题属于（   ）。

  A. 数据难取 B. 数据难控 C. 数据难知 D. 数据难联

  正确答案：D

53. 操作系统的功能不包括（   ）。

  A. 管理计算机系统中的资源 B. 提供人机交互界面

  C. 对用户数据进行分析处理 D. 调度运行程序

  正确答案：C

54. 关于汇编语言的描述，不正确的是（   ）。

  A. 对程序员来说，需要硬件知识

  B. 汇编语言编写的程序执行速度比高级语言快

  C. 汇编语言对机器的依赖性高

  D. 汇编语言的源程序通常比高级语言源程序短小

  正确答案：D

55. 在Word文档中查找所有的"广西""广东"，可在查找内容中输入（   ），再陆续检查处理。

  A. 广西 B. 广西或广东 C. 广? D. 广西广东

  正确答案：C

56. 关于ASCII码的说法，不正确的是（   ）。

  A. ASCII码字符的最高位为0 B. 计算机用一个字节来存放一个ASCII码字符

  C. ASCII码是目前最常用的西文字符编码 D. ASCII码可以用于存储汉字

  正确答案：D

57. （   ）可以解决CPU与内存之间的速度匹配问题。

  A. RAM B. DRAM C. ROM D. Cache

  正确答案：D

58. 在Word文档中，需要在每页下方显示相同的信息，该信息放置在（   ）。

  A. 尾注 B. 批注 C. 页眉 D. 页脚

  正确答案：D

59. 在Excel中，单元格A1、A2、A3、A4的值分别为10、20、30、40，则函数MAX(MIN (A1:A2)，MIN(A3:A4))等于（   ）。

  A. 10 B. 40 C. 30 D. 20

  正确答案：C

60. 在Word编辑状态，插入图片时，文字不可以用（   ）环绕方式。

  A. 四周型 B. 左右型 C. 紧密型 D. 上下型

  正确答案：B

61. 关于软件卸载操作的叙述中，不正确的是（   ）。

  A. 直接删除可执行程序文件

B. 可用软件自带的卸载程序来删除软件

C. 可用控制面板中的"添加/删除程序"删除软件

D. 不要手动删除那些".sys"、".dll"等文件

正确答案：A

62. The ( ) is a set of programs that controls the way a computer works and runs other programs.

  A. system software   B. database

  C. operating system   D. Central Processing Unit

  正确答案：D

63. 显示器的分辨率是指屏幕上水平像素和垂直像素的数目。以下几种分辨率中，（　　）显示的图像最清晰，显示的字符最小。

  A. 1 600×1 200   B. 1 024×768   C. 1 920×1 200   D. 1 280×1 024

  正确答案：C

64. 关于Word页边距的说法，不正确的是（　　）。

  A. 页边距的设置只影响当前页

  B. 用户可以使用标尺来调整页边距

  C. 用户既可以设置左右边距，又可以设置上下边距

  D. 用户可以使用"页面设置"对话框来设置页边距

  正确答案：A

65. An international computer network connecting other networks and computers, the biggest network of the world, is called (　　).

  A. NET   B. Internet   C. intranet   D. ARPA net

  正确答案：B

66. 样本 $\{5, 2, 6, 7, 5\}$ 的方差是（　　）。

  A. 4.5   B. 2.8   C. 1.5   D. 3.4

  正确答案：B

67. 关于指令和数据的描述，错误的是（　　）。

  A. CPU把信息从主存读出后才能区分是指令还是数据

  B. 指令和数据在计算机内部都是用二进制表示的

  C. 指令是指示计算机执行某种操作的命令

  D. 都存于存储器中

  正确答案：A

68. 关于收发电子邮件的叙述中，正确的是（　　）。

  A. 向对方误发电子邮件后，还可以用撤销操作删除该邮件

  B. 只有双方同时打开计算机后才能向对方发送电子邮件

  C. 只要有对方的E-Mail地址，就可以通过网络向其发送电子邮件

  D. 只有双方同时接入互联网后才能向对方发送电子邮件

正确答案：C

69. 在 Windows 7 中，"写字板"和"记事本"软件所编辑的文档（　　）。
    A. 两者均不能与其他 Windows 应用程序交换信息
    B. 只有记事本可通过剪切、复制和粘贴与其他 Windows 应用程序交换信息
    C. 只有写字板可通过剪切、复制和粘贴与其他 Windows 应用程序交换信息
    D. 均可通过剪切复制和粘贴与其他 Windows 应用程序交换信息
    正确答案：D

70. 做社会调查时，问卷题型中一般不包括（　　）。
    A. 开放题　　　　B. 多选题　　　　C. 排序题　　　　D. 填空题
    正确答案：C

71. 在 WPS 2016 电子表格中，能对数据进行绝对值运算的函数是（　　）。
    A. EXP　　　　B. POWER　　　　C. ABS　　　　D. ABX
    正确答案：C

72. 下列关于 Word 操作叙述中，不正确的是（　　）。
    A. 默认的扩展名为 DOCX
    B. 可以将文件保存为纯文本 (TXT) 格式
    C. 在关闭 Word 文档时，将提示保存修改后未被保存的文件
    D. 一次只能打开一个文档，不能同时打开多个文档
    正确答案：D

73. 在以下选项中，不属于计算机病毒特征的是（　　）。
    A. 传染性　　　　B. 隐蔽性　　　　C. 规则性　　　　D. 潜伏性
    正确答案：C

74. 关于信息的叙述，正确的是（　　）。
    A. 信息与事物状态无关
    B. 信息是数据的载体
    C. 数据是信息的载体
    D. 信息是物质或能量
    正确答案：C

75. 打开一个指定文档，其实质是（　　）。
    A. 将文档从硬盘调入内存并显示出来
    B. 为文档创建一个空白文档窗口
    C. 为文档开辟一块硬盘空间
    D. 把文档的内容从内存中读出并显示出来
    正确答案：A

2020 年下半年《信息处理技术员》考试下午真题

一、表格制作题

用 Word 软件制作如图示的水电费清单。按题目要求完成后，用 Word 的保存功能直接存盘。

信 息 技 术

	水电费清单				
姓名	水费		电费		合计
	上半年	下半年	上半年	下半年	

要求：

1. 插入一个6行6列的表格。
2. 设置表格第1行行高为最小值1.2厘米,其余行行高均为固定值0.7厘米;第1列列宽为2厘米,其余各列均为2.5厘米。
3. 按样表所示合并单元格，添加相应文字。
4. 设置表格相应单元格底纹为标准颜色黄色。
5. 设置表格中所有文字的单元格对齐方式为水平且垂直居中，整个表格水平居中。
6. 表格边框左右两侧为1.5磅,其他线条为1磅。顶部底部线条为浅绿色,其他位置线条为黑色。

参考答案：

	水电费清单				
姓名	水费		电费		合计
	上半年	下半年	上半年	下半年	

二、表格数据处理

在 Excel 的 Sheet1 工作表的 A1:D19 单元格内创建如下图所示学生成绩表。按题目要求完成后，用 Excel 的保存功能直接存盘。（表格没有创建在指定区域将不得分）。

	A	B	C	D
1	学号	性别	成绩	名次
2	1801001	男	85	
3	1801002	男	76	
4	1801003	女	92	
5	1801004	男	83	
6	1801005	女	77	
7	1801006	女	62	
8	1801007	男	58	
9	1801008	男	49	
10	1801009	男	80	
11	1801010	女	90	
12	1801011	女	88	
13	1801012	男	76	
14	1801013	女	78	
15	1801014	男	69	
16	1801015	女	83	
17	男生平均成绩			
18	女生平均成绩			
19	及格率			

附录 C 《信息处理技术员》考试真题及答案

要求：

1. 表格要有可视的边框，并将文字设置为宋体、16 磅、居中。
2. 在相应单元格内用 RANK 函数计算每个学生的成绩名次。
3. 在相应单元格内用 AVERAGEIF 函数计算男生的平均成绩，计算结果保留一位小数。
4. 相应单元格内用 AVERAGEIF 函数计算女生的平均成绩，计算结果保留一位小数。
5. 在相应单元格内用 COUNTIF、COUNT 函数计算及格率（大于等于 60 分为及格），计算结果用百分比形式表示，保留 1 位小数。

参考答案：

学号	性别	成绩	名次
1801001	男	85	4
1801002	男	76	10
1801003	女	92	1
1801004	男	83	5
1801005	女	77	9
1801006	女	62	13
1801007	男	58	14
1801008	男	49	15
1801009	男	80	7
1801010	女	90	2
1801011	女	88	3
1801012	男	76	10
1801013	女	78	8
1801014	男	69	12
1801015	女	83	5
男生平均成绩		72.0	
女生平均成绩		76.4	
及格率		86.7%	

三、表格数据处理

在 Excel 的 Sheet 1 工作表的 A1:D19 单元格内创建"期末考试计算机成绩表"（内容如下图所示），按题目要求完成后，用 Excel 的保存功能直接存盘。（表格没创建在指定区域将不得分）

期末考试计算机成绩表			
学号	成绩	等级	排名
202001	88		
202002	90		
202003	58		
202004	60		
202005	90		
202006	75		
202007	77		
202008	82		
202009	96		
202010	51		
202011	72		
202012	98		
202013	69		
202014	86		
202015	81		
平均分			
及格率			

信息技术

问题内容：

1. 表格要有可视的边框，并将文字设置为宋体、16 磅、居中。

2. 成绩≥90 为优秀，90>成绩≥80 为良好，80>成绩≥70 为中等，70>成绩≥60 为合格，成绩<60 为不及格，在等级列相应单元格内用 IF 函数计算每个学生的等级。

3. 在排名列相应单元格内用 RANK 函数计算学生的排名。

4. 在相应单元格内用 AVERAGE 函数计算平均分，保留 2 位小数。

5. 在相应单元格内用 SUM、COUNTIF、COUNT 函数计算及格率（大于等于 60 分为及格），计算结果用百分比形式表示，保留 2 位小数。

参考答案：

	A	B	C	D
1	期末考试计算机成绩表			
2	学号	成绩	等级	排名
3	202001	88	良好	5
4	202002	90	优秀	3
5	202003	58	不及格	14
6	202004	60	及格	13
7	202005	90	优秀	3
8	202006	75	中等	10
9	202007	77	中等	9
10	202008	82	良好	7
11	202009	96	优秀	2
12	202010	51	不及格	15
13	202011	72	中等	11
14	202012	98	优秀	1
15	202013	69	及格	12
16	202014	86	良好	6
17	202015	81	良好	8
18	平均分		78.20	
19	及格率		86.67%	

四、PPT 操作

利用系统提供的资料，用 PowerPoint 创意制作演示文稿。按照题目要求完成后，用 PowerPoint 的保存功能直接存盘。

素材：

庆祝中华人民共和国成立 70 周年阅兵式

庆祝中华人民共和国成立 70 周年阅兵式的全体受阅官兵由人民解放军、武警部队和民兵预备役部队约 15 000 名官兵、580 台（套）装备组成的 15 个徒步方队、32 个装备方队；陆、海、空航空兵 160 余架战机，组成 12 个空中梯队。庆祝中华人民共和国成立 70 周年阅兵式是中国特色社会主义进入新时代的首次国庆阅兵，彰显了中华民族从站起来、富起来迈向强起来的雄心壮志。人民军队以改革重塑后的全新面貌接受习主席检阅，接受党和人民检阅，彰显了维护核心听从指挥的坚定决心，展示了履行新时代使命任务的强大实力。

要求：

1. 标题设置为 44 磅、华文行楷、蓝色；正文内容设置为 24 磅、楷体、黑色、1.5 倍行间距。

2. 为标题和正文设置随机线条动画效果进入。

3. 背景格式采用渐变填充方式。

4. 为演示文稿页脚插入"日期和时间（自动更新）"。

附录 C 《信息处理技术员》考试真题及答案

试题答案:

庆祝中华人民共和国成立70周年
阅兵式

- 庆祝中华人民共和国成立70周年阅兵式的全体受阅官兵由人民解放军、武警部队和民兵预备役部队约15000名官兵、580台（套）装备组成的15个徒步方队、32个装备方队；陆、海、空航空兵160余架战机，组成12个空中梯队。庆祝中华人民共和国成立70周年阅兵式是中国特色社会主义进入新时代的首次国庆阅兵，彰显了中华民族从站起来、富起来迈向强起来的雄心壮志。人民军队以改革重塑后的全新面貌接受习主席检阅，接受党和人民检阅，彰显了维护核心、听从指挥的坚定决心，展示了履行新时代使命任务的强大实力。

2021 年上半年《信息处理技术员》考试上午真题

一、单选题（共 75 题，每题 1 分，共 75 分）

1. 以下关于数据在企业中的价值表达中，不正确的选项是（　　）。
   A. 数据资源是企业的核心资产　　B. 数据是企业创新取得机遇的源泉
   C. 数据转化为信息才有价值　　D. 数据必须依附存储介质才有价值
   正确答案：D

2. 以下关于企业信息化建设的表达中，不正确的选项是（　　）。
   A. 企业信息化建设是企业转型升级的引擎和助推器
   B. 企业对信息化与业务流程一体化的需求愈来愈高
   C. 企业信息化建设的本钱愈来愈低，技术愈来愈简单
   D. 业务流程的不断完善与优化有利于企业信息化建设
   正确答案：C

3. 以下关于移动互联网进展趋势的表达中，不正确的选项是（　　）。
   A. 移动社交将成为人们数字化生活的平台
   B. 市场对移动定位效劳的需求将快速增加
   C. 电话搜索引擎将成为移动互联网进展的助推器
   D. 因平安问题频发，移动支付可不能成为进展趋势
   正确答案：D

4. 从①地开车到⑥地，按以下图标明的道路和行驶方向，共有（　　）种线路。

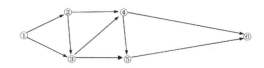

A. 6　　　　　　B. 7　　　　　　C. 8　　　　　　D. 9

正确答案：C

5. 某市今年公交票价涨了1倍，客流下降了20%，那么营业收入估量将增加（　　）。

A. 40%　　　　　B. 50%　　　　　C. 60%　　　　　D. 80%

正确答案：C

6. 字符串编辑有3种大体操作：在指定位置插入一个字符、在指定位置删除一个字符、在指定位置用另一个字符替换原先的字符。将字符串ABCDE，编辑成ECDFE，至少需要执行（　　）次基本操作。

A. 2　　　　　　B. 3　　　　　　C. 4　　　　　　D. 5

正确答案：B

7. 经常使用的数据搜集方式一样不包括（　　）。

A. 设备自动搜集　　B. 数学模型计算　　C. 问卷调查　　D. 查阅文献

正确答案：B

8. 数据搜集后需要进行查验，查验的内容不该包括（　　）。

A. 数据是不是属于计划的搜集范围　　B. 数据是不是有错

C. 数据是不是靠得住　　D. 数据是不是有利于设置的统计结果

正确答案：D

9. 以下定性的分类变量中，（　　）属于有序变量（能排序）。

A. 性别　　　　　B. 血型　　　　　C. 疾病类别　　　D. 药品疗效

正确答案：D

10. 信息处置技术员的网络信息检索能力不包括（　　）。

A. 了解各类信息来源，判定其靠得住性、时效性、适用性

B. 了解有关信息的存储位置，估算检索所需的时刻

C. 把握检索语言和检索方式，熟练利用检索工具

D. 能对检索成效进行判定和评判

正确答案：B

11. 企业数据中心常常需要向各有关方面提供并展现处置后的数据。以下关于数据展现的表达中，（　　）是不正确的。

A. 企业业务人员需要的是能看懂、明白得，并易于利用的数据

B. 数据分析师希望能取得所需的数据来探讨数据背后的秘密

C. 企业领域需要的是直观的分析结果，并随需查看有关数据

D. 向上级领导汇报的数据应绚丽多彩，反映企业的正面形象

正确答案：D

12. 数据图表的评判标准不包括（　　）。

A. 严谨，不许诺细微的错误，经得住推敲

B. 简约，图简意赅，重点说明要紧观点

C. 美观，令人赏心悦目，印象深刻
D. 易改，便于让用户修改、扩充、利用
正确答案：D

13. 数据分析报告的作用不包括（　　）。
    A. 展现分析结果　　　　　　　　B. 验证分析质量
    C. 论证分析方式　　　　　　　　D. 向决策者提供参考依据
    正确答案：C

14. 对用户来讲，信息系统的（　　）反映了系统的功能。
    A. 人机界面　　B. 架构　　C. 数据库　　D. 数据结构
    正确答案：A

15. 某家用监控摄像头广告所列的功能中，（　　）有错误。
    A. 高清10万像素　　　　　　　　B. 红外夜视
    C. 电话、计算机远程监控　　　　D. 7天循环存储录像
    正确答案：A

16. 以下几种存储器中，存取周期最短的是（　　）。
    A. 内存储器　　B. 光盘存储器　　C. 硬盘存储器　　D. U盘存储器
    正确答案：A

17. 以下设备中，既可向运算机输入数据又能接收运算机输出数据的是（　　）。
    A. 打印机　　B. 显示器　　C. 磁盘存储器　　D. 光笔
    正确答案：C

18. 以下关于运算机操作系统的表达中，不正确的选项是（　　）。
    A. 操作系统是方便用户治理和操纵运算机资源的系统软件
    B. 操作系统是运算机中最大体的系统软件
    C. 操作系统是用户与运算机硬件之间的接口
    D. 操作系统是用户与应用软件之间的接口
    正确答案：D

19. 以下关于办公软件的表达中，不正确的选项是（　　）。
    A. 办公软件实现了办公设备的自动化
    B. 办公软件支持日常办公、无纸化办公
    C. 许多办公软件支持网上办公、移动办公
    D. 许多办公软件支持协同办公，是沟通、治理、协作的平台
    正确答案：A

20. 即时通信（Instant Messaging）能即时发送和接收互联网消息，是目前互联网上最为流行的通信方式。各种各样的即时通信软件层出不穷。以下关于即时通信的表达中，不正确的选项是（　　）。
    A. 即时通信软件许诺多人在网上即时传递文字信息、语音与视频
    B. PC即时通信正向移动客户端进展，个人即时通信已扩展到企业即时通信

C. 商务即时通信可用于寻觅客户资源,并以低本钱实现商务工作交流
D. 基于网页的信息交流、电子邮件等由于其非即时性正在慢慢走向消失
正确答案:D

21. 以下选项中,除( )外都是运算机保护常识。
    A. 热拔插设备可随时拔插设备   B. 计算机环境应注意清洁
    C. 计算机不用时最好断开电源   D. 关机后不要立即再开机
    正确答案:A

22. 以下选项中,除( )外都是利用计算机的不良操作适应。
    A. 大力敲击键盘   B. 经常使用快捷键代替鼠标操作
    C. 边操作边吃喝   D. 用毕的应用没有及时关闭
    正确答案:B

23. 为使双击指定类型的文件名就能够挪用相应的程序来打开处置它,需要将这种文件类型与相应的程序成立文件( )。
    A. 匹配   B. 关联   C. 链接   D. 对照
    正确答案:B

24. 计算机操作人员对软件响应性的要求不包括( )。
    A. 软件响应任何一次用户操作的时刻不要超过 3 秒
    B. 让用户明白已经同意了按键或鼠标操作
    C. 对较长时刻的操作,软件应估算并显示操作进度
    D. 一样情形下,软件应许诺用户在等待期间做其他操作
    正确答案:A

25. 触摸屏的手指操作方式不包括( )。
    A. 长按   B. 右击   C. 缩放   D. 点滑
    正确答案:B

26. 应用程序在运行时若是需要用户输入信息,通常会弹出( )。用户能够在其中依照提示做出选择或输入信息。
    A. 信息框   B. 对话框   C. 组合框   D. 文本框
    正确答案:B

27. ( )不属于移动终端设备。
    A. 智能电话   B. 平板计算机 C. 无绳电话机 D. 可穿戴设备
    正确答案:C

28. 人们能够在搜索引擎中输入( )在互联网上搜索所需的信息。
    A. 关键词   B. 文件后缀名 C. 文件类型   D. 文件大小
    正确答案:A

29. 物联网依托( )感知环境信息。
    A. 传感器   B. 触摸屏   C. 操纵杆   D. 调制解调器
    正确答案:A

30. Windows 7 的所有操作都能够从（   ）。
    A. "资源治理器"开始   B. "计算机"开始
    C. "开始"按钮开始   D. "桌面"开始
    正确答案：C

31. 在 Windows 7 中，假设删除桌面上某个应用程序的快捷方式图标，那么（   ）。
    A. 该应用程序被删除   B. 该应用程序不能正常运行
    C. 该应用程序被放入回收站   D. 该应用程序快捷方式图标能够重建
    正确答案：D

32. 在 Word 2010 编辑状态下，关于选定的文字不能进行的设置是（   ）。
    A. 加下画线   B. 加着重号   C. 添加成效   D. 对称缩进
    正确答案：D

33. 在 Word 编辑状态下，要打印文稿的第 1 页、第 3 页和第 6,7,8 页，可在打印页码范围中输入（   ）。
    A. 1, 3-8   B. 1, 3, 6-8   C. 1-3, 6-8   D. 1-3, 6, 7, 8
    正确答案：B

34. 在 Word 2010 编辑状态下，将表格中的 3 个单元格归并，那么（   ）。
    A. 只显示第 1 个单元格中的内容   B. 3 个单元格的内容都不显示
    C. 3 个单元格中的内容都显示   D. 只显示最后一个单元格中的内容
    正确答案：C

35. 以下关于 Word 2010 的表达中，正确的选项是（   ）。
    A. 能够通过添加不可见的数字签名来确保文档的完整性
    B. 能够将编辑完成的文档内容直接发布到微信中
    C. 限制权限能够限制用户复制、编辑文本，但不能限制用户打印文本
    D. 将 Word 2010 编辑的文档另存为 Word 文档后，可用 Word 2003 直接打开
    正确答案：A

36. 在 Word 的编辑状态下，持续执行三次"插入"操作,再单击一次"取消"命令后，那么（   ）。
    A. 第一次插入的内容被取消   B. 第二次插入的内容被取消
    C. 第三次插入的内容被取消   D. 三次插入的内容都被取消
    正确答案：C

37. 在 Word 编辑状态下，删除一个段落标记后，前后两段文字会归并为一个段落。其中，文字字体（   ）。
    A. 均变成系统默许格式   B. 均变成归并前第一段字体魄式
    C. 均变成归并前第二段字体魄式   D. 均维持与归并前一致，不发生转变
    正确答案：D

38. 在 Word 的编辑状态下，打开一个文档，编辑完成后执行"保留"操作，那么（   ）。
    A. 编辑后的文档以原文件名保留   B. 生成一个文档
    C. 生成一个文档   D. 弹出对话框，确认需要保留的位置和文件名
    正确答案：A

信 息 技 术

39. 要将编辑完成的文档某一段落与其前后两个段落间设置指定的间距，经常使用的解决方式是（　　）。

   A. 用按【Enter】键的方法进行分隔　　　　B. 通过改变字体的大小进行设置
   C. 用"段落 - 缩进和间距"命令进行设置　　D. 用"字体 - 字符间距"命令进行设置

   正确答案：C

40. 在 Word 的编辑状态下，对文字字体魄式修改后，（　　）按修改后格式显示。

   A. 插入点所在的段落中的文字　　　　B. 文档中所有的文字
   C. 修改时被选定的文字　　　　　　　D. 插入点所在行的全数文字

   正确答案：C

41. 以下关于 Word "项目符号"的表达中，不正确的选项是（　　）。

   A. 项目符号能够改变　　　　　　　　B. 项目符号可在文本内任意位置设置
   C. 项目符号可增强文档的可读性　　　D. "$" "→"等都能够作为项目符号

   正确答案：B

42. Excel 中，为了直观地比较各类产品的销售额，在插入图表时，宜选择（　　）。

   A. 雷达图　　　B. 折线图　　　C. 饼图　　　D. 柱形图

   正确答案：D

43. 在 Excel 中，以下运算符优先级最高的是（　　）。

   A. ：　　　B. %　　　C. &　　　D. <>

   正确答案：A

44. 在 Excel 中，单元格 A1、B1、C1、A2、B2、C2 中的值分别为 1、2、3、4、5、6，假设在单元格 D1 中输入函数 "=sum（A1:A2，B1:C2）"，按【Enter】键后，那么 D1 单元格中的值为（　　）。

   A. 6　　　B. 10　　　C. 21　　　D. #REF

   正确答案：C

45. 在 Excel 中，单元格 A1、B1、C1、A2、B2、C2 中的值分别为 1、2、3、4、5、6，假设在单元格 D2 中输入公式 "=A1+B1-C1"，按【Enter】键后，那么 D2 单元格中的值为（　　）。

   A. 0　　　B. 3　　　C. 15　　　D. #REF

   正确答案：A

46. 在 Excel 中，设 A1 单元格中的值为，A2 单元格中的值为 60，假设在 C1 单元格中输入函数 "=AVERAGE（ROUND（A1，0），A2）"，按【Enter】键那么 C1 单元格中的值为（　　）。

   A. 20.23　　　B. 40　　　C. 40.1　　　D. 60

   正确答案：B

47. 在 Excel 中，单元格 A1、A2、A3、B1、B2、B3、C1、C2、C3 中的值分别为 12、23、98、33、76、56、44、78、87，假设在单元格 D1 中输入按条件计算最大值函数 "=LARGE（A1:C3，3）"，按【Enter】键后，那么 D1 单元格中的值为（　　）。

   A. 12　　　B. 33　　　C. 78　　　D. 98

   正确答案：C

48. 在 Excel 中，单元格 A1、A2、A3、B1 中的值分别为 56、97、121、86，假设在单元格 C1 中输入函数 "=IF（B1>A1，"E"，IF（B1>A2，"F"，"G"））"，按【Enter】键后，那么 C1 单元格中的值为（   ）。

   A. E   B. F   C. G   D. A3

   正确答案：A

49. 在 Excel 中，单元格 A1、A2、A3、A4 中的值分别为 10、12、16、20，假设在单元格 B1 中输入函数 "=PRODUCT（A1:A2）/ABS（A3-A4）"，按【Enter】键后，那么 B1 单元格中的值为（   ）。

   A. 22   B. 16   C. 30   D. 58

   正确答案：C

50. 有如下 Excel 工作表，在 A8 单元格中输入函数 "=COUNTA（B4:D7）"，按【Enter】键后，那么 A8 单元格中的值为（   ）。

	A	B	C	D	E	F
1			销售业绩统计表			
2	单价	¥150.00	¥180.00	¥200.00	销售业绩	销售奖金
3	商品	E	F	G		
4	张丹	20		42		
5	周海		50	22		
6	王星	60	75			
7	李娜	85		42		
8						

   A. 4   B. 6   C. 8   D. 12

   正确答案：C

51. 有如下 Excel 工作表，要计算张丹的销售业绩，应在 E4 单元格中输入函数（   ）。

   A. =SUM（B2:B4，D2:D4）

   B. =SUM（B2:D4）*（SUM（B4:D4））

   C. =SUMIF（B2:D2）*（SUM（B4:D4））

   D. =SUMPRODUCT（$B$2:$D$2，$B$4:$D$4）

	A	B	C	D	E	F
1			销售业绩统计表			
2	单价	¥150.00	¥180.00	¥200.00	销售业绩	销售奖金
3	商品	E	F	G		
4	张丹	20		42		
5	周海		50	22		
6	王星	60	75			
7	李娜	85		42		
8						

   正确答案：D

52. 有如下 Excel 工作表，销售奖金的计算方式是某种商品销售量大于等于 70 奖励 500 元，小于 70 没有奖励。要计算王星的销售奖金，应在 F6 单元格中输入函数（   ）。

	A	B	C	D	E	F
1			销售业绩统计表			
2	单价	¥150.00	¥180.00	¥200.00	销售业绩	销售奖金
3	商品	E	F	G		
4	张丹	20		42		
5	周海		50	22		
6	王星	60	75			
7	李娜	85		42		
8						

   A. =SUM（IF（B6>70，"500"），IF（C6>70，"500"），IF（D6>70，"500"））

B. =SUMIF（B6>70，"500"），IF（C6>70，"500"），IF（D6>70，"500"）

C. =IF（B6>70，"500"，IF（C6>70，"500"，IF（D6>70，"500"）))

D. =COUNTIF(B6>70,"500",IF(C6>70,"500",IF(D6>70,"500")))

正确答案：A

53. 在演示文稿中，插入超链接时，所链接的目标不能是（　　）。
    A. 另一个演示文稿　　　　　　　　B. 同一演示文稿的某一张幻灯片
    C. 其他应用程序的文档　　　　　　D. 某张幻灯片中的某个对象
    正确答案：D

54. 幻灯片母版是模板的一部分，它存储的信息不包括（　　）。
    A. 文稿内容　　　　　　　　　　　B. 颜色、主题、成效和动画
    C. 文本和对象占位符的大小　　　　D. 文本和对象在幻灯片上的放置位置
    正确答案：A

55. 当新插入的背景剪贴画遮挡原先的对象时，最适合的调整方式是（　　）。
    A. 调整剪贴画的大小
    B. 调剪贴画的位置
    C. 删除那个剪贴画，改换大小适合的剪贴画
    D. 调整剪贴画的叠放顺序，将被遮挡的对象提早
    正确答案：D

56. 用户设置幻灯片放映时，不能做到的是（　　）。
    A. 设置幻灯片的放映范围　　　　　B. 选择观众自行阅读方式放映
    C. 设置放映幻灯片大小的比例　　　D. 选择以演讲者放映方式放映
    正确答案：C

57. 以下关于Access主键的表达中，不正确的选项是（　　）。
    A. 设置多个主键能够查找不同表中的信息
    B. 主键能够包括一个或多个字段
    C. 设置主键的目的是保证表中所有记录都能被唯一识别
    D. 如表中没有可用作唯一识别的字段，可用多个字段来组合成主键
    正确答案：A

58. （　　）属于非线性数据结构。
    A. 循环队列　　　B. 带链队列　　　C. 二叉树　　　D. 带链栈
    正确答案：C

59. 在Access数据库中利用向导创建查询，其数据（　　）。
    A. 必需来自多个表　　　　　　　　B. 只能来自一个表
    C. 只能来自一个表的某一部分　　　D. 能够来自表或查询
    正确答案：D

60. 平安操作常识不包括（　　）。

A. 不要扫描来历不明的二维码　　B. 不要复制保留不明作者的图片
C. 不要下载安装不明内幕的软件　　D. 不要打开来历不明电子邮件的附件

正确答案：B

61. 电子签名是依附于电子文书的，经组合加密的电子形式的签名，说明签名人认可该文书中内容，具有法律效力。电子签名的作用不包括（　　）。

A. 避免签名人抵赖法律责任　　B. 避免签名人入侵信息系统
C. 避免他人伪造该电子文书　　D. 避免他人冒用该电子文书

正确答案：B

62. 信息系统中，避免非法利用者盗取、破坏信息的平安方法要求：进不来、拿不走、改不了、看不懂。以下（　　）技术不属于平安方法。

A. 加密　　　B. 紧缩　　　C. 身份识别　　　D. 访问操纵

正确答案：B

63. 以下选项中，（　　）违反了公民信息道德，其他三项行为违背了国家有关的法律法规。

A. 在互联网上煽动民族仇恨
B. 在互联网上宣扬和传播色情
C. 将本单位在工作中取得的公民个人信息，出售给他人
D. 为猎奇取乐，偷窥他人计算机内的隐私信息

正确答案：D

64. （　　）不属于知识产权爱惜之列。

A. 专利　　　B. 商标　　　C. 高作和论文　　　D. 定理和公式

正确答案：D

65. 信息处置人员需要培育信息意识。信息意识的内涵不包括（　　）。

A. 能正确解读拥有的数据　　B. 能对异样数据专门关注或产生质疑
C. 具有记载工作和个人大事的习惯　　D. 对数据的个数超级灵敏

正确答案：C

66. 回收的问卷调查表中，很多表都有一些没有填写的项。处置缺失值的方法有多种，需要依如实际情形选择利用。关于一样性的缺值项，最经常使用的有效方式是（　　）。

A. 删除含有缺失值的调查表
B. 将缺失的数值以该项已填诸值的平均值代替
C. 用某种统计模型的计算值来代替
D. 填入特殊标志，凡涉及该项的统计都排除这些项值

正确答案：D

67. 某学校上学期举行了多项课外活动，每一个学生取得了个课外活动总评分值，其中最低分61分，最高分138分。为使该评分指标标准化（评分范围落在0?100分，60分以上合格），使其更直观，更具有可比性（便于与各科目成绩和其他学期课外活动得分比较），需要将每一个学生课外活动的总评分值 x 变换成 ax+b 并将结果取整数，记录在成绩册。针对上例，在以下4个变换式中，选用（　　）

信息技术

进行标准化更适合。

A. $\dfrac{(x-61)}{77}$ B. $\dfrac{100 \times (x-61)}{77}$ C. $\dfrac{100 \times (x-60)}{140}$ D. $\dfrac{100 \times x}{140}$

正确答案：D

68. 对照分析法是数据分析的大体方式之一。对照需要有统一的标准,(　　)是无法进行对比的。
    A. 甲公司2021年的营业额打算与实际完成值
    B. 甲公司2021年的营业额与乙公司2021年的营业额
    C. 甲城市2021年的GDP增加率目标与实际增加率
    D. 甲城市2021年的GDP增加值与乙城市2021年的增加率
    正确答案：D

69. 为比较甲、乙、丙三种计算机在品牌、CPU、内存、硬盘、价钱、售后效劳六个方面的评分情形,宜选用(　　)图表展现。
    A. 簇状柱形图或雷达图　　　　　　B. 折线图或雷达图
    C. 线图或圆饼图　　　　　　　　　D. 圆饼图或簇状柱形图
    正确答案：A

70. 某大型企业下属每一个事业部都自行成立了信息系统,各自存储数据,各自配备了技术人员保护系统。由于数据格式不同,难以交流,各系统难以连接,形成了一个个信息孤岛,业务难以协同。为此,公司采取了以下一些整合方法,其中(　　)并非适当。
    A. 制定数据标准、概念数据标准
    B. 标准搜集数据方式、集中存储数据
    C. 要求各部门采纳同一种加工处置方式,利用同一种工具软件
    D. 让数据易搜集、易存储、易明白、易处置、易交流、易治理
    正确答案：C

71. (　　) is the key element for the whole society.
    A. Keyboard　　B. Information　　C. CPU　　D. Computer
    正确答案：B

72. (　　) is the brain of the computer.
    A. Motherboard　　B. I/O　　C. CPU　　D. Display
    正确答案：C

73. Generally software can be divided into two types: (　　) software and application software.
    A. system　　B. I/O　　C. control　　D. database
    正确答案：A

74. Traditional (　　) are organized by fields, record, and files.
    A. documents　　B. data tables　　C. data sets　　D. databases
    正确答案：D

75. On the Internet, users can share (　　) and communicate with each other.

A. process B. asks C. resources D. documents

正确答案：C

2021 年上半年《信息处理技术员》考试下午真题

一、简答题

用 Word 软件录入以下文字，按题目要求完成后，用 Word 的保存功能直接存盘。（注意：下文非原文）

夏季，美就美在万物竟绿，一缕清风，轻轻地吹送了一帘微雨，如洗的天空，格外得清澈透亮。倚在窗前，放眼望去，满目苍翠，生机盎然。

意义——或许生命的意义就在于风霜雪雨洗礼后的坚强。风雨能够磨炼我们的性情，霜雪能让我们变得从容坦然，命运在磨难中千回百转，生命在挫折坎坷中隽永。

收获——那么，就算做一棵小草，也要向着阳光努力的生长；就算是一朵小花也要开成一抹风景；就算是一条彩虹，也要在雨后照亮天空；就算是一片叶子也要找寻属于自己的春天。因为爱着，所以执着；因为耕耘，所以收获着，生命因为懂得而散发出生脉脉清香。

要求：

1. 将文本框设置为外细内粗的双边框，粗细为 4.5 磅，颜色为蓝色，文本框高度为 14 厘米，宽度为 16 厘米。
2. 将第一段的文字字体设置为黑体、四号。
3. 将第二段、第三段的标题文字字体设置为四号、华文行楷，其余文字字体设置为宋体、四号。
4. 将文本框的填充效果设置为双色，其中颜色一为白色，颜色二为淡蓝；并将底纹样式设置为水平。

参考答案：

二、简答题

用 Word 软件制作如图示的读者反馈卡，按照题目要求完成后，用 Word 的保存功能直接存盘。

要求：

1. 将"读者反馈卡"字体设置为华文行楷、一号、加粗。
2. 将其他标题字体设置为隶书、三号、加粗。
3. 将其他文字字体设置为宋体、五号。
4. 制作完成的读者反馈卡与图示基本一致。

三、简答题

用 Excel 创建"年度考核表"（内容如下表所示），按照题目的要求完成后，用 Excel 的保存功能直接存盘。

	A	B	C	D	E	F	G	H
1	年度考核表							
2	姓名	第一季度考核成绩	第二季度考核成绩	第三季度考核成绩	第四季度考核成绩	年度考核总成绩	排名	是否应获年终奖金
3	方大为	94.5	97.5	92	96			
4	王小毅	83	82	94.6	83.6			
5	高敏	90	88	96	87.4			
6	李栋梁	83	90	93.4	84.6			
7	姚平	100	98	99	100			
8	年度考核平均成绩							

要求：

1. 表格绘制为双实线。
2. 用函数计算年度考核总成绩。
3. 用 RANK 函数计算排名。
4. 用函数计算是否获年终奖金，其中年终奖金是否获得的判定标准是年度考核总成绩是否大于等于 355。

5. 用函数计算年度考核平均成绩。

参考答案：

	A	B	C	D	E	F	G	H
1	年度考核表							
2	姓名	第一季度考核成绩	第二季度考核成绩	第三季度考核成绩	第四季度考核成绩	年度考核总成绩	排名	是否应获年终奖金
3	方大为	94.5	97.5	92	96	380	2	是
4	王小毅	83	82	94.6	83.6	343.2	5	否
5	高敏	90	88	96	87.4	361.4	3	是
6	李栋梁	83	90	93.4	84.6	351	4	否
7	姚平	100	98	99	100	397	1	是
8	年度考核平均成绩	90.1	91.1	95	90.32			

四、简答题

按照题目要求用 PowerPoint 制作演示文稿，制作完成后用 PowerPoint 的保存功能直接存盘。

资料一：上海世博会展馆——中国国家馆

资料二：展馆建筑外观以"东方之冠，鼎盛中华，天下粮仓，富庶百姓"的构思主题，表达中国文化的精神与气质。展馆的展示以"寻觅"为主线，带领参观者行走在"东方足迹""寻觅之旅""低碳行动"三个展区，在"寻觅"中发现并感悟城市发展中的中华智慧。展馆从当代切入，回顾中国三十多年来城市化的进程，凸显三十多年来中国城市化的规模和成就，回溯、探寻中国城市的底蕴和传统。随后，一条绵延的"智慧之旅"引导参观者走向未来，感悟立足于中华价值观和发展观的未来城市发展之路。

要求：

1. 第一页演示文稿：用资料一内容。
2. 第二页演示文稿：用资料二内容。
3. 演示文稿的模板、版式、图片、配色方案、动画方案等自行选择。
4. 制作完成的演示文稿美观、大方。

参考答案：

五、简答题

按照要求完成后，用 Access 的保存功能直接存盘

要求：

1. 用 Access 创建"姓名表"（内容如下表所示）。

学号	姓名
103	陆君
105	匡明
107	王莉
109	曾华
111	王芳

2. 用 Access 创建"出生日期表"（内容如下表所示）。

学号	出生日期
103	1998-6-14
105	1998-5-14
107	1998-7-26
109	1997-12-4
111	1998-2-17

3. 通过 Access 的查询功能生成"信息汇总表"（内容如下表所示）。

学号	姓名	出生日期
103	陆君	1998-6-14
105	匡明	1998-5-14
107	王莉	1998-7-26
109	曾华	1997-12-4
111	王芳	1998-2-17

参考答案：

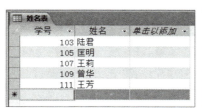